URBAN RENEWAL

城市更新

1

遗产与记忆·历史保护与城市更新教学实录

梁玮男　著

中国建筑工业出版社

图书在版编目（CIP）数据

城市更新．1，遗产与记忆：历史保护与城市更新教学实录 / 梁玮男著．— 北京：中国建筑工业出版社，2021.12（2024.2 重印）

ISBN 978-7-112-26961-7

Ⅰ．①遗…　Ⅱ．①梁…　Ⅲ．①城市规划 — 教学研究　Ⅳ．① TU984

中国版本图书馆 CIP 数据核字（2021）第 270020 号

本书通过对历年的全国竞赛获奖作业及优秀毕业设计作品分析，以“遗产”“保护”“更新”为主题，以解析设计思路及理念的生成为重点，并结合高年级教学的特点，对设计教学过程中的重点和难点进行分析整理，以期能够抛砖引玉，不仅仅反映近年来的设计教学思路与特点更能够对城乡规划教学与实践有所借鉴。本书适于规划设计、建筑设计等相关专业的在校师生阅读参考。

责任编辑：唐　旭　吴　绫　张　华
责任校对：党　蕾

城市更新
梁玮男　李　婧　祝艳丽　著
*
中国建筑工业出版社出版、发行（北京海淀三里河路 9 号）
各地新华书店、建筑书店经销
北京点击世代文化传媒有限公司制版
北京中科印刷有限公司印刷
*
开本：787 毫米 × 1092 毫米　1/16　印张：14¼　字数：261 千字
2021 年 12 月第一版　2024 年 2 月第二次印刷
定价：**78.00** 元（共二册）
ISBN 978-7-112-26961-7
（38015）

前　言 | PREFACE

倏忽间，从教几近二十年，来到北方工业大学也已十载。虽然鬓间有了早生的华发，于我而言，却只似弹指一挥间。教师这个职业充满魅力：每年都会迎来朝气蓬勃的新面孔，也会与诸多学子一一惜别。建筑及规划设计教学不同于数理化，其间纵有艰辛，也总是快乐多一些：为学生的“愚钝”“不开窍”而焦灼，为引导学生学会表达其设计意图而劳神，为保护学生一点点思维的火花而小心翼翼，也为他们略显稚嫩的成果而欣慰。

有机会把这些年来的设计教学进行梳理实在是一件幸事：一则，可以重温曾经的点滴与快乐；二则，可以厘清并反思教学的方法与思路。鉴于篇幅所限，为体现教学思路和方法的一贯性，以及教学成果的代表性，本次教学实录主要选取历年的全国竞赛获奖作业及优秀毕业设计，偏重解析设计思路及理念的生成，而非完整的成果展示。结合规划高年级设计教学特点，以“遗产”“保护”“更新”为主题，分为五个板块：

第 1 章，锈色的记忆。以首钢工业遗产保护为主要内容，涵盖工业建筑单体改造以及工业区更新与规划设计。

第 2 章，历史的足迹。以北京历史文化街区保护与更新为主题，以大栅栏街区、什刹海街区、鲜鱼口街区以及南锣鼓巷更新设计为案例，探讨历史街区保护的思路。

第 3 章，淡淡的乡愁。“望得见山、看得见水、记得住乡愁”。在最近几年的教学设计中，有意选取颇具地域性特征的题目，使学生受到相应的训练，并思考更深层次的生存意义。本章主要包括伊金霍洛旗的苏布尔嘎嘎查牧居更新改造、张北地区新民居设计、昌平巩华城区域更新设计以及辽宁盘锦红海滩旅游度假区规划设计。

第 4 章，时代的交响。以城市更新为主题，思考城市发展进程中所经历的变化以及面临的问题。主要选取北京“树村”城中村改造、中关村电子城西区城市设计、通州新城核心区及运河滨水区规划以及北京苹果园交通枢纽核心区规划为案例，探讨不同层面的城市问题及其解决思路。

第 5 章，方案的衍生。选择实际项目进行真题训练，让学生体验纸上谈兵与实际工程的差异，引导学生在方案的衍生、推敲以及生成过程中，学会取舍，学会抓住主要矛盾，并提出最佳方案。这一板块旨在通过对各阶段设计草图的分析，反映设计过程及训练重点。

综上所述，希望通过五个板块的教学成果分析与展示，抛砖引玉，并反映近年来的设计教学思路与特点。如果能对城乡规划教学与实践有所借鉴，则幸甚。

目　录 | CONTENTS

第 1 章 遗产保护之 锈色的记忆

1.1 归去来兮——工业建筑的更新与再生

2006年颁布的《无锡建议》将我国的工业遗产保护提上日程，近十年来该领域的学术研究发展迅速，而首钢工业区及其建筑无疑是最具代表性的工业遗产研究对象。由于学校的地缘优势，可以对首钢工业区进行现场调研，因此在高年级设计教学中，我们先后以工业建筑单体改造、工业区更新规划为题，选取机械厂及水泥厂厂房进行建筑单体改造设计，并对规划中的工业遗址公园进行规划设计。本节首先分析工业建筑的单体改造。

首钢的工业建筑大体可以分成两类：其一，具有鲜明工业建筑特色的生产建筑，如高炉、空分塔、晾水塔、炼焦塔、原料仓等；其二，一般意义上的工业建筑，主要为大体量的厂房。而对于工业建筑的再生而言，需要着重考虑的是结构的合理性与安全性、拟置换的功能与外表皮的改造。如果说建筑的工业景观特色是其独特的灵魂，那么建筑的再生设计就有责任保有这样的灵魂。

方案1：首钢机械厂厂房再生

这里列举的学生方案是2009年度优秀毕业设计。设计者以扎实的现场调研为基础，对原有厂房经过数次的驻足凝视、揣摩，思考亟待解决的设计问题，最终明确了三个基本要点：

第一，关于结构的思考。对现有结构如何加以利用，怎样进行加固、改进，又如何做到与新植入的功能相适应，并充分体现结构本身的美感。

第二，关于空间的思考。设计者从场地分析着手，基于空间整体的考虑，确定以“内街”为设计主题，将单一、巨大尺度的建筑拆分成宜人的空间，使人们在建筑中的体验变成一种动线穿越，由此营造丰富、有趣味的空间。

第三，关于建筑外表皮的思考。与民用建筑相比，工业建筑的外围护结构对于隔声、保温等要求不高，而该方案将这座工业建筑的再生定位于文化创意与展览建筑，因此对于建筑外表皮的改造也是设计者需要着重思考的内容。（图1-1-1）

首先，结构问题的解决。设计者首先对现有结构进行复原分析，尝试添加结构构件，并通过建构模型进行推敲。通过分析结构构件受力特点，在比较几种结构方式的基础上，明确这样的原则，即不破坏原有结构及其形态，新结构采取独立支撑，通过新结构的植入为建筑提供采光。在这一思考过程中，既满足结构的安全性，又试图呈现结构自身的美。（图1-1-2、图1-1-3）

其次，以内街为特点的空间构成。设计者将厂房的再生定位于创意产业及其展示，功能模块涵盖艺术家创作区、艺术品展示与售卖区、商业洽谈区、观光游览区、旅游服务区，由此想到以内街的形式拆解建筑的尺度，既可以提供有趣味的空间游览流线，又使之成为联系各个功能模块的纽带。同时，正是由于新结构的植入才为内街的构建提供了可能，玻璃采光的内街屋顶，运用可开启的格栅，可以实现夏季、冬季的自然采光与通风。（图 1-1-4）

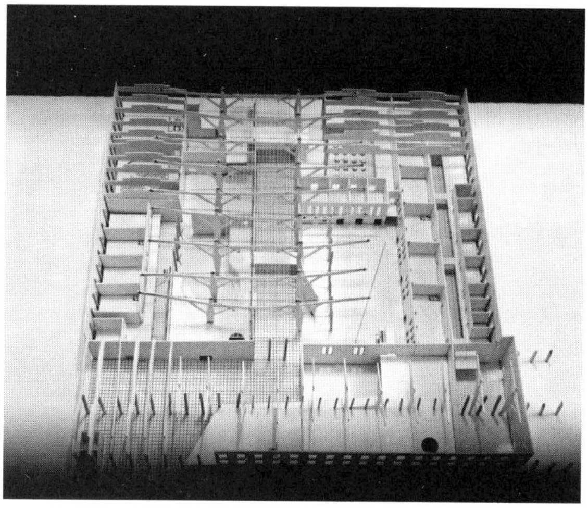

图 1–1–1　首钢机械厂厂房改造——整体鸟瞰，手工模型

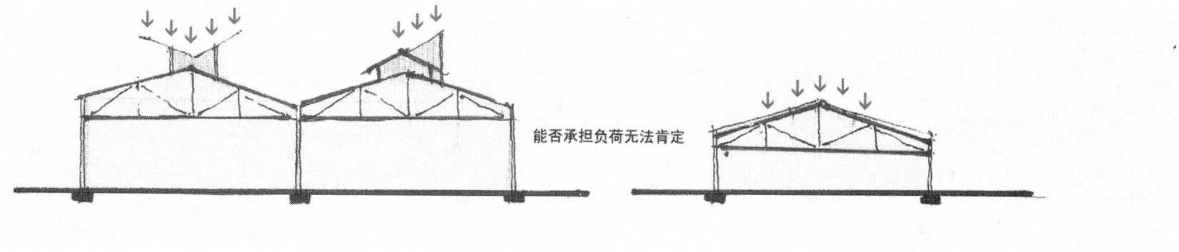

图 1–1–2　首钢机械厂厂房改造——传统改造形式

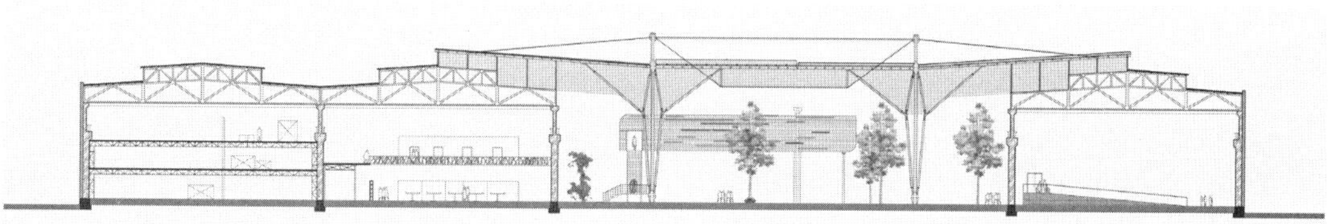

图 1–1–3　首钢机械厂厂房改造——新结构形式的推敲，草图

图 1–1–4　首钢机械厂厂房改造——内街入口，手工模型

最后，建筑表皮的思考。设计者推敲了反复使用凸半砖、凹半砖的砌筑手法，实现了变换的光影效果。为防止视觉疲劳，将正常砌法与凸凹砌法相结合，形成动人的外表皮。此外，设计者着重考虑了砖墙与窗户的交接方式，在不改变原有窗的尺度的前提下，沿窗的洞口向内砌筑三层线脚，形成较丰富的变化。（图 1-1-5、图 1-1-6）

从这个方案我们可以看出：工业建筑的保护与再生，其核心问题并不在于营造如何炫目的外观效果，其精髓在于内部空间，在于对原有结构的评估、对新植入结构的分析、对功能置换的思考、对外围护结构的改造。如何保有建筑之魂，并使之焕发新的光彩才是设计者思考的核心。（图 1-1-7、图 1-1-8）

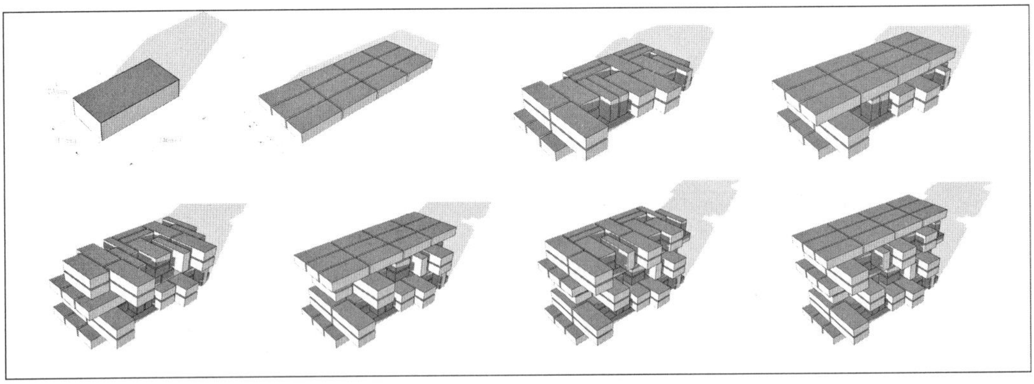

图 1-1-5　首钢机械厂厂房改造——外墙砌法探讨

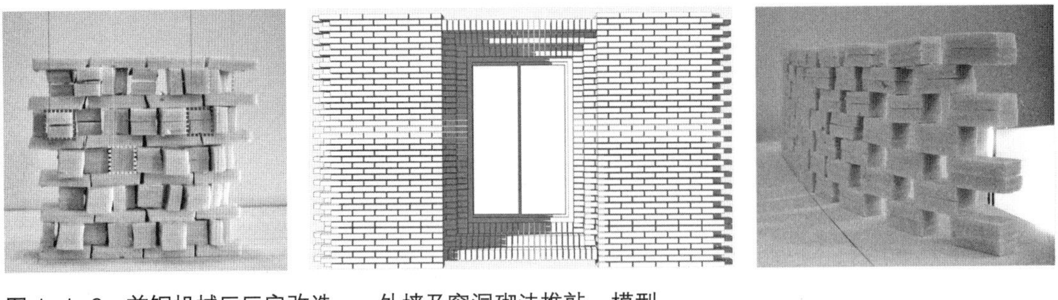

图 1-1-6　首钢机械厂厂房改造——外墙及窗洞砌法推敲，模型

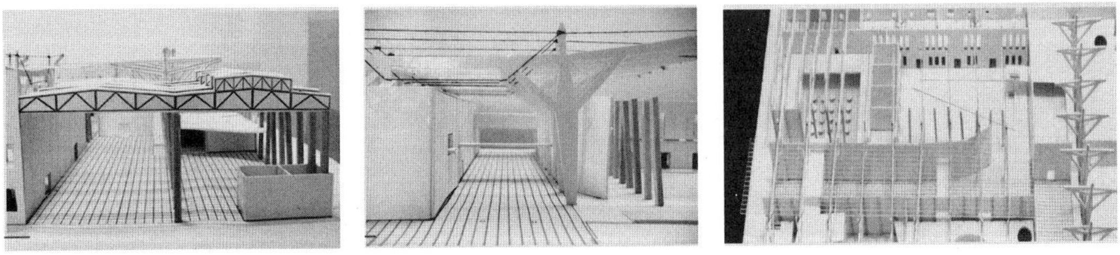

图 1-1-7　首钢机械厂厂房改造——空间细部，手工模型

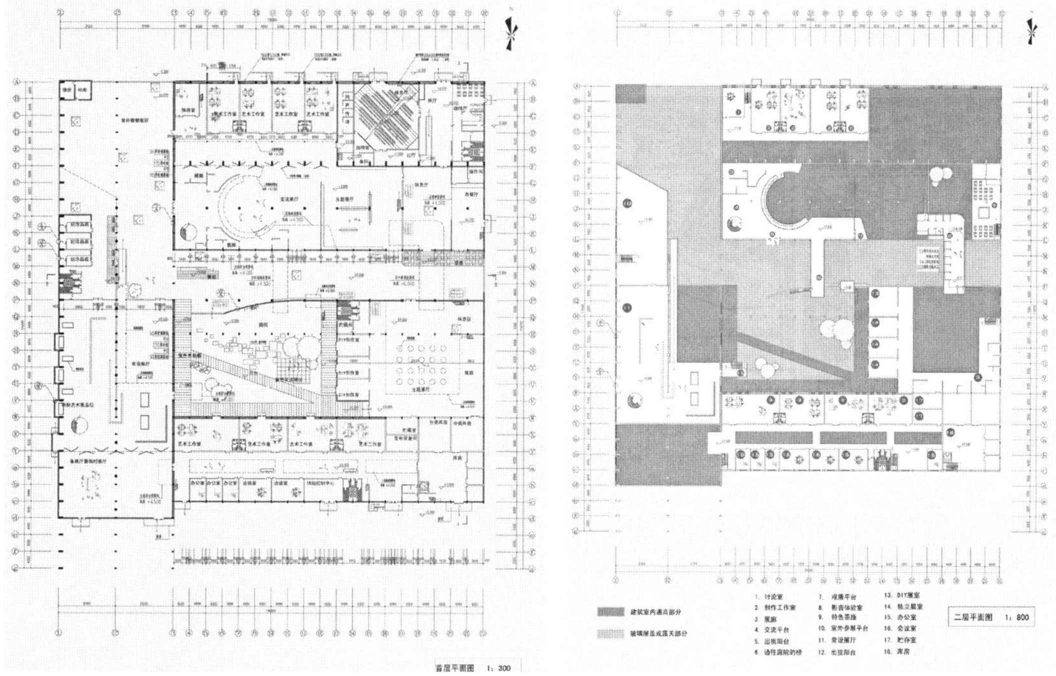

图 1–1–8　首钢机械厂厂房改造——首层及二层平面图

方案 2：燕山水泥厂建筑再生

首钢机械厂是一般意义上的工业厂房改造，下面将要列举的是具有特殊工业景观特色的、特殊功能的工业建筑的再生。方案选择原燕山水泥厂的原料筒仓进行改造，两排筒仓拟分别改建为展厅及培训办公服务区，同时保留颇具工业生产特色的吊车和天车，使之成为重要的景观要素。筒仓具有特殊的外观与结构，由两排、各 8 个紧临的圆柱形体量构成，每个筒仓直径约 9.2m，高约 24.6m，底层均架空。（图 1-1-9）

经过推敲，方案确定将第二排筒仓去掉一组，以增大两排筒仓的间距，同时将一块绿色织毯由前排筒仓底层向上延伸并隆起，直至后排筒仓的中段，织毯下面形成的空间可作为供 150 人使用的多功能厅，织毯的表面使地面与屋面融为一体。（图 1-1-10）

很显然，这又是一个需要从结构入手的设计。结构的改造既是重点又是难点。设计者保留前排筒仓原有的支柱、圈梁，并在距地面高度 2.9m 的位置添加正交十字钢筋混凝土梁，在圈梁以上的部位加入钢筋混凝土梁柱体系，结构柱落在下面原有的柱子上，柱径 600mm × 600mm。（图 1-1-11）

原建筑形态

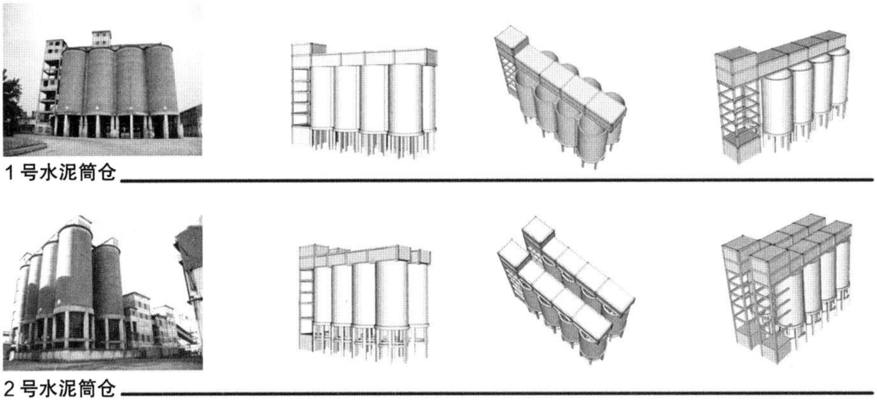

图 1-1-9　燕山水泥厂建筑再生——筒仓建筑形态分析

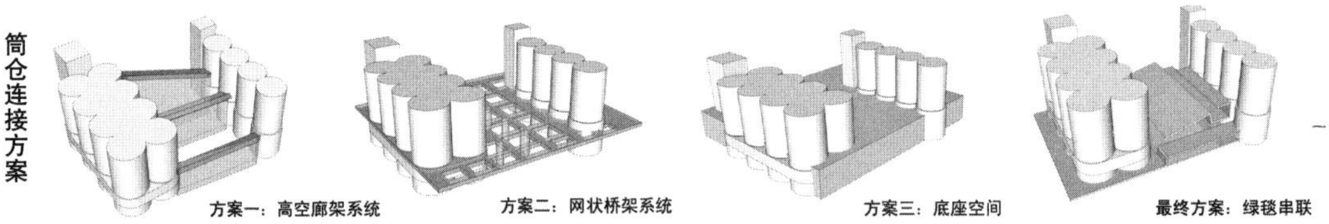

图 1-1-10　燕山水泥厂建筑再生——筒仓连接方案推敲

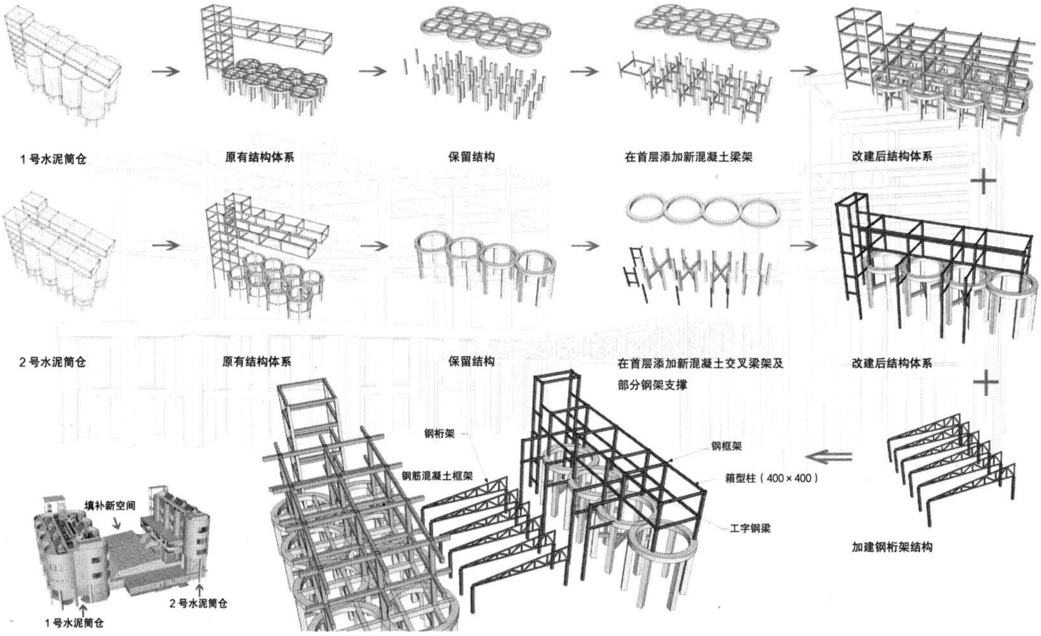

图 1-1-11　燕山水泥厂建筑再生——筒仓结构生成分析

客观地说，作为学生作业，关于结构安全性以及可行性的论证无法做到准确。同时，关于建筑内部空间的整合也会受工业建筑形态的局限。设计者需要在保护原有建筑精神以及进行有效合理的更新之间找到平衡，这无疑是非常艰难的。在这里只想表明：在工业建筑再生设计中，基于结构的思考至关重要。姑且把这一更新过程称之为“归去来兮”——工业建筑之魂的重生。（图 1-1-12 ~ 图 1-1-14）

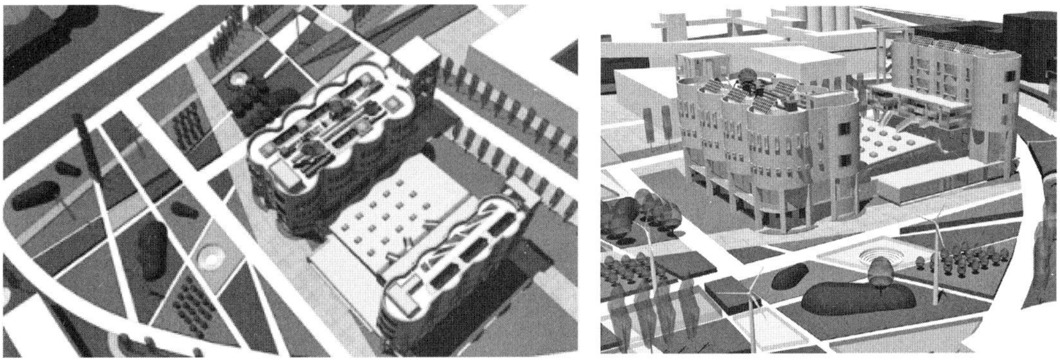

图 1-1-12　燕山水泥厂建筑再生——鸟瞰图

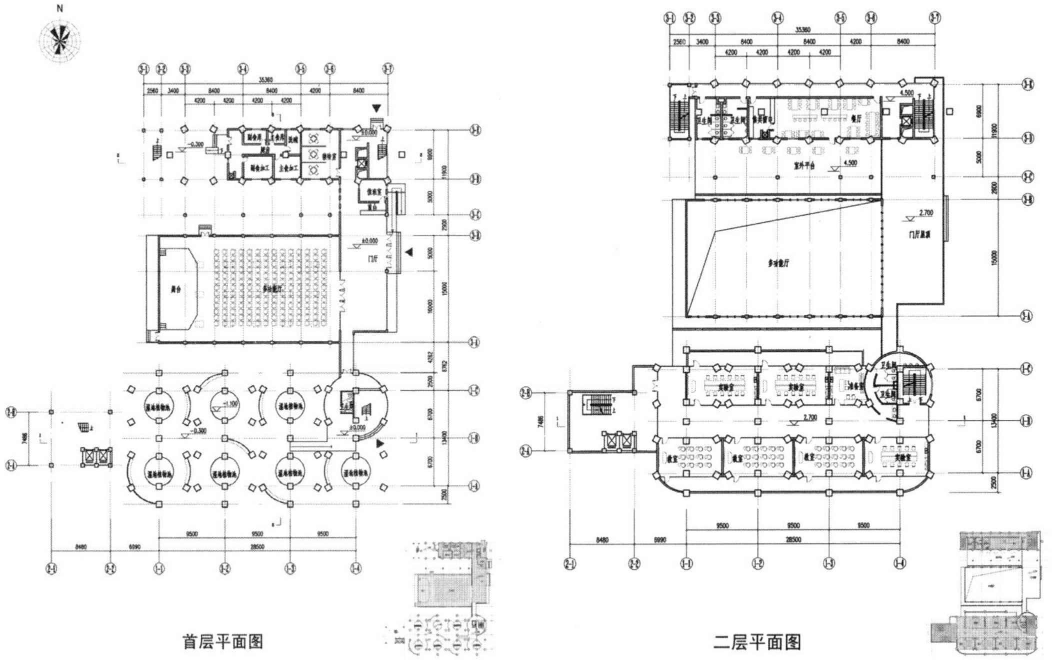

图 1-1-13　燕山水泥厂建筑再生——首层及二层平面图

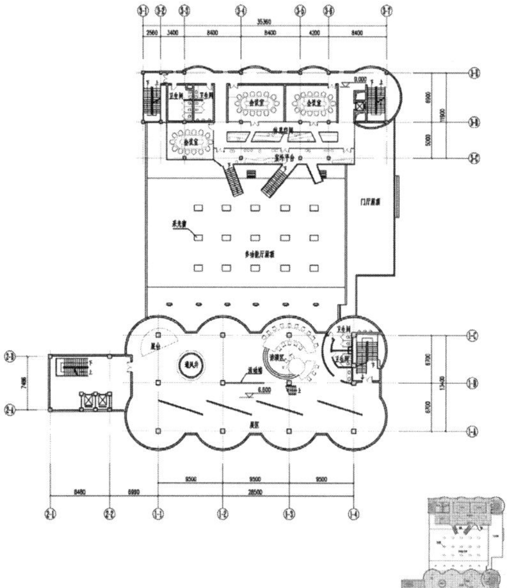

三层平面图

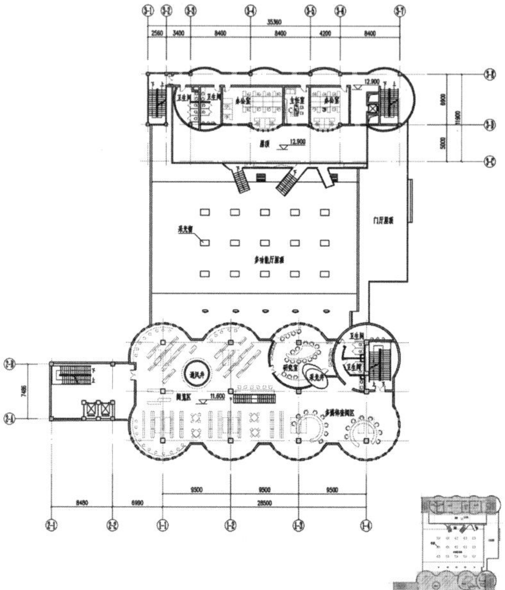

四层平面图

图 1-1-14 燕山水泥厂建筑再生——三层及四层平面图

1.2 廊桥遗梦——遗产区域的保护与更新

工业遗产保护既包括建筑单体的适应性再利用，也包括遗产区域的整体保护与更新。本节依然以首钢工业区为例，选取 4 个方案，从不同的视点切入，分别针对遗产保护核心区以及滨水生态区进行更新改造的尝试，并思考解决不同遗产区域所面临的不同问题的途径。

方案 1：THE C&R 廊桥遗梦

这个作品获得了 2012 年度全国城乡规划专业指导委员会主办的、全国城乡规划专业设计作业评优的一等奖（以下简称“规划专业作业评优”）。方案选址在规划中的、最具特色的首钢工业遗址公园内，东临永定河，规划范围内有晾水池（群明湖）、四座晾水塔、空分塔等遗产，远景有高炉及石景山。

规划的功能定位为滨水休闲文化创意区，设计主题为“廊桥遗梦”：“廊”，即利用工业区的空中管线廊道、小火车轨道加以改造，形成立体化的慢行系统，并使小火车成为重要的观光流线；“桥”，即借用卞之琳诗句的意境——“你站在桥上看风景，看风景人在楼上看你。明月装饰了你的窗子，你装饰了别人的梦。”利用区域内的传送带、煤气输送管道，改造为可以从空中俯瞰的观景桥、索道及缆车；“遗”，用以指代首钢丰富的工业遗产资源；“梦”，曾经的辉煌虽已如过眼云烟，但工业遗产的记忆、遗产复兴之梦可以在这片土地上重生。（图 1-2-1）

除具有鲜明的设计主题外，该方案对于功能区规划也进行了深入思考，包括滨水商区办公片区、工业遗产主题展示区、滨水特色休闲娱乐区、轨道主题公园区及文化艺术体验区。方案对于滨水景观及各个功能区进行了详细设计，着力保护并展示工业遗产，并赋予其具有生命力的新功能。（图 1-2-2 ~图 1-2-7）

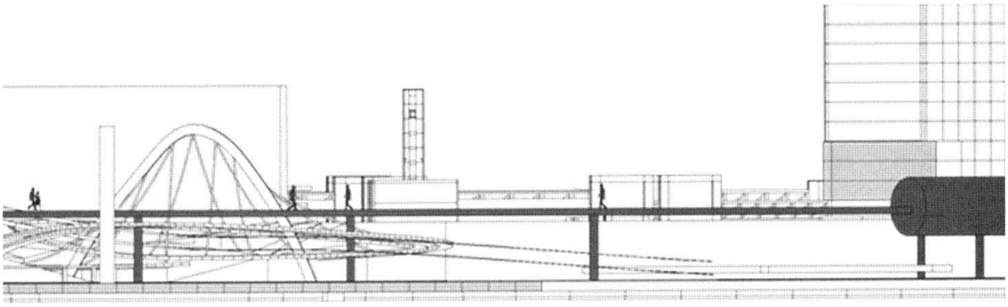

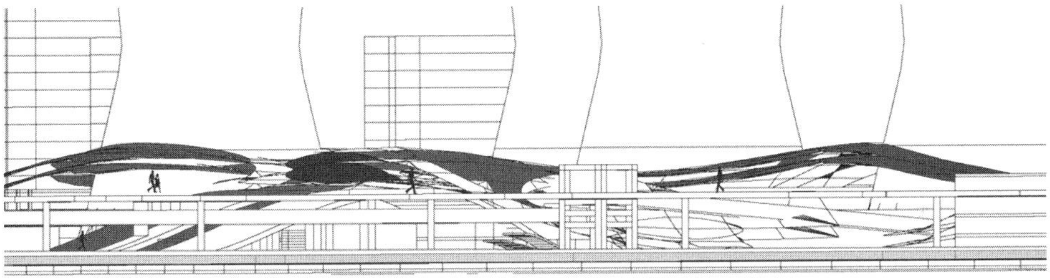

图 1-2-1　首钢工业区更新城市设计——方案 1 基于廊道功能的思考

图 1-2-2　首钢工业区更新城市设计——方案 1 滨水休闲平台

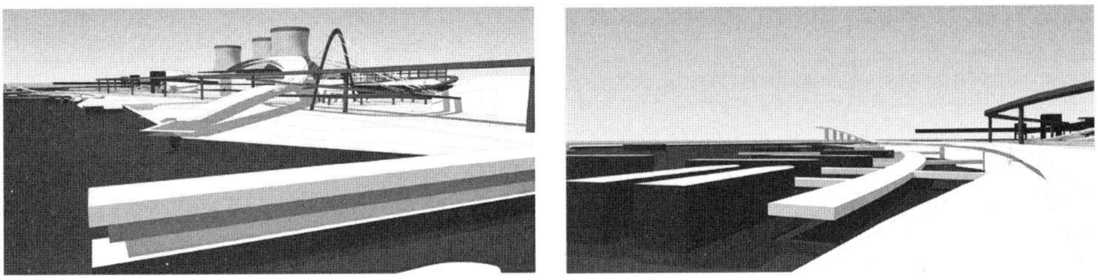

图 1-2-3　首钢工业区更新城市设计——方案 1 滨水景观廊道

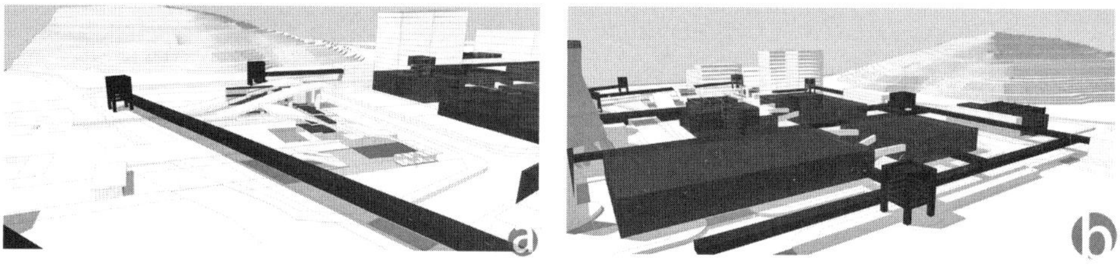

图 1-2-4　首钢工业区更新城市设计——方案 1 滨水商务区

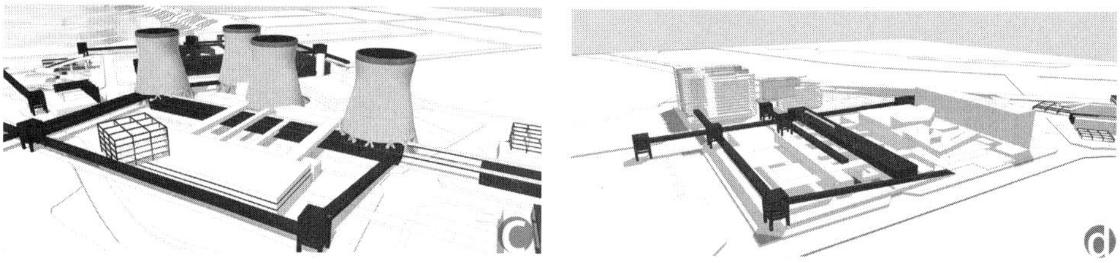

图 1-2-5　首钢工业区更新城市设计——方案 1 遗产展示与休闲区

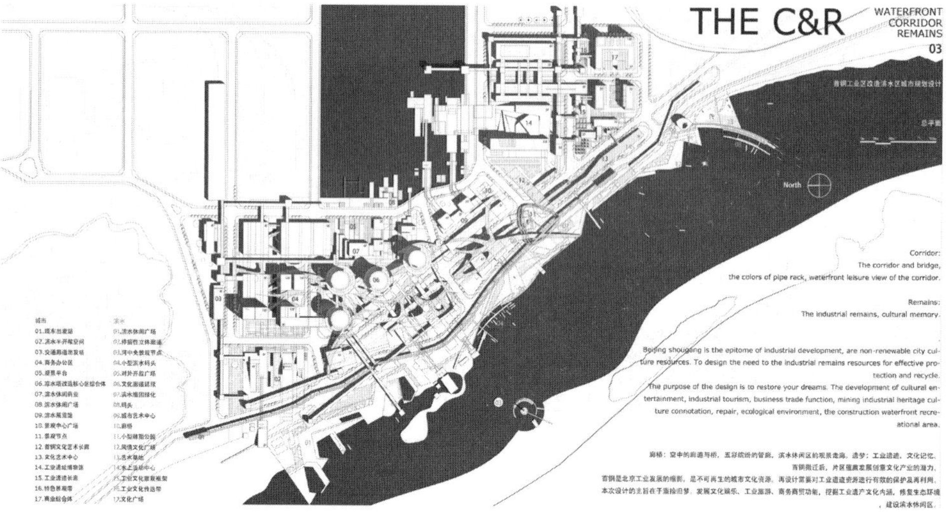

图 1-2-6　首钢工业区更新城市设计——方案 1 规划总平面图

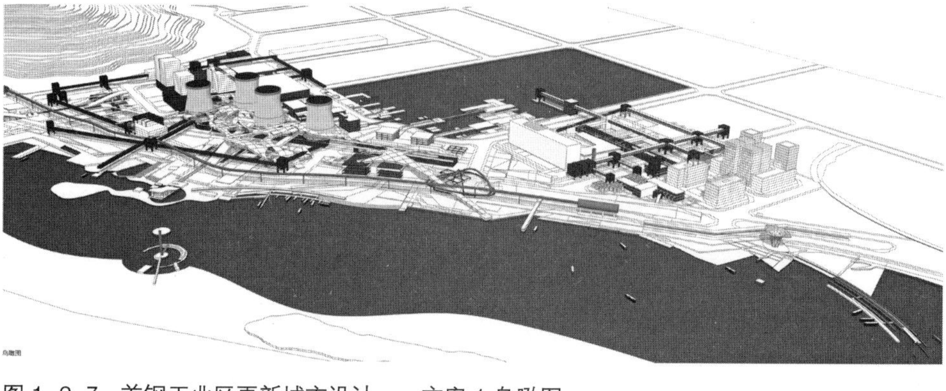

图 1-2-7　首钢工业区更新城市设计——方案 1 鸟瞰图

与上一小节的建筑单体改造不同，工业区保护更新规划注重工业建筑遗产的保护与再利用，更关注遗产区域的整体保护，以更宏观的视角切入并解决保护与更新的矛盾，将完整的设计理念贯彻始终。

方案 2：城市棕地的“聚落”效应

这个作品获得了 2011 年度规划专业作业评优的二等奖。方案选址也在首钢工业遗址公园内，地段内有红砖外墙的特色工业厂房、四高炉、焦化厂以及丰富的管廊资源，南临晾水池（群明湖）及晾水塔，是首钢工业区最具工业景观特色、遗产资源分布最密集的区域之一。

规划定位为文化创意区。在深入分析评价现状资源的基础上，引入“聚落”模式与概念，旨在为中低收入的文化创意产业及服务人员打造居住、生产、创业、休闲的场所，鼓励区域的自我更新与成长（图 1-2-8）。如果方案 1 的核心是遗产资源的保护与再利用以及城市滨水空间的打造，那么这个方案则从社会学着手，着眼于工业区更新带来的社会问题，在对场地进行生态修复的前提下，主张原地解决从业人员的生产、居住、生活等实际问题。这无疑是非常值得肯定的规划思路（图 1-2-9）。

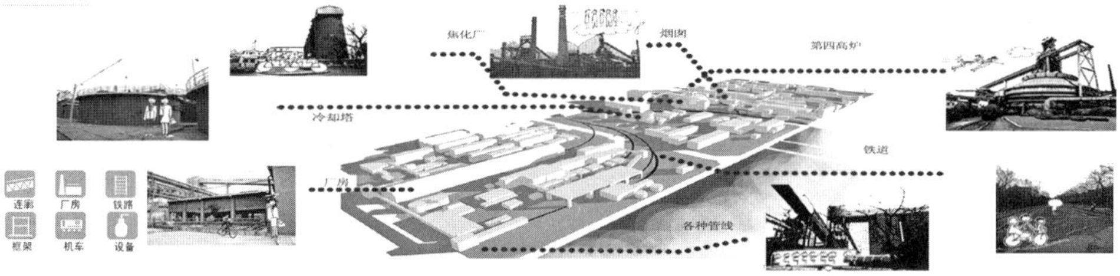

图 1-2-8　首钢工业区更新城市设计——方案 2 关于遗产资源的改造意向

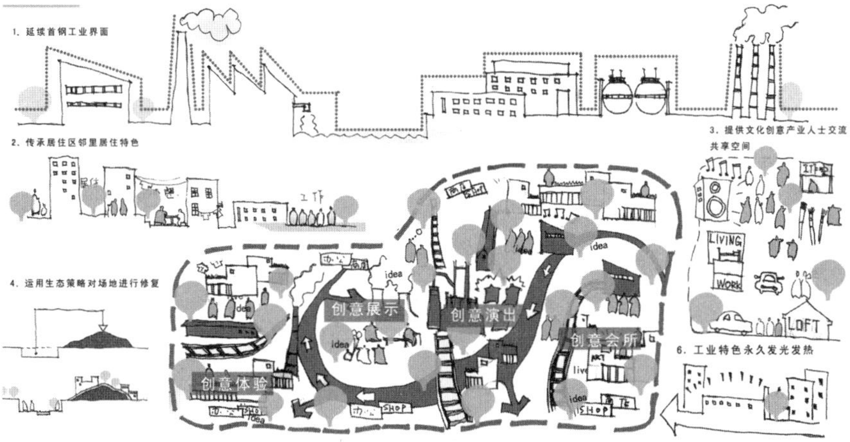

图 1-2-9　首钢工业区更新城市设计——方案 2 关于聚落模式的思考

方案对于聚落模式及创意产业空间形态进行了深入思考。提出工作室＋住宅、创意办公＋服务设施、休憩院落空间等功能模块，并重点设计了立体公园以及创意空间，包括创意休闲会所、小型企业办公、音乐主题广场、工业博物馆、演艺平台、创意体验馆及展示中心。（图 1-2-10 ～图 1-2-14）

图 1-2-10　首钢工业区更新城市设计——方案 2 创意休闲会所

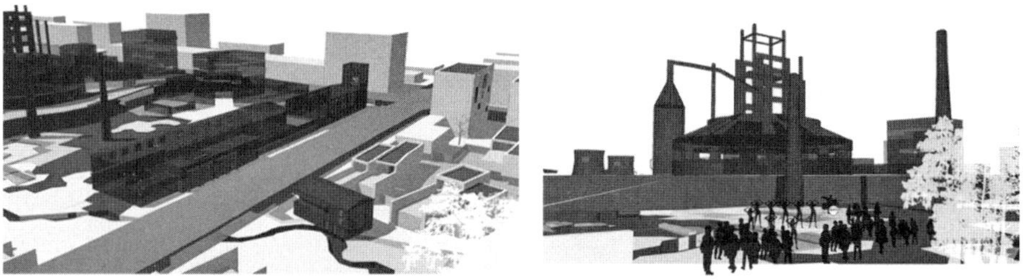

图 1-2-11　首钢工业区更新城市设计——方案 2 企业办公与工业博物馆

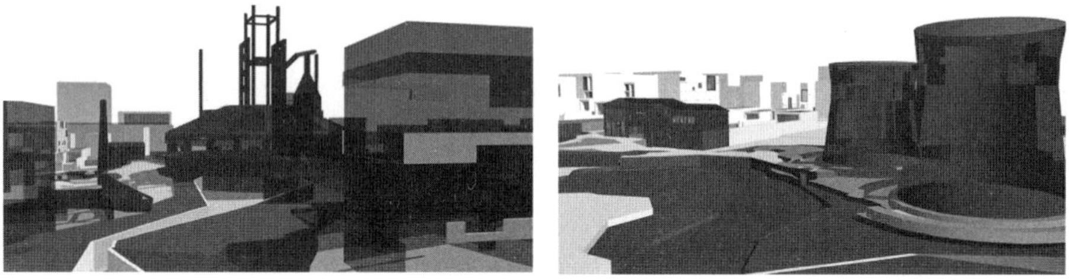

图 1-2-12　首钢工业区更新城市设计——方案 2 立体公园

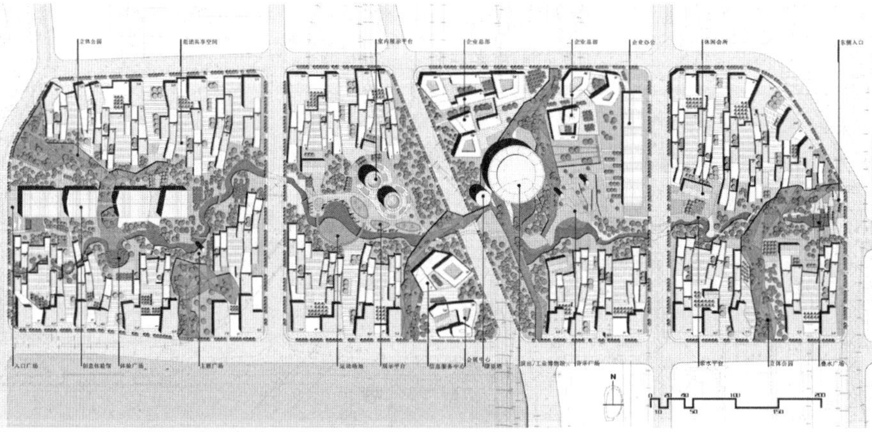

图 1-2-13　首钢工业区更新城市设计——方案 2 规划总平面图

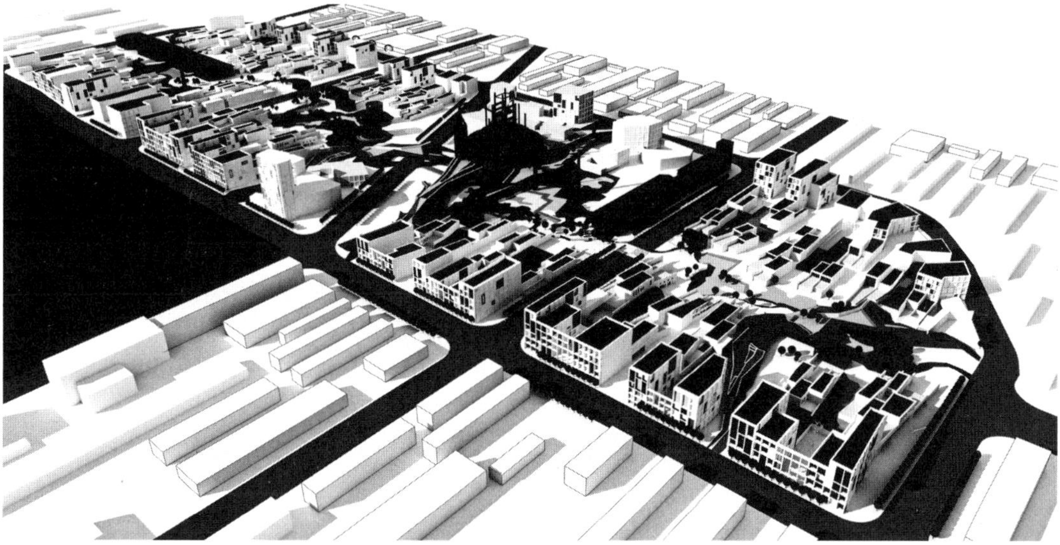

图 1-2-14　首钢工业区更新城市设计——方案 2 鸟瞰图

方案 3:“新蚁族”的后首钢时代

这个作品获得了 2011 年度规划专业作业评优的三等奖。方案依然选址在首钢工业遗址公园内，地段内有特色工业厂房、焦化厂、晾水池（群明湖）、晾水塔及空分塔，也是首钢工业区最具工业景观特色的区域之一。

规划定位为数字娱乐创意区，设计者首先分析从业人群的特征，指出他们是年轻有活力、思维活跃、爱群居、爱扎堆、崇尚自由的群体，进而模拟仿生学意义上的蚁族，称这样的人群为“新蚁族”。经历改造更新后的首钢工业区是他们活跃的舞台，在这里他们将开启“新蚁族”的后首钢时代。

在这样的规划思路指引下，设计者分析“新蚁族”的需求，并确定传承工业智慧、生态智慧的双重目标：一方面，保留并保护首钢的工业遗产建筑，传承工业文明的记忆；另一方面，借鉴生物学蚂蚁群居的智慧，为“新蚁族”营造温馨的家园。在实现规划目标的过程中，在仿生学层面，设计者模拟蚁群的行动路线，设计了环绕整个规划区的步行环，并设置诸多公共空间“吸引点”，模拟蚁群的路径原理，探讨自由且有规律的步行流线；在技术层面，运用风环境模拟软件，推敲建筑群体空间的布局方式；在公共空间设计层面，模拟了蚁群生活的“桥空间”“丘空间”“荫蔽空间”以及“光影空间”。至此,方案的特点已呼之欲出。（图 1-2-15 ~ 图 1-2-20）

将首钢更新后的从业人员称为“新蚁族”，并运用仿生学的原理，模拟蚁群的生活及群居模式，虽然稍显牵强，但作为一种独特的思考，还是很值得鼓励的。

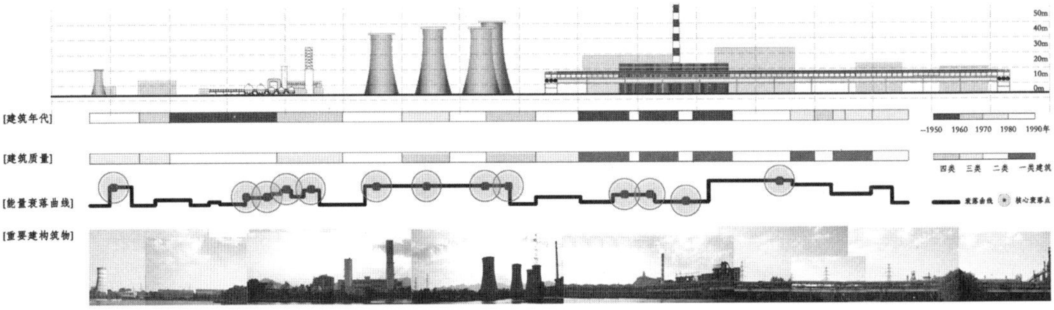

图 1-2-15　首钢工业区更新城市设计——方案 3 现状分析与遗产资源评价

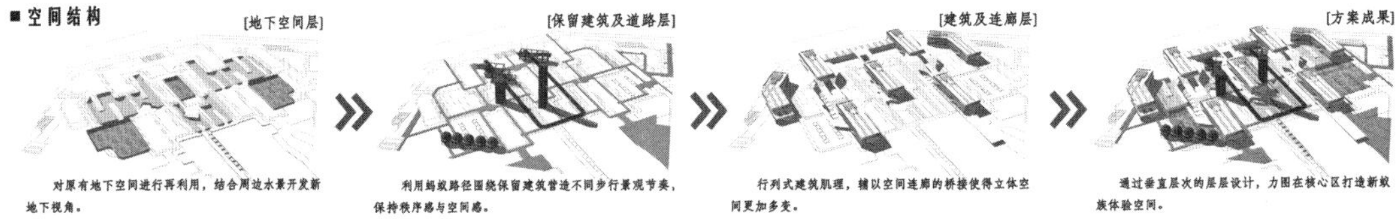

图 1-2-16　首钢工业区更新城市设计——方案 3 空间结构衍生

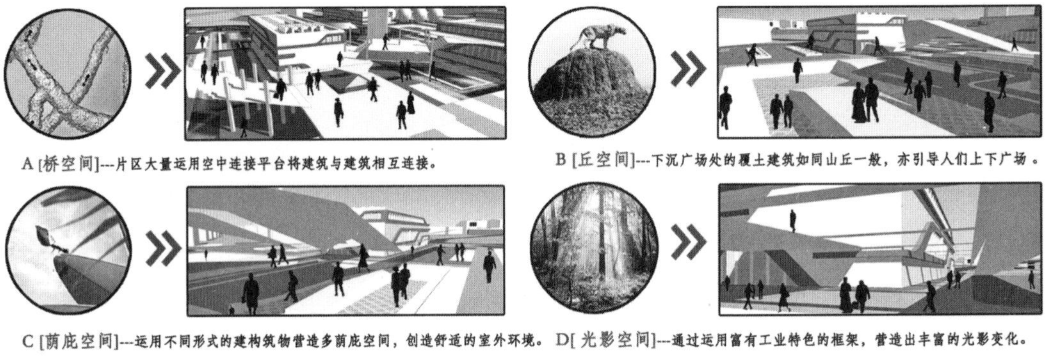

图 1-2-17　首钢工业区更新城市设计——方案 3 公共空间形态模拟

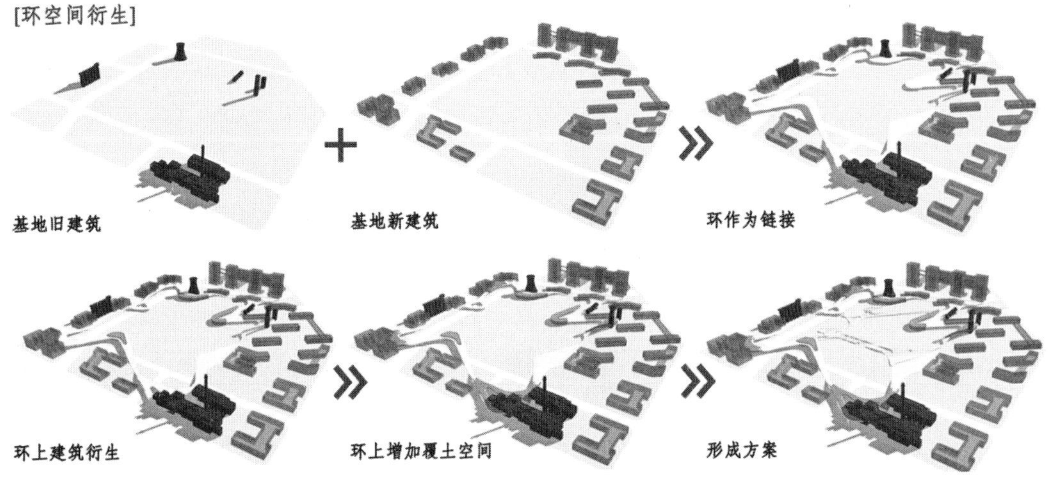

图 1-2-18　首钢工业区更新城市设计——方案 3 环状步行空间的生成

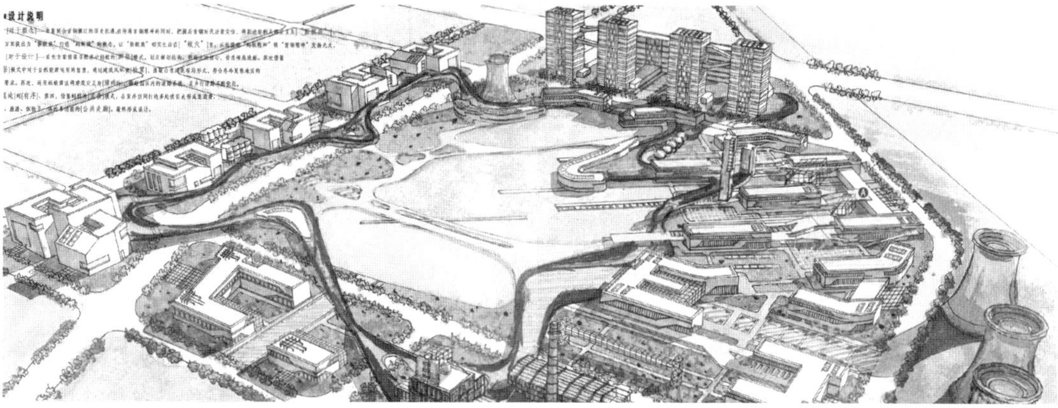

图 1-2-19　首钢工业区更新城市设计——方案 3 鸟瞰图

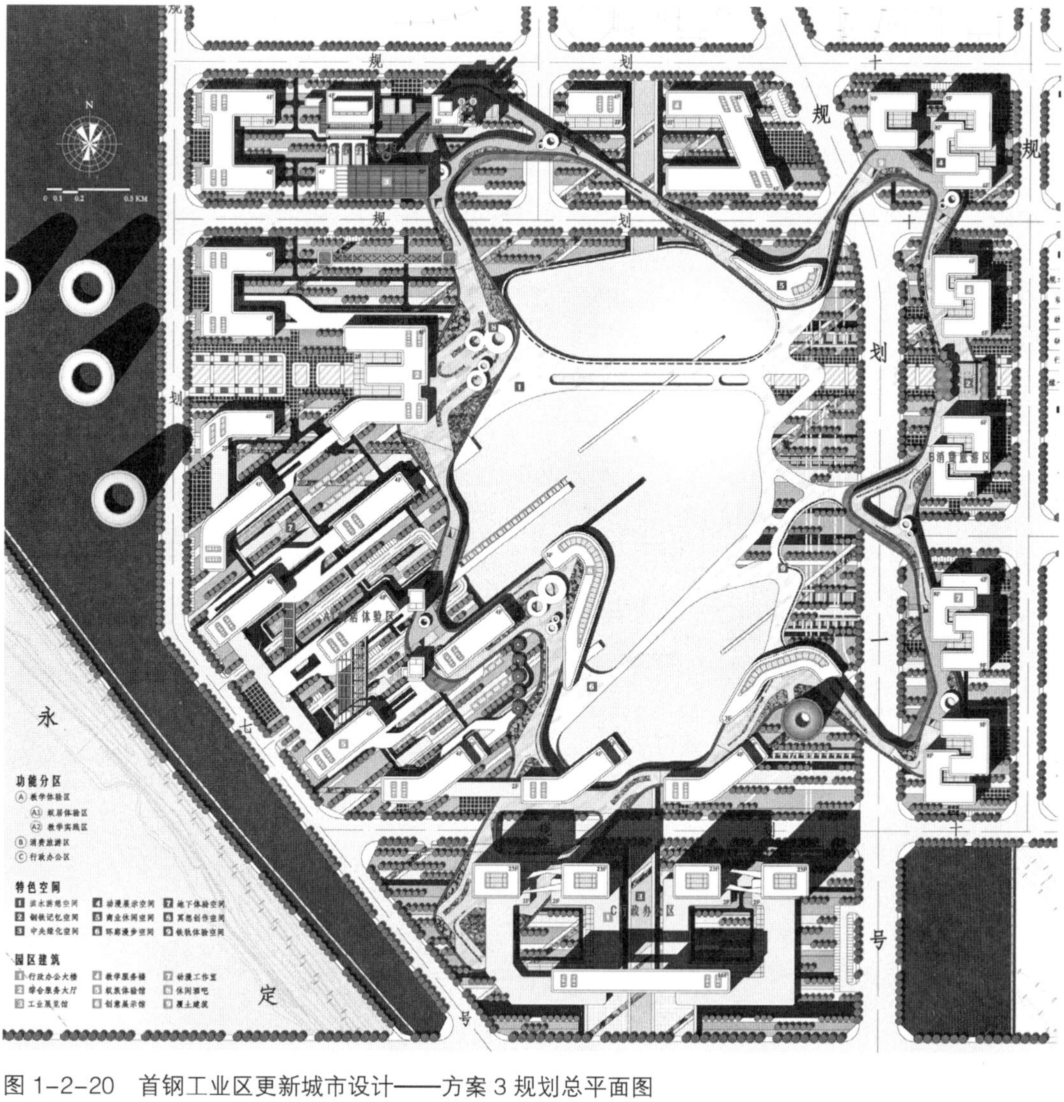

图 1-2-20　首钢工业区更新城市设计——方案 3 规划总平面图

方案 4：滨水空间的“单车时代”

这个作品获得了 2010 年度规划专业作业评优的优秀奖。规划选址与前三个方案不同，用地基本位于长安街以南，规划区内的工业建筑大多为标准厂房，鲜有重要的保护建筑，工业景观特征不突出。在总体规划中，长安街沿线为行政办公区，长安街以南为综合服务区，永定河沿岸为滨水生态区。因此，该方案需要解决的问题与遗址公园内的文化创意区明显不同，其功能构成无疑更加复杂。

设计者将重点放在滨水生态区，倡导滨水的另一种态度——低碳出行，由此推出设计主题之 PBS 体系，即公共自行车体系。明确这一主题之后，设计者首先分析目前自行车出行存在的问题，提出如下策略：设计完整的自行车网络，保证出行安全；设计完善的自行车租赁及配套服务设施，解除后顾之忧；设计丰富的街道景观，吸引人们骑行。设计者完善了“单车单元”的设计理念，包括单元体的功能构成、服务半径及服务模式。进而提出单车廊道体系，在整个功能区构建单车廊道，并推敲其空间形态及尺度。（图 1-2-21）

此外，永定河滨水岸线的处理以及小尺度办公区也是设计的重点。滨水功能区包括市民娱乐演艺区、中央文化广场以及全民健身休闲区，小尺度办公区则着重探讨其组合模式及功能模块。至此，引领年轻一代潮流的单车时代构建完成。（图 1-2-22 ~ 图 1-2-26）

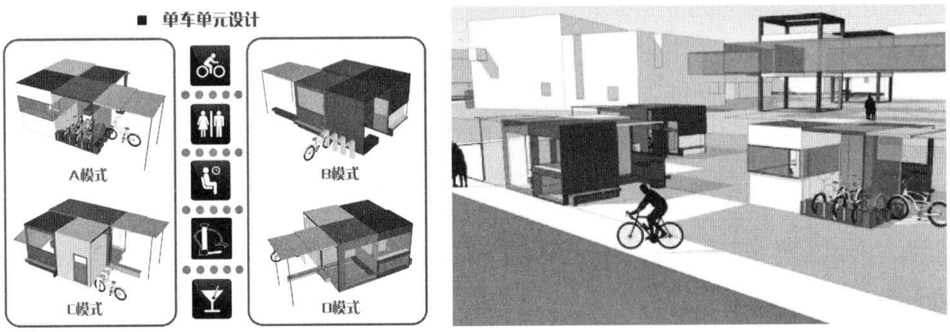

图 1-2-21　首钢滨水工业区更新——方案 4 单车单元设计

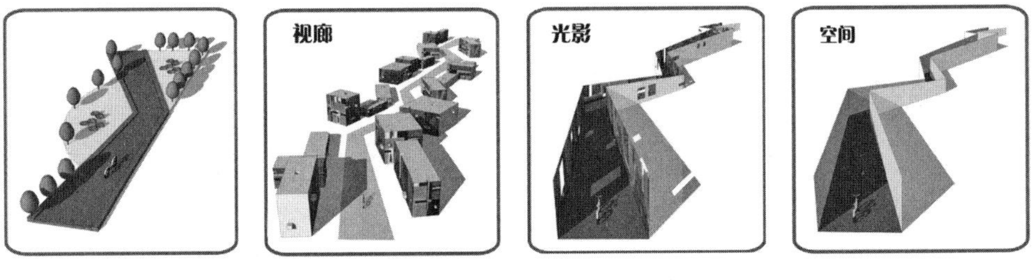

图 1-2-22　首钢滨水工业区更新——方案 4 单车廊道空间分析

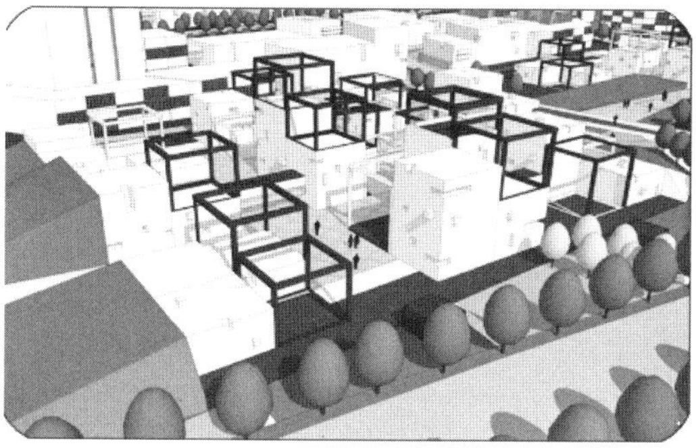
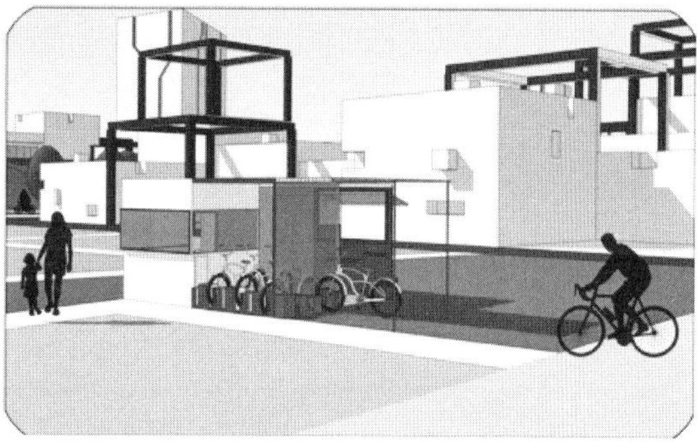

图 1-2-23　首钢滨水工业区更新——方案 4 艺术 DIY 区设计

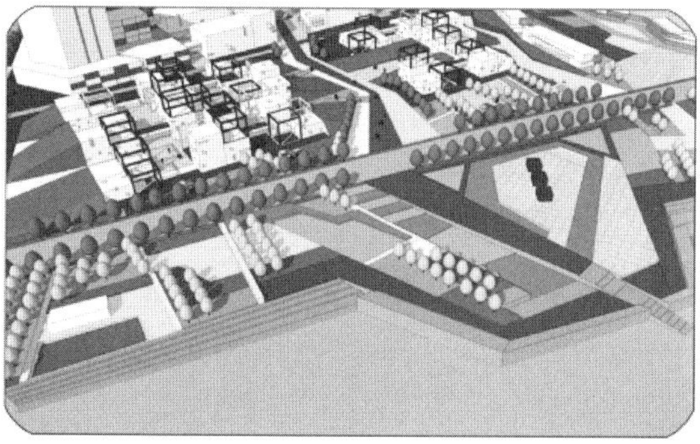
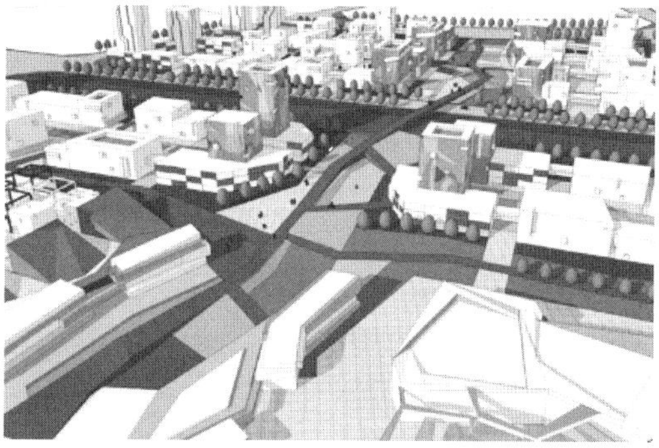

图 1-2-24　首钢滨水工业区更新——方案 4 滨水廊道设计

图 1-2-25　首钢滨水工业区更新——方案 4 鸟瞰图

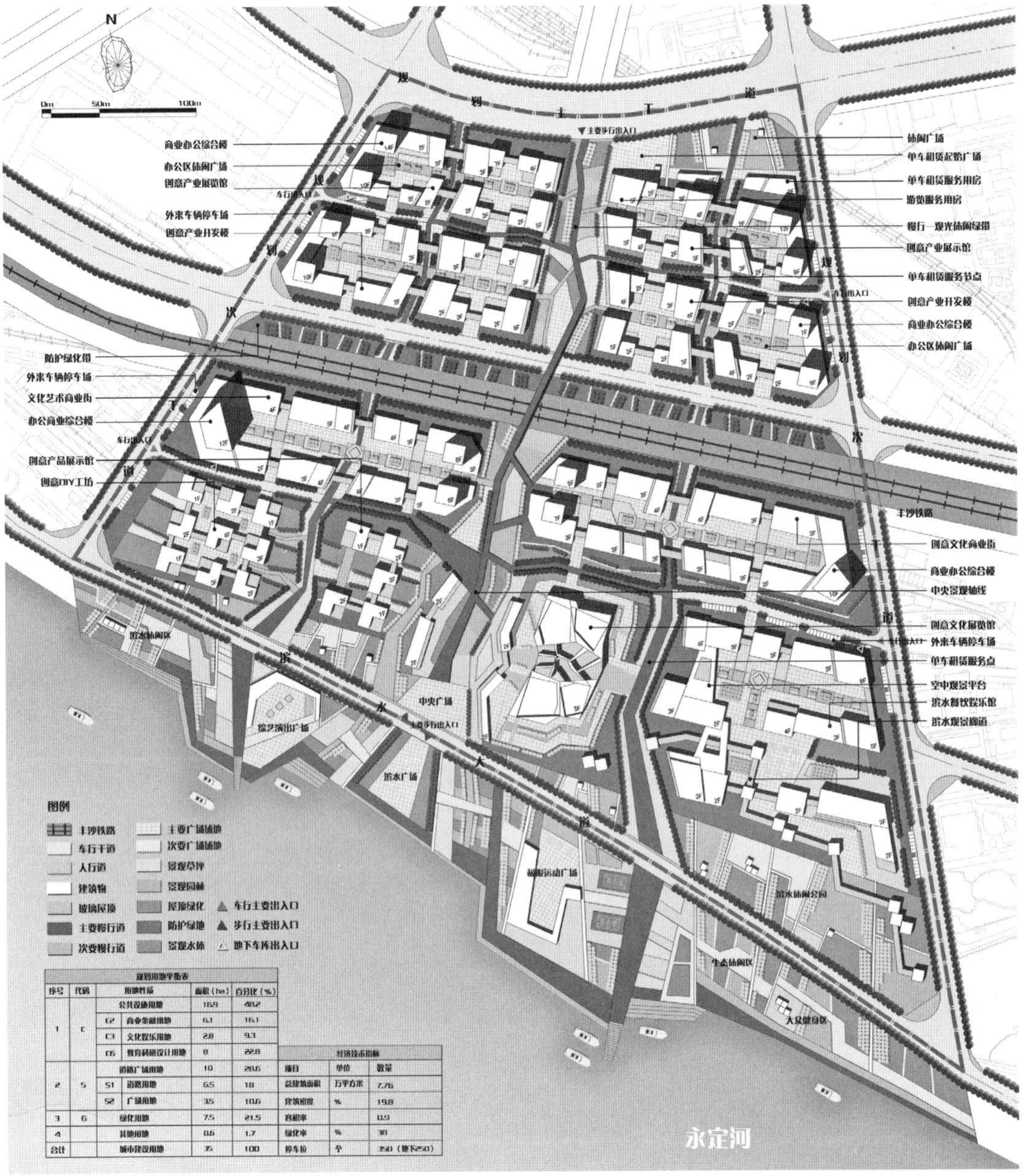

规划用地平衡表

序号	代码		用地性质	面积（ha）	百分比（%）
1	C		公共设施用地	16.9	48.2
		C2	商业金融用地	6.1	16.1
		C3	文化娱乐用地	2.8	9.3
		C6	教育科研设计用地	8	22.8
2	S		道路广场用地	10	28.6
		S1	道路用地	6.5	18
		S2	广场用地	3.5	10.6
3	G		绿化用地	7.5	21.5
4			其他用地	0.6	1.7
合计			城市建设用地	35	100

经济技术指标

项目	单位	数量
总建筑面积	万平方米	7.76
建筑密度	%	19.8
容积率		0.9
绿化率	%	38
停车位	个	350（地下250）

图 1-2-26　首钢滨水工业区更新——方案 4 规划总平面图

第 2 章 城市保护之　历史的足迹

2.1 岁月如歌——大栅栏街区保护与更新

历史文化街区保护是我国历史保护的重要环节。然而在解决保护与发展这对矛盾体的过程中，规划师却总是面临进退维谷的困境，也从没有一条金科玉律是放之四海皆准的真理，每个历史地段都有自己的历史记忆，都有自己的故事，也被迥异的问题所困扰。因此，最好的对策就是为不同的历史街区把脉，再开出适合的良方。

北京作为闻名遐迩的历史文化名城，拥有数量众多的历史文化街区：大栅栏、鲜鱼口、什刹海、南锣鼓巷等，都是传统文化的展示窗口。然而，世人对于近年来历史街区的更新改造效果却褒贬不一。本章选取 5 个方案，分别针对上述四个街区进行了更新规划设计，鉴于每个街区都需要解决特定的问题，这些方案旨在探讨不同的更新策略。

方案 1：五道庙节点保护更新设计

规划地段位于大栅栏地区的西南角，北部为东琉璃厂，沿铁树斜街可直通大栅栏西街和大栅栏步行街。西至南新华街，北至藏家桥胡同、韩家胡同；东至胭脂胡同，南至珠市口西大街。五道庙节点是五条胡同的交叉口，因有一座五道庙而得名。方案希望通过更新规划与设计，整治空间环境并激活该地区的活力。

作为大栅栏街区具有独特街道肌理的城市节点，其现状建筑以四合院民居为主，空间肌理有鲜明的传统特色（图 2-1-1）；沿街商业多为零售及餐饮店面，欠缺统一规划，且日益萧条。规划区内除颓败不堪的五道庙之外，尚有一座纪晓岚故居（现为晋阳饭庄）。近年来，由于南侧珠市口西大街的拓宽，沿街建筑

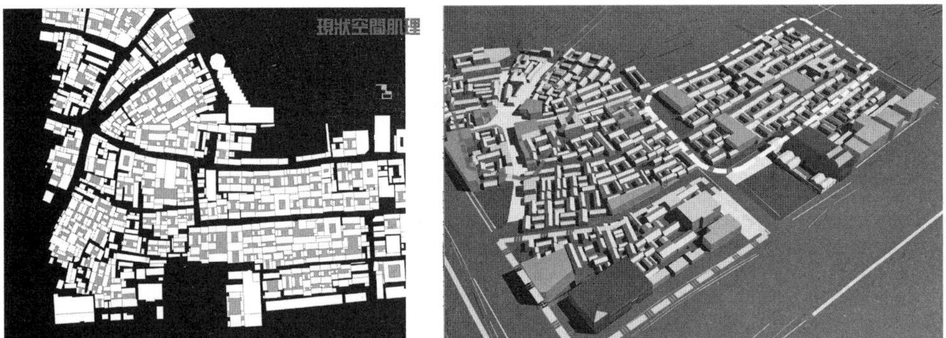

图 2-1-1　大栅栏街区五道庙节点保护更新设计——现状空间肌理及更新策略分析

也进行了局部更新，其风貌多为现代风格，与街区的传统风貌欠缺协调。

方案 1 是建筑学专业的学生作品，作为对比方案，方案 2 选择的是规划学生的作品。细细揣摩起来，就会发现一个有趣的现象：建筑学的学生更关注建筑的体型与形态、群体空间的肌理，关注建筑功能的置换；而规划专业的学生更关注历史街区更新的社会问题，关注问题的解决策略（当然，空间形态也是其关注的主要问题）。

该方案是一个较完整的旧城保护更新设计，反映从整体到局部，逐渐深入的系统设计过程。其设计重点有：其一，探讨当代北京历史旧街区的保护更新策略，以景观为切入点，再回归到空间；其二，依托街道景观，通过线形绿地的植入强化历史街区的空间意象，注重给予人们历史的空间感受而不是历史图像的再现；其三，在强调原有空间形态的前提下适当介入一些现代建筑的元素，并赋予新的功能，以此实现在保护历史的同时注入时代的印记。任何一个街区都是记录历史（包括每一个当代），而不是封存历史。（图 2-1-2 ~ 图 2-1-6）

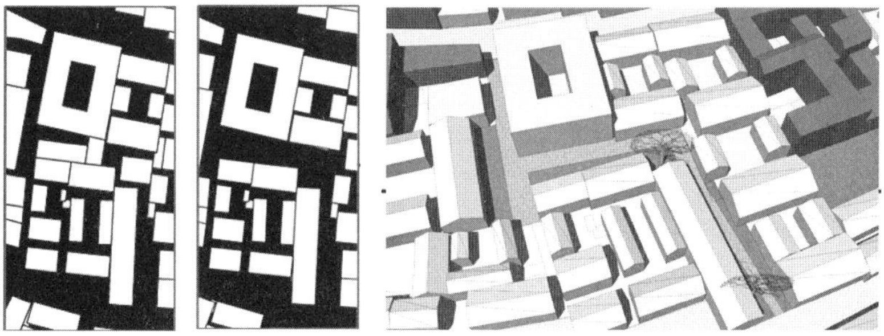

图 2-1-2　大栅栏街区五道庙节点保护更新设计——保护与更新模式分析

图 2-1-3　大栅栏街区五道庙节点保护更新设计——新胡同街道空间

图 2-1-4　大栅栏街区五道庙节点保护更新设计——小型公共空间

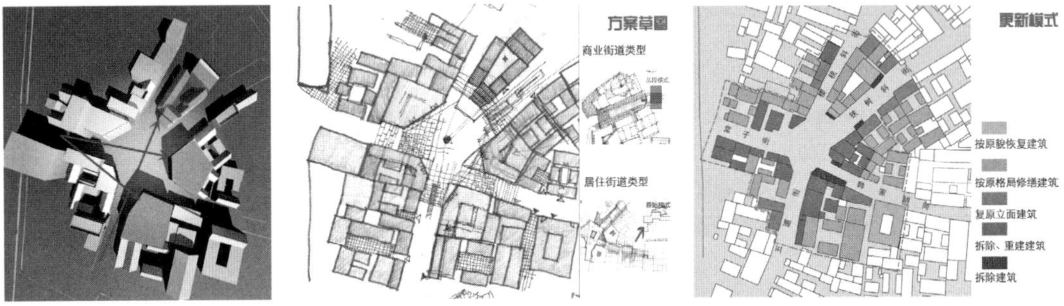

图 2-1-5　大栅栏街区五道庙节点保护更新设计——新广场空间及构思

图 2-1-6　大栅栏街区五道庙节点保护更新设计——保护更新规划平面图及鸟瞰图

方案 2：互助—更新 大栅栏社区更新规划

本方案中的大栅栏社区指的是，紧邻大栅栏传统商业街和琉璃厂东片两片历史保护街区的商业混合居住区。地段内有两片集中的历史保护街区，基本保持原有的胡同和城市肌理，但居住环境较差。

这是规划专业学生的作品。方案以扎实的综合调查为前提，敏锐地抓住历史街区面临的主要社会问题，着眼于街区的有机更新，提出“互助—更新”的设计理念。在政府行为之外，倡导原住民自发地与新居民合作，进行产业互助、生活互助，以此营造符合传统生活方式、公共服务设施便利、公共空间和景观良好、邻里关系和谐的互助社区。（图 2-1-7 ~图 2-1-14）

一直以来，我们探讨更多的是如何依靠政府的投入进行历史街区更新，这个方案为我们提供了一个崭新的视角：作为有机的生命体，历史街区可以通过缓慢的自我修复、更多的公众参与进行更新，这无疑是对历史街区的另一种态度——尊重。

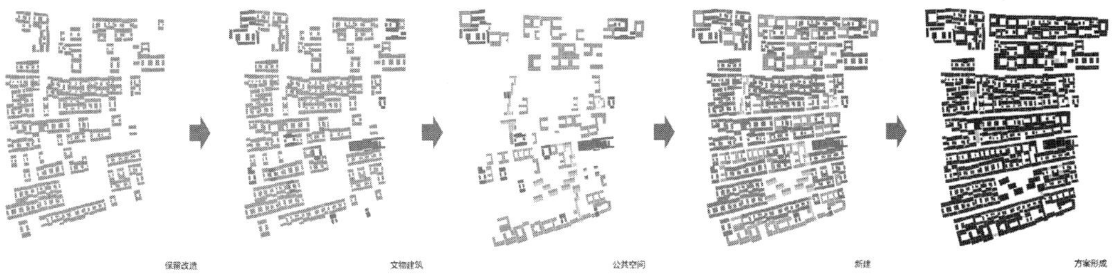

图 2-1-7　大栅栏社区更新规划——方案构思

[1]产业互助

原居民与新居民结合，发挥各自的优势，相互帮助，将传统产业进行开发。形成社区产业。

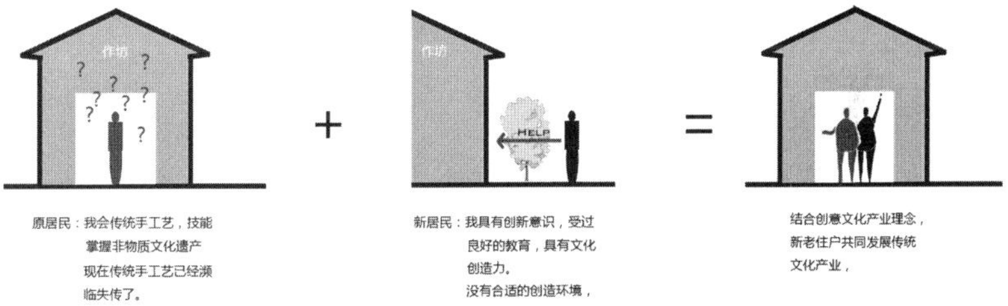
作坊
作坊
HELP
原居民：我会传统手工艺，技能
掌握非物质文化遗产
现在传统手工艺已经濒
临失传了。
新居民：我具有创新意识，受过
良好的教育，具有文化
创造力。
没有合适的创造环境，
结合创意文化产业理念，
新老住户共同发展传统
文化产业，

图 2-1-8　大栅栏社区更新规划——互助更新模式——产业互助

[2]生活互助

原居民与新居民在有了平日工作交流的基础上，在平时的生活中，发挥各自人群的优势。相互帮助，交流等。

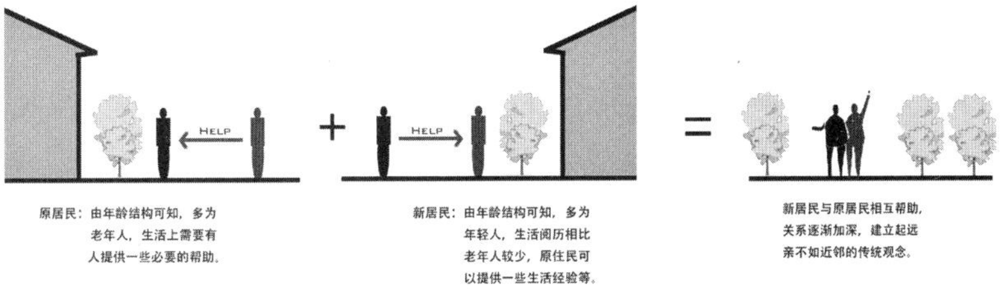
HELP
HELP
原居民：由年龄结构可知，多为
老年人，生活上需要有
人提供一些必要的帮助。
新居民：由年龄结构可知，多为
年轻人，生活阅历相比
老年人较少，原住民可
以提供一些生活经验等。
新居民与原居民相互帮助，
关系逐渐加深，建立起远
亲不如近邻的传统观念。

图 2-1-9　大栅栏社区更新规划——互助更新模式——生活互助

[3]居民参与

给予宽松的社会环境，原居民与新居民能对大栅栏社区的建设提出自己的意见和建议，居民能够参与到社区的实质工作中去。比如住宅改造，公共空间建设等。

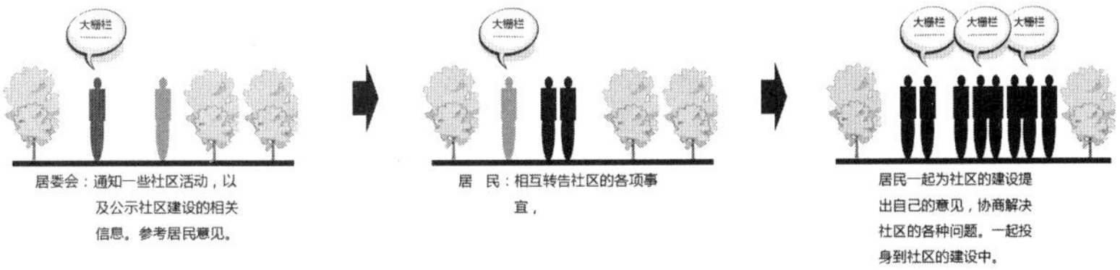
大栅栏
大栅栏
大栅栏
大栅栏
大栅栏
居委会：通知一些社区活动，以
及公示社区建设的相关
信息。参考居民意见。
居　民：相互转告社区的各项事
宜，
居民一起为社区的建设提
出自己的意见，协商解决
社区的各种问题。一起投
身到社区的建设中。

图 2-1-10　大栅栏社区更新规划——互助更新模式——居民参与

图 2-1-11　大栅栏社区更新规划——建筑更新模式——多户住宅、居住 + 商业、开放空间

图 2-1-12　大栅栏社区更新规划——建筑更新模式——效果示意图

图 2-1-13　大栅栏社区更新规划——规划总平面图

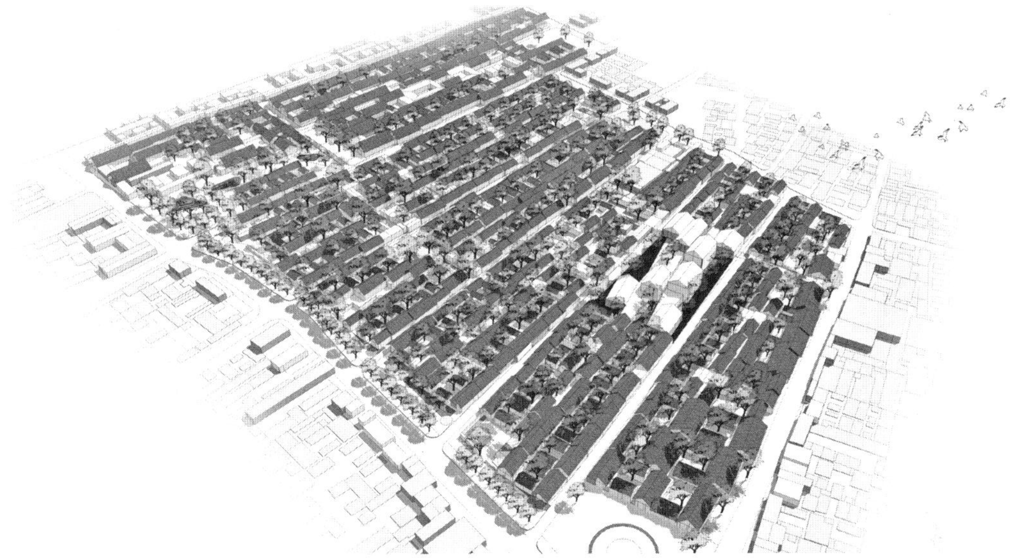

图 2-1-14　大栅栏社区更新规划——鸟瞰图

2.2　醉卧斜阳——什刹海街区保护与更新

规划地段位于北京另一个重要的历史街区——什刹海街区。什刹海街区素以烟袋斜街的传统商业、鸦儿胡同的旧城风貌、后海北沿的休闲餐饮、鼓楼西大街的特色小吃以及燕京八景之一的银锭观山等特色景观而闻名。该区域经历了若干年来的整治与更新，已形成较丰富的业态：传统商业、茶楼酒肆、四合院居住、佛教禅林、文化建筑等，具有浓厚的老北京生活气息，这无疑是历史街区最可宝贵的资源。

设计者正是从感官体验的角度着手，分解不同人群的心理、行为及空间需求，将人体视为社会感知器，以视、听、嗅、味、触觉不同的方式感知这座城市的生生息息、喜怒哀乐。视：老城的建筑与空间；听：老城的生活与喧闹；嗅：老城的鸟语与花香；味：老城的韵味与传统；触：老城的沧桑与现代。于是，我宁愿手持一杯醇酒，醉卧于这样的斜阳。（图 2-2-1 ~图 2-2-6）

图 2-2-1　什刹海街区保护更新——视觉——滨水空间意向图

图 2-2-2　什刹海街区保护更新——听觉——胡同空间意向图

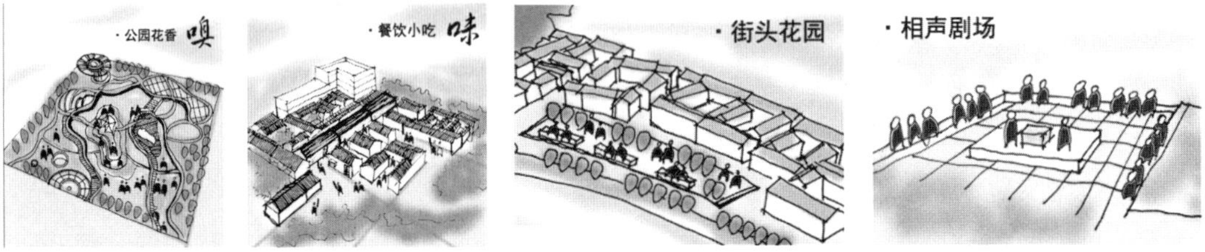

图 2-2-3　什刹海街区保护更新——嗅觉——景观空间意向图

图 2-2-4　什刹海街区保护更新——触觉——重点街巷意向图

图 2-2-5　什刹海街区保护更新——感知城市——规划总平面图

图 2-2-6　什刹海街区保护更新——感知城市——鸟瞰图

2.3 胡同往事——鲜鱼口街区保护与更新

方案：文化涅槃

规划地段位于前门大街以东，与大栅栏街区遥遥相望。这里有北京城最具特色的街道、胡同与空间肌理，呈现独特的、逐水而行的鱼骨状。历史上曾有一条古三里河淙淙流淌，并因水而兴，形成最繁华的鱼市码头，鲜鱼口也由此得名。这一街区是典型的居住街区，有大片的四合院及曲折的胡同，邻近前门大街的区域有相对集中的商业，以老字号餐饮为主；街区内散布着诸多会馆遗址，可惜的是，这些遗址大多颓败不堪，难以修复。

这里列举的方案定位于“一站式”传统体验，以实现传统文化的涅槃，包括传统胡同文化体验区、渔人码头体验区、会馆文化体验区、手工作坊体验区、饮食文化体验区以及传统文化展示区，徜徉在鲜鱼口街区，犹如融入了水墨画卷，仿佛昔日鱼码头喧闹的叫卖声、街坊邻里的嘘寒问暖、纹枰论道声都不绝于耳，好一幅“新清明上河图”！（图 2-3-1 ~ 图 2-3-6）

图 2-3-1 鲜鱼口街区更新规划——文化涅槃——传统风貌街道界面解析

图 2-3-2 鲜鱼口街区更新规划——文化涅槃——市井生活场景复原图

图 2-3-3　鲜鱼口街区更新规划——文化涅槃——重点空间节点意向图

图 2-3-4　鲜鱼口街区更新规划——文化涅槃——规划总平面图

图 2-3-5　鲜鱼口街区更新规划——文化涅槃——文化体验区布局

图 2-3-6　鲜鱼口街区更新规划——文化涅槃——鸟瞰图

2.4 暮鼓晨钟——南锣鼓巷街区保护与更新

方案：跨界

该方案以福祥胡同、蓑衣胡同、雨儿胡同以及帽儿胡同为主要研究范围，重点考虑南锣鼓巷以西居住院落的更新，共涉及 57 个传统居住院落。与前面几个方案针对历史街区的整体更新保护思路不同，这个作品将视点聚焦在传统居住院落及其公共空间，重点思考原住民与外来人群的和谐共生，通过原住民、公众、专家学者、开发商及政府的跨界合作，改善基础设施，完善公共服务设施，提高环境质量，植入新的经济活力点，并通过营造丰富的社交活动，为居民提供交往空间，增强社区的归属感。此即所谓“跨界”的含义。（图 2-4-1）

设计者关注居住院落的更新。方案分类探讨了建筑质量较好的院落、凌乱且加建严重的大杂院、商住一体院落、含有保护建筑的历史院落等不同类型的院落更新策略，同时也思考公共空间的更新模式。（图 2-4-2 ~图 2-4-9）

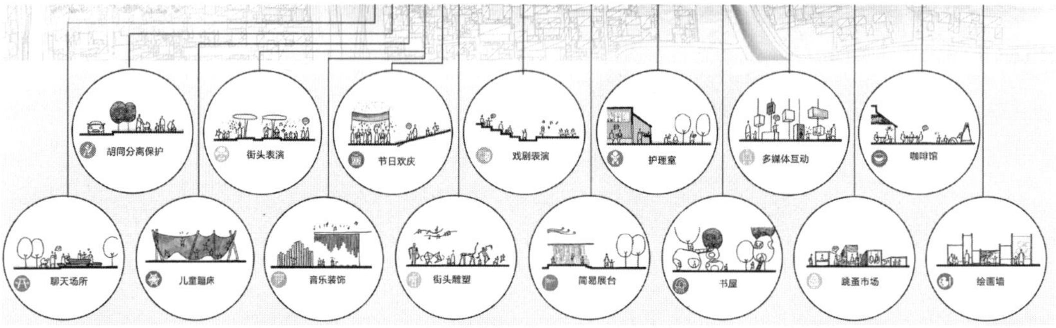

图 2-4-1 南锣鼓巷街区更新规划——更新策略分析

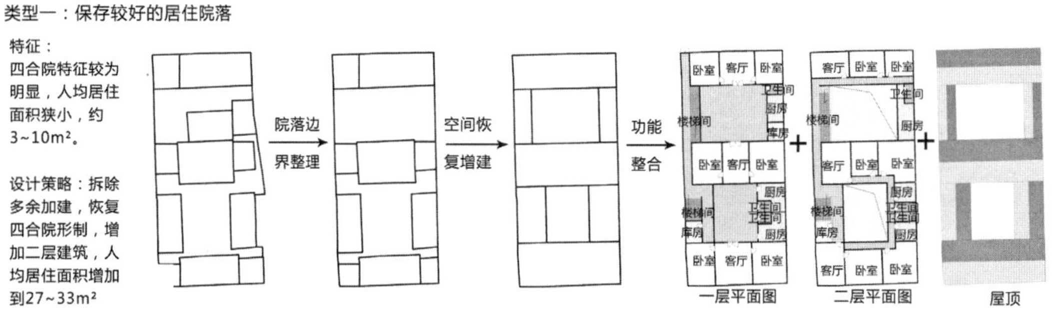

图 2-4-2 南锣鼓巷街区更新规划——跨界——建筑更新策略分析（类型一）

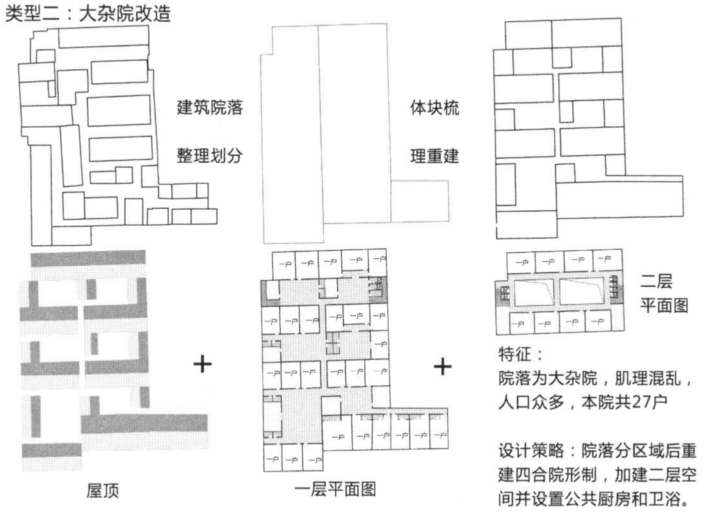

类型二：大杂院改造

图 2-4-3　南锣鼓巷街区更新规划——跨界——建筑更新策略分析（类型二）

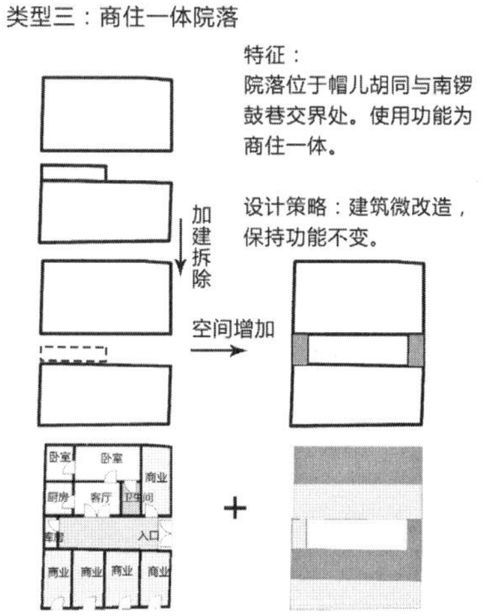

院落位于帽儿胡同与南锣
鼓巷交界处。使用功能为

设计策略：建筑微改造，
保持功能不变。

图 2-4-4　南锣鼓巷街区更新规划——跨界——建筑更新策略分析（类型三）

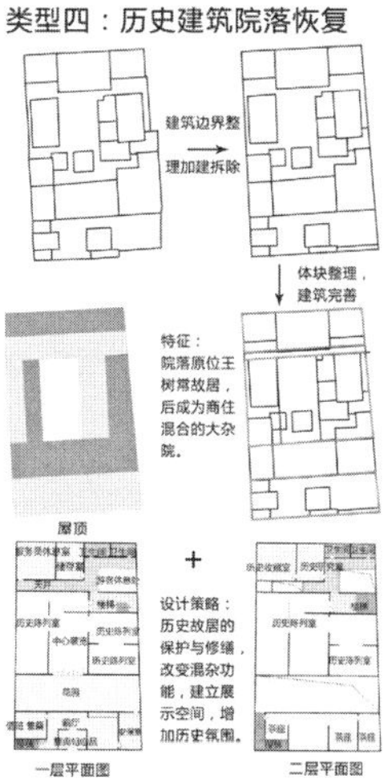

类型四：历史建筑院落恢复
建筑边界整
理加建拆除

院落原位王

后成为商住
混合的大杂

图 2-4-5　南锣鼓巷街区更新规划——跨界——建筑更新策略分析（类型四）

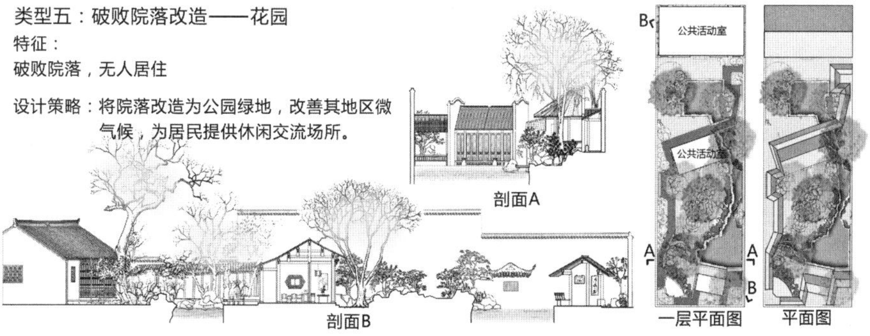

类型五：破败院落改造——花园
特征：
破败院落，无人居住
设计策略：将院落改造为公园绿地，改善其地区微
气候，为居民提供休闲交流场所。
剖面A
剖面B
公共活动室
公共活动室
院落为大杂院，肌理混乱，
人口众多，本院共27户
设计策略：院落分区域后重
建四合院形制，加建二层空
间并设置公共厨房和卫浴。
历史故居的
保护与修缮，
改变混杂功
加历史氛围。
一层平面图
平面图

图 2-4-6　南锣鼓巷街区更新规划——跨界——建筑更新策略分析（类型五）

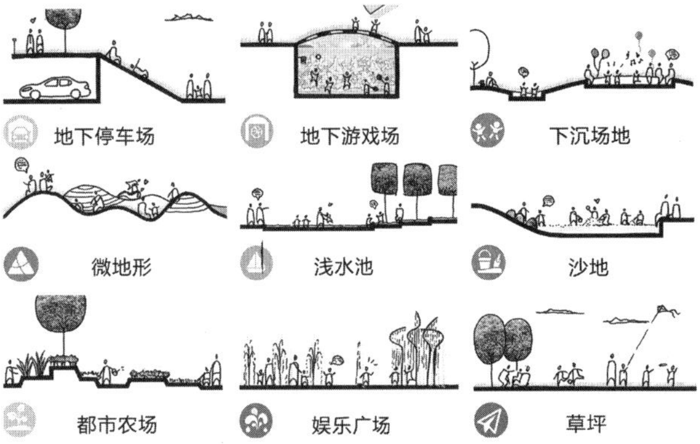

图 2-4-7　南锣鼓巷街区更新规划——公共空间更新策略分析

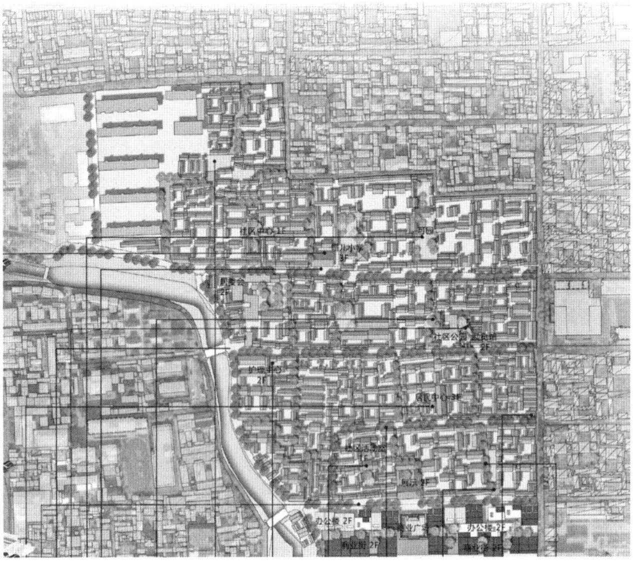

图 2-4-8　南锣鼓巷街区更新规划——跨界——规划总平面图

图 2-4-9　南锣鼓巷街区更新规划——跨界——鸟瞰图

第 3 章 | 区域复兴之　淡淡的乡愁

3.1 草原牧歌——伊金霍洛旗牧居更新改造设计

2013 年 12 月，在中央城镇化工作会议上，一句充满诗意的“让城市融入大自然，让居民望得见山、看得见水、记得住乡愁。”传达的寓意其实是对美好人居环境的追求，对归属感以及精神家园的期盼。而乡愁最重要的载体是文化，是不同地域文化的物化形态，是对文化情感、传统习俗、历史遗存、环境要素等的传承与发展。因此，“美丽乡村”“小城镇宜居住区”“特色景观城镇”等已成为近期备受关注的热点。

这里列举的方案源自研究生的专题研究。研究对象为内蒙古自治区伊金霍洛旗苏布尔嘎嘎查的牧民农房改造（以下简称“伊旗”，“嘎查”在蒙语中意为“村”）。草原的乡愁，是“天苍苍、野茫茫，风吹草低见牛羊”的地域风光，是马背民族的豪迈粗犷，是奶茶羊肉的醇香，是蓝天白云下蒙古包毡房的恬静安详。多么美好的景象！但事实上,我们现场调研的牧民农房却明显欠缺地域特色，辽阔的苍穹之下，除蒙古包具有高度的识别性之外，农房建筑乏善可陈。

伊旗政府采取了政府补贴为主、牧民自筹为辅的农房改造策略，鼓励牧民对年代久远的土坯危房进行重建，对建筑质量良好的居住建筑进行风貌整治。我们的专题研究在提取乡愁要素的基础上，确定了基本改造思路：

主题 1，营造草原风情。针对经济状况良好、有经营特色旅游诉求的牧民，定位于牧家乐旅游，建筑注重体现民族风情与地域特色。主要手法为采用蓝色线脚与纹样 + 米白涂料墙面 + 蒙古包加建 + 灰 / 红砖细节。在民族及地域要素的体现方面，研究并提取了伊旗的保护建筑——王爷府的壁柱、山花等要素，加以变化，作为建筑的细部装饰纹样。

主题 2，打造和谐牧居。定位于普通牧民的居所，体现传统与现代的结合，注重提升生活、居住质量。主要方法为采用蓝色线脚与纹样 + 米白涂料墙面 + 新建卫生间 + 阳光房 + 门廊。记住乡愁不是一句空话，改造并提升居住环境，让牧民安居，让居住建筑成为名副其实的精神家园，比打造独特的地域及民族建筑风貌更为重要。

这里选取的 2 个方案是针对特定牧民居住建筑实施的改造探讨。改造策略涉及改建、加建、风貌整治。（图 3-1-1 ~ 图 3-1-6）

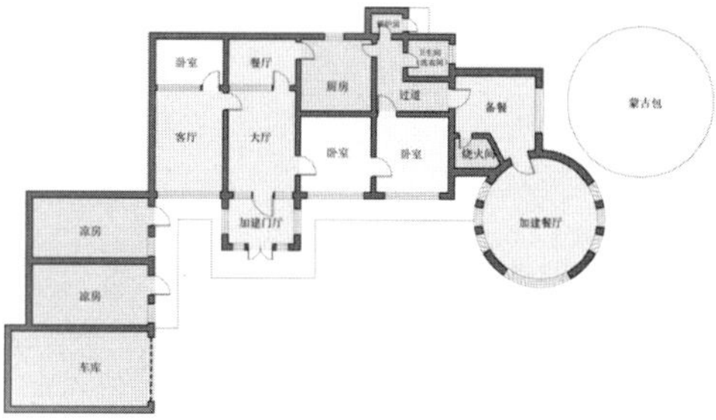

图 3-1-1　苏布尔嘎嘎查——牧民农房改造 1——现状照片及平面示意图

图 3-1-2　苏布尔嘎嘎查——牧民农房改造 1——效果示意图

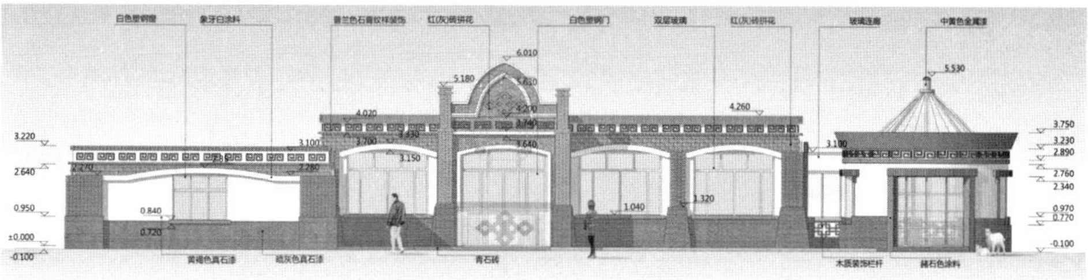

图 3-1-3　苏布尔嘎嘎查——牧民农房改造 1——立面图示意图

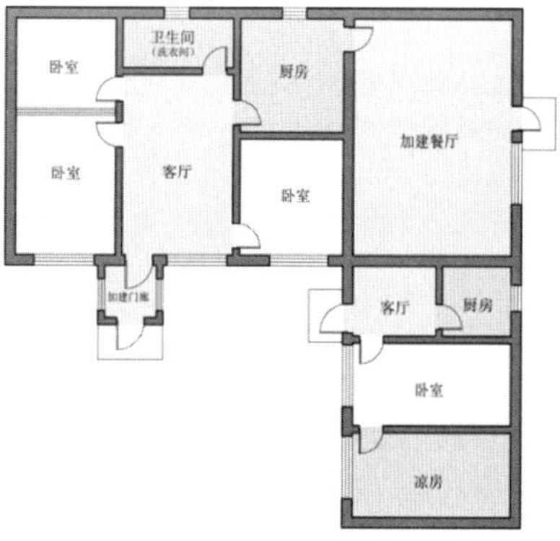

图 3-1-4　苏布尔嘎嘎查——牧民农房改造 2——现状照片及平面示意图

图 3-1-5　苏布尔嘎嘎查——牧民农房改造 2——效果示意图

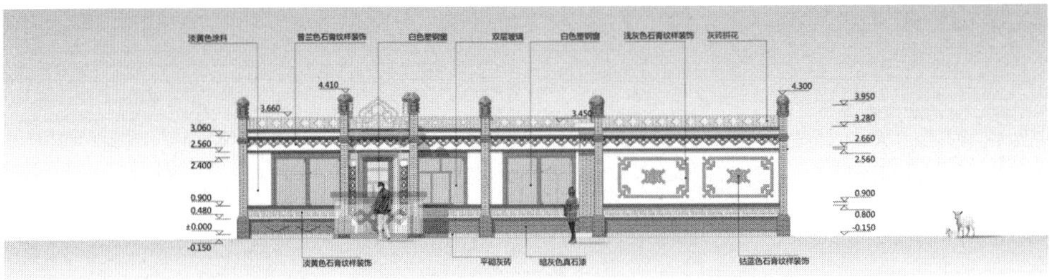

图 3-1-6　苏布尔嘎嘎查——牧民农房改造 2——立面图示意图

3.2　塞外江南——张北地区新民居的思考与尝试

张北民居方案也源自研究生的地域建筑专题研究。坝上草原同样有着迷人的塞外风光，其居住建筑主要以汉式为特征，同时受到山西民居的影响，布局基本为合院式。

设计方案充分考虑地域性特点：在空间布局方面，采用传统的四合院、三合院布局，尊重地方传统及习俗，增强文化归属感；在建筑材料方面，选择最质朴的乡土材料红砖、灰砖、灰瓦及木材，便于就地取材；在建筑风貌上，借鉴山西民居的要素，采用单双坡屋顶，主房屋脊采用镂空砖的砌法，轻灵飘逸，同时在窗楣、窗格、门楣、门斗、勒脚、窗下墙等重点部位进行细致刻画，使建筑充满细节；在建筑色彩方面，以微黄的墙面、屋顶的灰瓦为主色调，以红砖、原木的暖色调为基调，以勒脚的灰砖作为变化。

方案提供了 200m²、400m² 的不同户型，可以满足农民的居住、农家乐餐饮以及旅游民宿等新需求。其中，400m² 户型的主房为两层，南面沿街入口均为对外餐饮服务，既有独立的建筑出入口，又可以与居住院落进行便捷的联系，同时保证居住空间的私密性。（图 3-2-1 ～图 3-2-4）

图 3-2-1　张北地区新民居方案——200m² 户型正立面意象图

图 3-2-2　张北地区新民居方案——200m² 户型效果图

图 3-2-3　张北地区新民居方案——400m² 户型正立面意象图

图 3-2-4　张北地区新民居方案——400m² 户型效果图

3.3 小楼东风——昌平巩华城片区更新设计

规划选址为北京昌平巩华城地块，南北两侧边界为汇入沙河水库的支流，西邻巩华城老城，东邻规划中的湿地公园。巩华古城始建于明永乐年间，嘉靖皇帝重修，古城历经沧桑，先后为李自成攻陷、日军占领、八国联军洗劫，空余瓮城遗迹，颇令人唏嘘慨叹。

方案以“溯源昔日巩华，再造十街八坊”为主题，以传统街巷空间营造为设计手段，关注街巷的存在感与尺度感，关注传统生活方式与习俗，希望由小尺度的街巷承担起再聚城市活力的重任。重新塑造“十街八坊”，为还原街道的传统尺度，设计了垂直交通体系，首层组织机动车、非机动车流线，二层塑造传统街道空间尺度。同时规划八坊互相连接，形成完整的生活体系。（图 3-3-1 ~ 图 3-3-5）

这里以设计者充满感情的设计说明作为对该方案的描述：“今日新月异，重楼迭起，却难寻一抹乡愁、夕阳矮巷。以巩华为印，筑新城溯源，重觅街巷。街以商兴，巷以人和，穿街绕巷，其乐何穷？借夕阳塑华城，迎风雨忆古都。重拾昔日尘埃，再现古城荣光。因涉水两面，在水一方，故重筑十街八坊，以造华城。以十街为骨，造纵横八坊，层叠街道。巷乃人行，街乃车往，集点聚线，徜徉独行。借街巷之美景，引沙河之碧波，体验非凡感受，品味简单生活。”

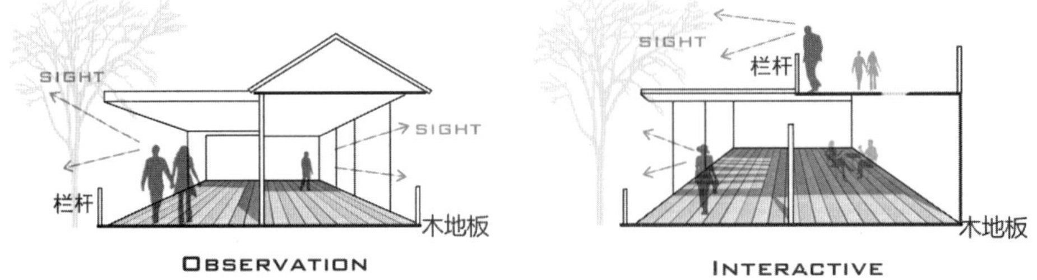

图 3-3-1　昌平巩华城片区更新设计——步行廊道及互动平台

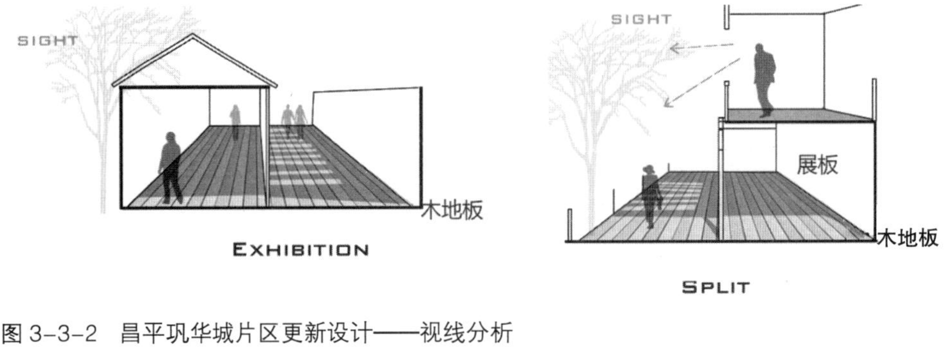

图 3-3-2　昌平巩华城片区更新设计——视线分析

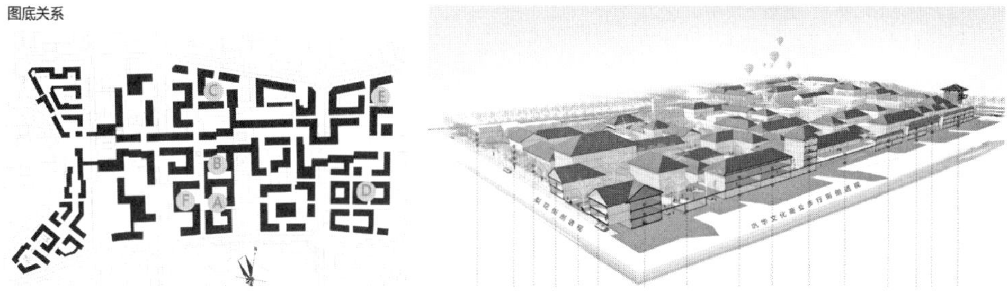

图 3-3-3　昌平巩华城片区更新设计——十街八坊肌理分析

图 3-3-4　昌平巩华城片区更新设计——鸟瞰图

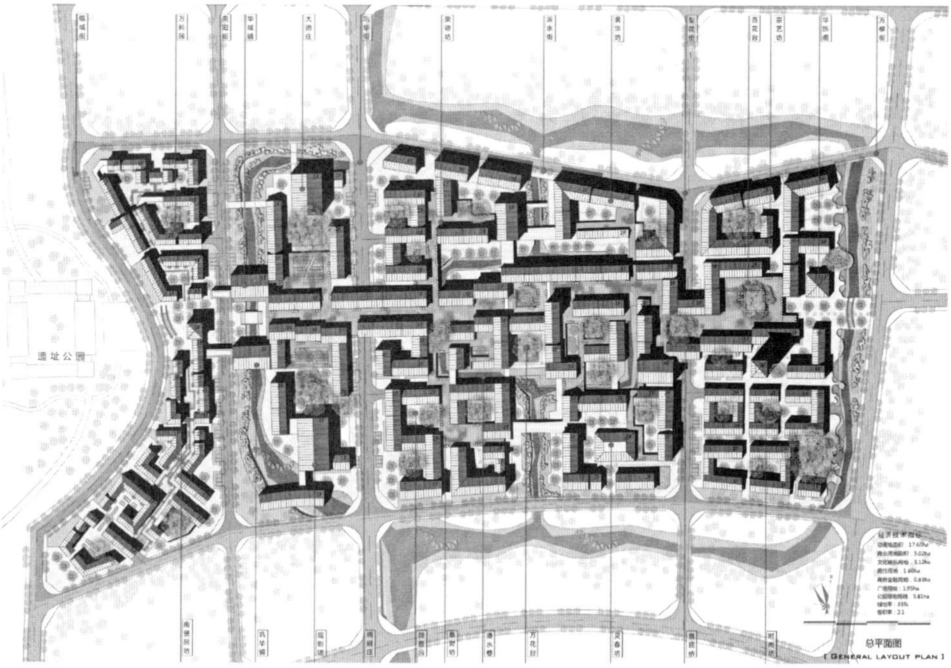

图 3-3-5　昌平巩华城片区更新设计——规划总平面图

3.4 漫步云端——盘锦红海滩旅游度假区规划

方案 1: 漫步云端

红海滩风景区位于盘锦市大洼县王家镇和赵圈河乡境内，这里有成片的芦苇荡，数以万计的海鸟，一望无际的红色滩涂；还有丰富的湿地和地热资源作为依托，是一处人文景观与自然环境完美结合的旅游胜地。

规划用地西侧紧邻新荣线，周边交通便捷，拥有机场、铁路、高速公路三大快速交通体系。大部分用地属于未开发状态，以平地为主，基地的正中央有一条河流穿过，水资源丰富。按照盘锦市旅游“十二五”发展规划，“十二五”期间盘锦将成为国家“最佳旅游城市”，成为辽宁省旅游业布局中仅次于大连和沈阳的旅游次中心，成为国际上知名的生态湿地旅游目的地，并努力扩大品牌影响力，打造成为中国的“湿地之都”。

这里选取的两个方案分别从“都市单元”和“细胞生物学”视角切入，旨在解决旅游度假区的生态设计相关问题。方案 1 包含生态养老园、滨水度假区、生态农场、会议会展、综合配套服务等功能模块，在解读度假、养老群体的心理及生理需求基础上，导入水系，形成景观轴线，进而构建区域中心，按年龄结构划分功能区，融入相应功能模块，满足不同人群的休闲需求，实现健康度假、生态养生的目的，打造盘锦红海滩康体之都。(图 3-4-1)

方案依托水系构建了综合服务轴，其核心为膜结构综合体片区，形成从水

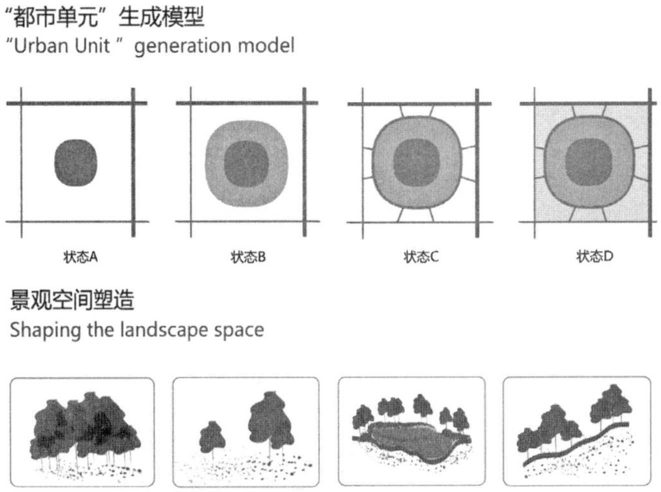

图 3-4-1 盘锦红海滩旅游度假区规划——方案 1 相关概念解析——都市单元

系步道—铺面—紫外线剥离膜结构—综合体建筑群—太阳能发电板的膜结构体系（图 3-4-2）。在规划区内，设计了轨道式景观步道、空中步行廊道、滨水景观步道、代步电瓶车专线等休闲流线，同时为老年人营造了花卉梯田、芦苇休闲湿地，老年人可以视各自的身体情况参与其中。由此实现“都市单元”的设计理念，构建低能耗、低消耗的自律系统，将生活所需的功能纳入步行圈，让每一点绿色都融入社区组团，让每一个功能模块都触手可及。（图 3-4-3 ~ 图 3-4-7）

方案 2：深呼吸

方案 2 以分子细胞生物学理论为基础，以建筑作为细胞单体，通过分裂及自由组合形成有机生命体，并与环境相结合，寻找人、建筑、环境三者之间的平衡关系，努力构建出富有生命活力的场所及会呼吸的建筑空间。（图 3-4-8~ 图 3-4-14）

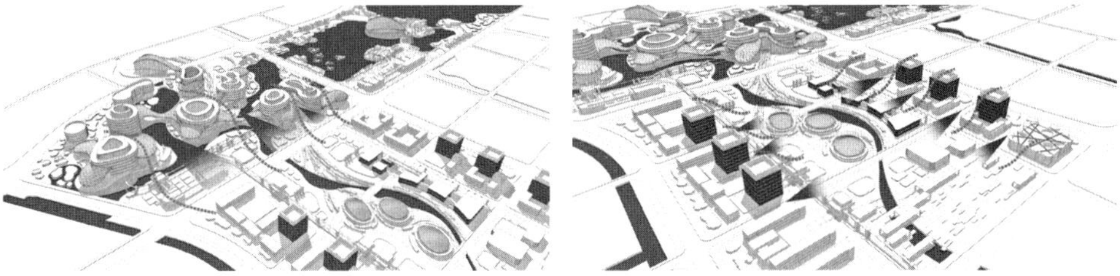

图 3-4-2　盘锦红海滩旅游度假区规划——方案 1 膜结构——退台观景界面分析

图 3-4-3　盘锦红海滩旅游度假区规划——方案 1 综合体片区——鸟瞰图 1

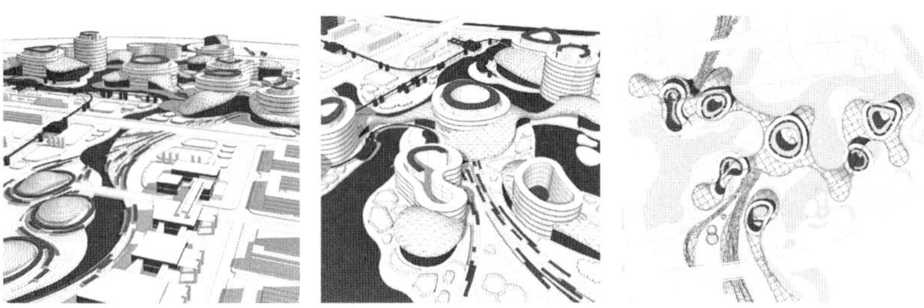

图 3-4-4　盘锦红海滩旅游度假区规划——方案 1 综合体片区——平面图及鸟瞰图 2

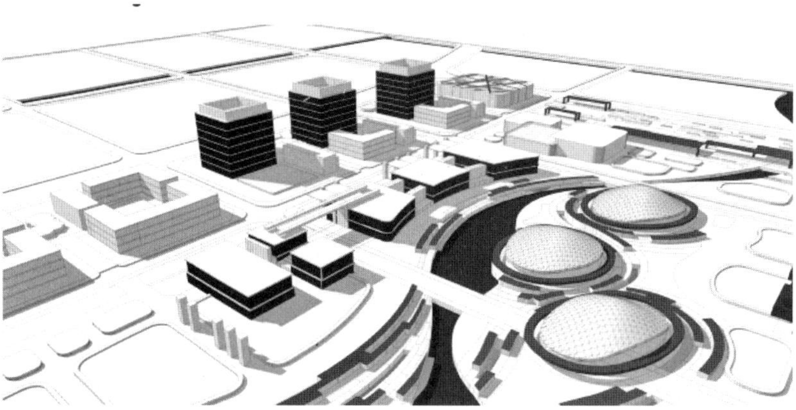

图 3-4-5　盘锦红海滩旅游度假区规划——方案 1 混合公寓片区——鸟瞰图

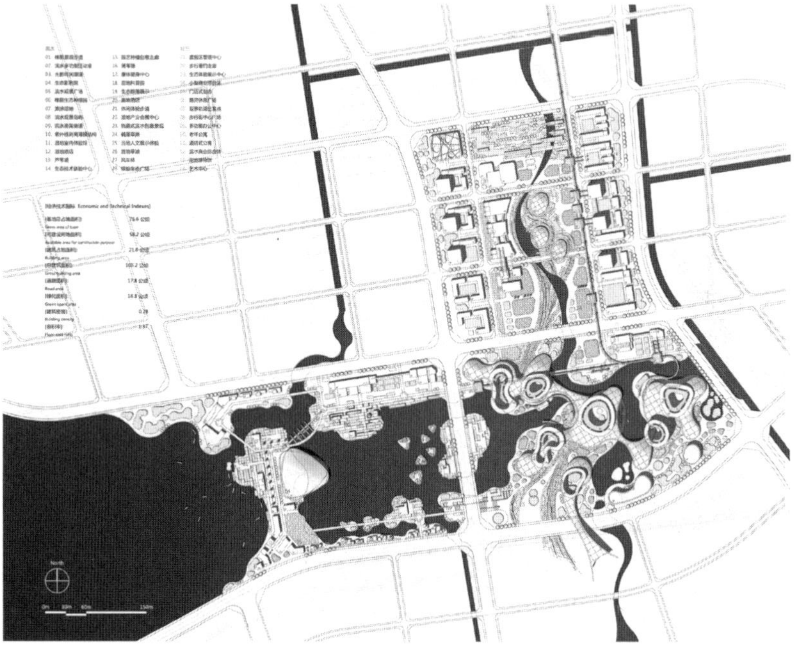

图 3-4-6　盘锦红海滩旅游度假区规划——方案 1 规划总平面图

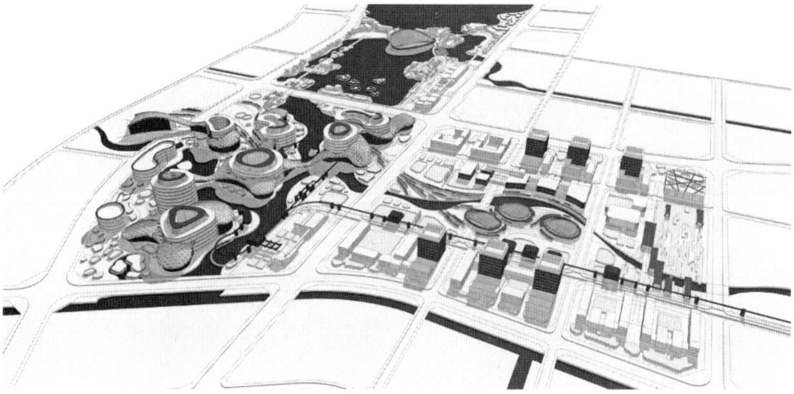

图 3-4-7　盘锦红海滩旅游度假区规划——方案 1 总体鸟瞰图

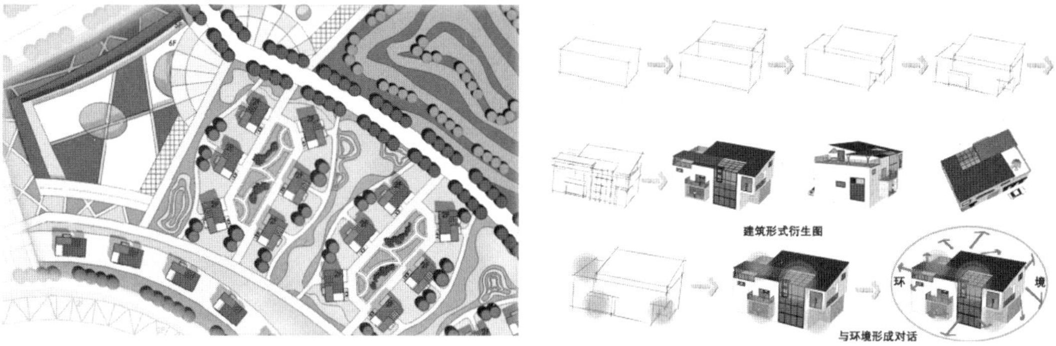

图 3-4-8　盘锦红海滩旅游度假区规划——方案 2 度假旅游片区规划——平面图及概念图

图 3-4-9　盘锦红海滩旅游度假区规划——方案 2 度假旅游片区规划——效果示意图

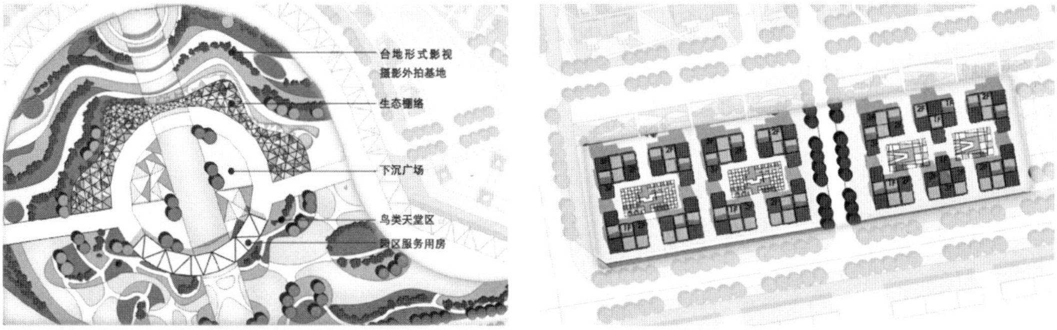

图 3-4-10　盘锦红海滩旅游度假区规划——方案 2 湿地公园及影视工坊——平面图

图 3-4-11　盘锦红海滩旅游度假区规划——方案 2 湿地公园——效果示意图

图 3-4-12　盘锦红海滩旅游度假区规划——方案 2 影视工坊——效果示意图

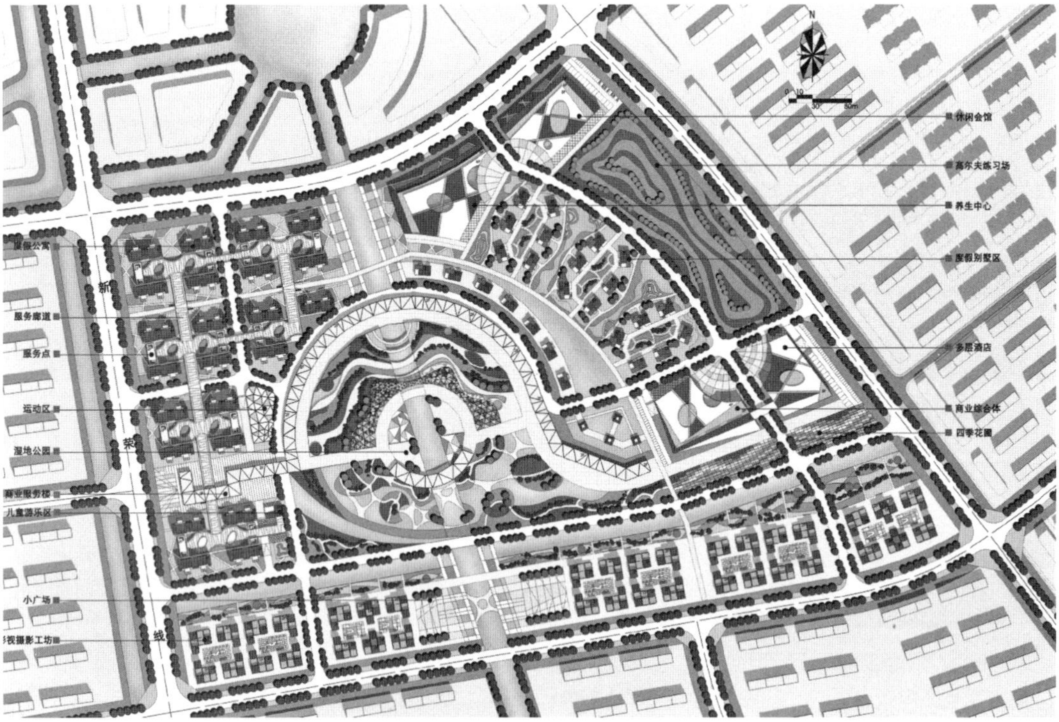

图 3-4-13　盘锦红海滩旅游度假区规划——方案 2 规划总平面图

图 3-4-14　盘锦红海滩旅游度假区规划——方案 2 鸟瞰图

第 4 章 | 城市更新之　时代的交响

4.1 何去何从？——城中村的更新困惑

方案 1：新生—共生

树村位于北京市海淀区中部，东邻正白旗村，西邻厢黄旗、王家庄，北邻后营村，南至前河沿。树村史见于明代，因村中树木较多而得名。村形长方，主街沥青路面南北走向。村址及四周属平原地貌，地下水较丰盈。目前，树村南邻北五环路和清河，东部临近京新高速。树村南部有圆明园及颐和园，东北有北京体育大学，处于北京上地创业园区与北部大学密集区的交叉辐射地带，具有良好的区位条件。受到上地高新技术产业发展带动性的影响，树村吸引了大量就近就业的科技人员和独立发展的创业者，还聚集了来自全国的音乐爱好者。树村的东北方向是著名的迷笛音乐学校；树村的西北方向是东北旺，也是一个已经成型的音乐村；此地段成为一个以树村为中心的音乐群落。

设计地段面积约 52 公顷，包括树村、正白旗村以及通风林道。树村常住人口包括 1190 户村民，农转非的城市人口 1500 多人。树村村民还包括大量外来租住人口，约 10000 人，导致卫生问题凸显：街道上垃圾遍地，污水横流，脏乱不堪。由于外来人员流动性强，带来治安差、管理压力大等各方面的问题。按北京市整体规划，树村所处位置是北京西北地区的通风口。目前树村东部约有 200m 宽的控制隔离带贯穿南北，形成以密集的林地为主的开放空间，主要发挥生态廊道的作用。

树村在北京圆明园以北的北五环外，邻近中关村、高新产业基地以及几所大学，地理位置不可不谓之优越；历史久远，始建于明代，民国称为“树村街”，如今却一片没落；街巷逼仄，或宽不及半米，容不得两人同行；北漂的音乐人“你方唱罢我登场”，走马灯般书写着各自的青春；原住民们则一边靠着微薄的房租生存，一边冷眼旁观房客的更迭。树村，该何去何从？

从设计要求的层面，应重点思考如下问题：

（1）重点考虑树村现有村民转型的问题，探索更为积极的、主动转型的城中村改造思路，为村民提供就业、教育、创业等持续发展的路径。

（2）重点考虑大城市近郊创新型产业园区对城乡矛盾的独特调节作用，考虑如何实现城市大规模扩展与传统村落脉络延续的平衡关系，应为近郊区的渐进式演变建立怎样的空间秩序。

（3）重点考虑大城市生态控制地带的保护策略，对于树村所在生态廊道的持续维护，如何最大限度降低消极保护可能带来的监管乏力，采用何种措施鼓励生态廊道的积极种植、维护乃至生态功能的多元化，尤其可以结合城乡共同发展的特定需求来展开思考。

这里列举了两个方案，从不同的角度思考城中村的改造问题。方案 1 关注原住民的生存，认为伴随着城中村的消失，村里人不可能直接摇身一变而成为城市人。需要从经济发展及生存模式方面思考村里人与城市人的真正融合。设计者希望当地村民可以继续在这里休养生息，通过改善物质环境，完善市政基础设施，使之成为宜居住区。同时，利用建筑屋顶作为生态园地，利用宅间绿地进行园林种植，在社区开辟空中农场，以主轴线的景观绿地作为体验农场，并规划了农业研发创意区。（图 4-1-1、图 4-1-2）

方案 2：music & village

方案 2 关注的是追梦的音乐人群体以及他们与当地村民的融合，希望树村成为名副其实的音乐村。设计者在充分分析树村现状人群构成的基础上，梳理不同群体的需求及其相互关系，提出音乐创业模式，改善居住环境，让原住民参与商业及餐饮服务业，为其提供多种就业机会，并实现出租房屋之外的经济发展。同时，以提升后的公共服务设施和灵活多样的音乐创意工坊留住追梦的乐手，延续树村的音乐风情。树村多元化的人群构成是未来创意活力的源泉。（图 4-1-3 ~图 4-1-7）

图 4-1-1　树村城中村改造规划——鸟瞰图

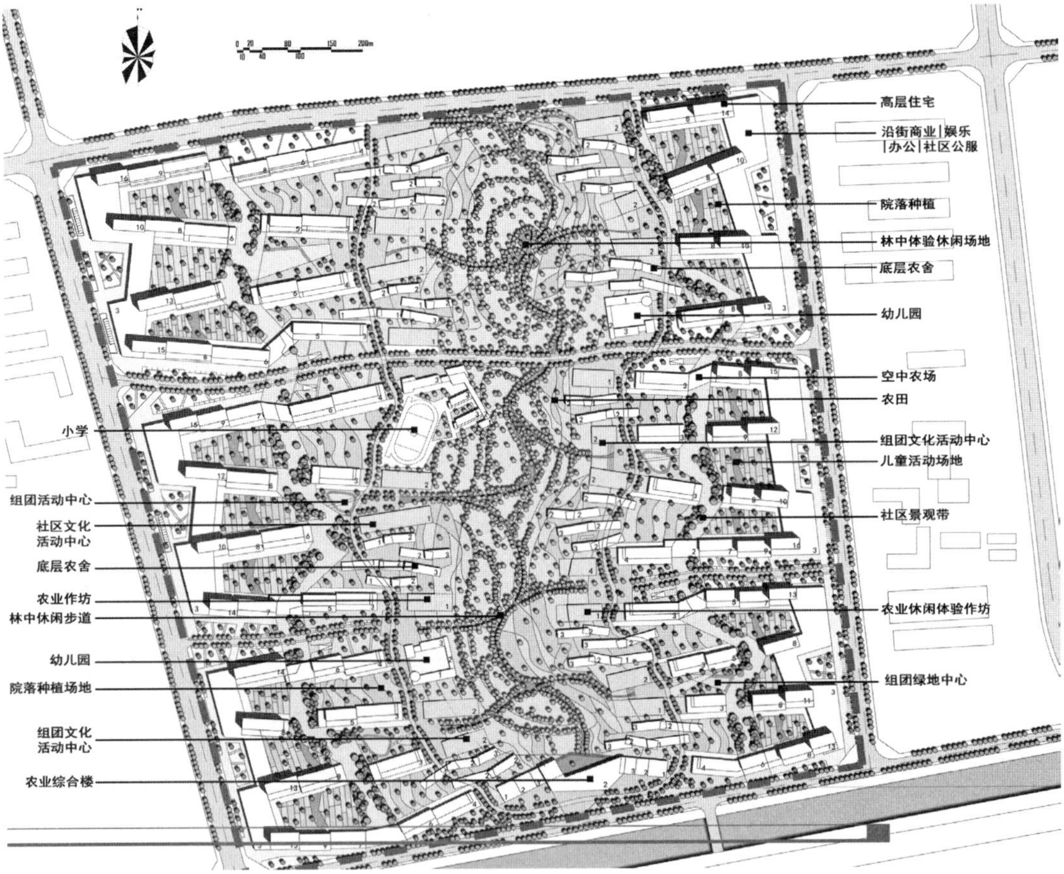

图 4-1-2　树村城中村改造规划——规划总平面图

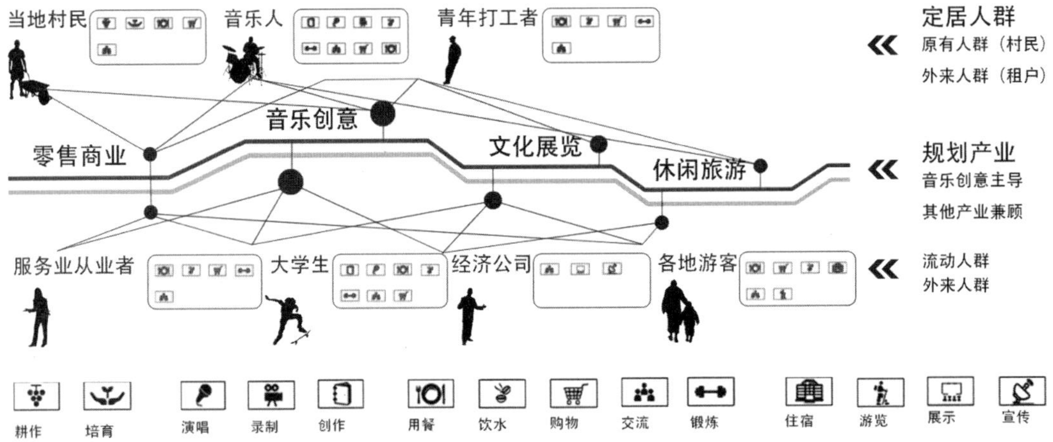

图 4-1-3　树村城中村改造规划——方案 2 树村人群构成分析

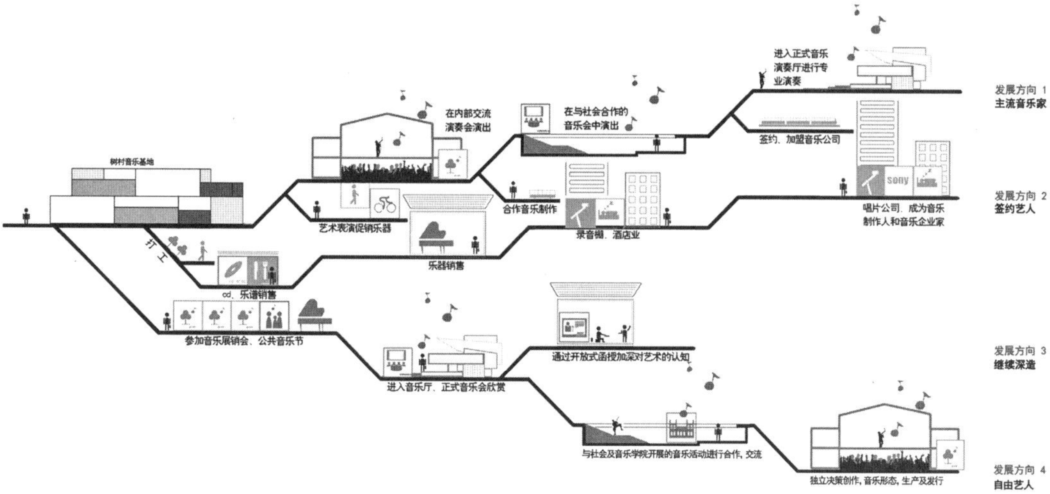

图 4-1-4　树村城中村改造规划——方案 2 树村音乐人创业模式分析 1

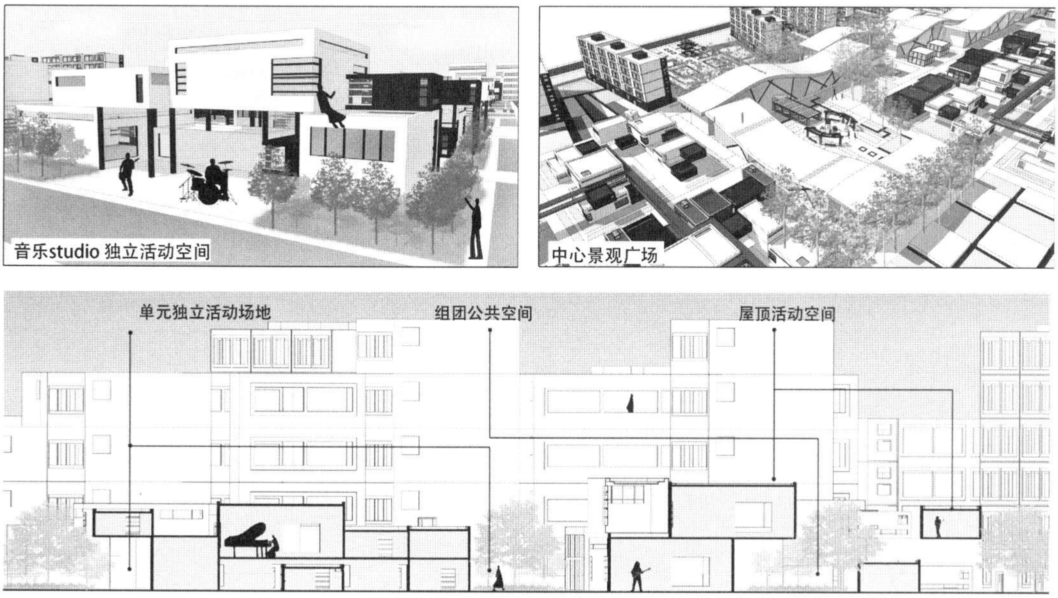

图 4-1-5　树村城中村改造规划——方案 2 音乐 studio 空间分析

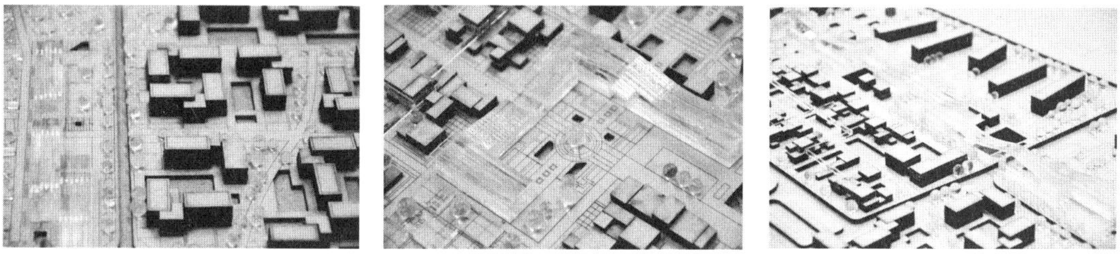

图 4-1-6　树村城中村改造规划——方案 2 节点空间手工模型

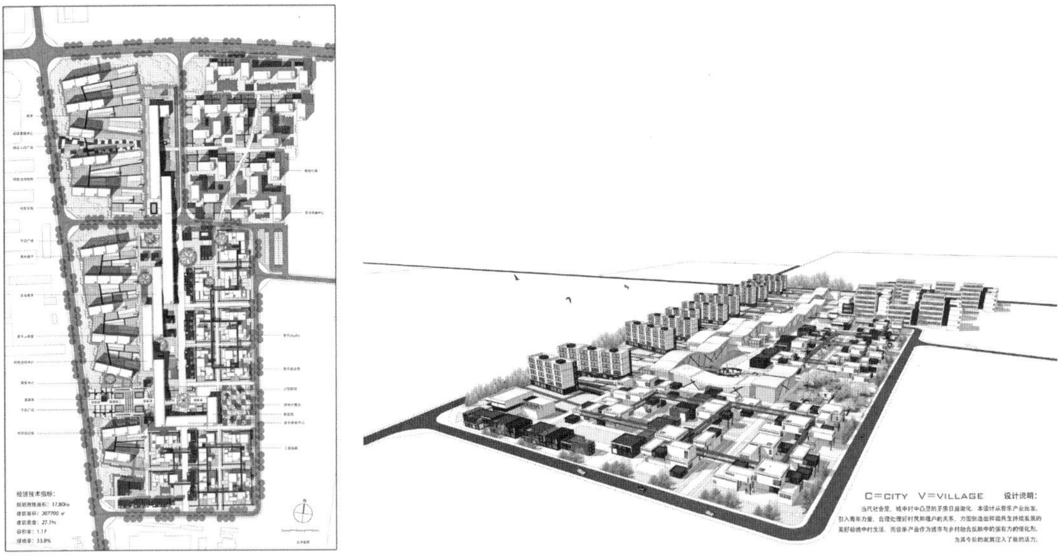

图 4-1-7 树村城中村改造规划——方案 2 树村音乐人创业模式分析 2

4.2 华美乐章——城市中心区的华丽转身

方案 1: 理想空间

规划地段为中关村电子城科技园西区的二期用地，东邻首都机场，西接奥运村，南达 CBD，区位优势明显。方案 1 以“15 分钟服务圈”服务轴的确定，摒弃传统科技园区“先生产、后生活”的弊端，通过“创新空间”“非正式交往空间”“绿色开放空间”的营造，形成理想空间体系，进而对应实现“生产、生活、生态”的融合。创新空间对应生产研发，非正式交往空间对应生活，绿色开放空间则对应生态需求。（图 4-2-1 ~ 图 4-2-6）

此外，方案针对创新办公空间的功能、体型及组合关系进行了深入推敲，并分析了由空中廊道生成的非正式交往空间。（图 4-2-7 ~ 图 4-2-9）

方案 2: 活力共享

方案 2 旨在营造科技园区的社区氛围：包含办公、研发、商业服务、会议展览、居住、娱乐等功能模块。引入组团化办公空间，提供从私密、半开放到开放的交往空间，借此促进创新人才的思维碰撞与交流，强化企业文化与归属感。（图 4-2-10 ~ 图 4-2-12）

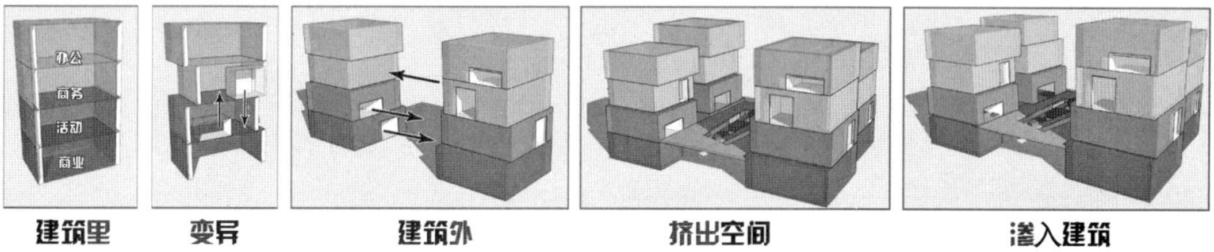

图 4-2-1　中关村电子城西区城市设计——非正式交往空间——空间生成分析

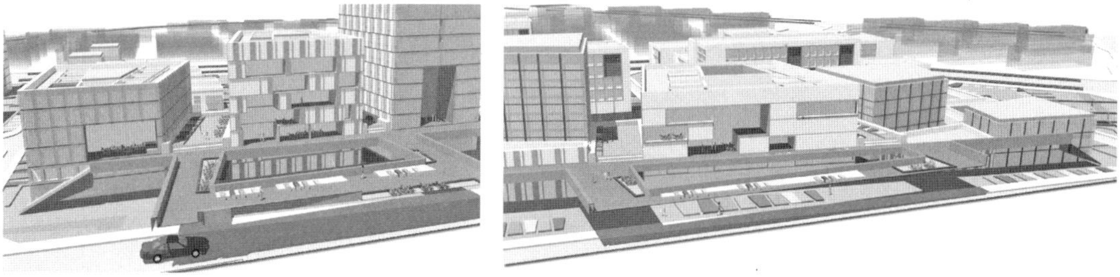

图 4-2-2　中关村电子城西区城市设计——非正式交往空间——空间效果

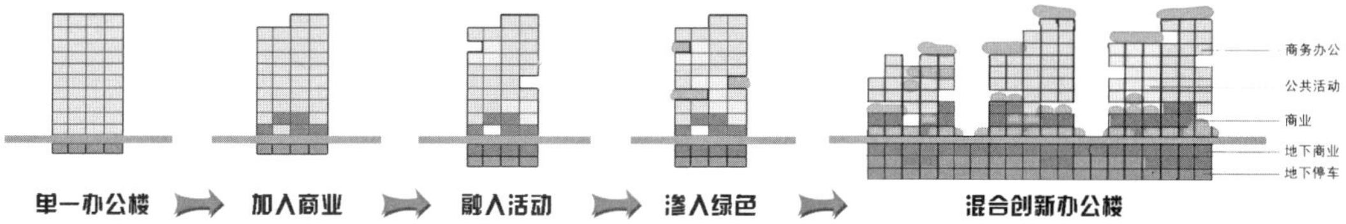

图 4-2-3　中关村电子城西区城市设计——创新空间——建筑功能叠加分析

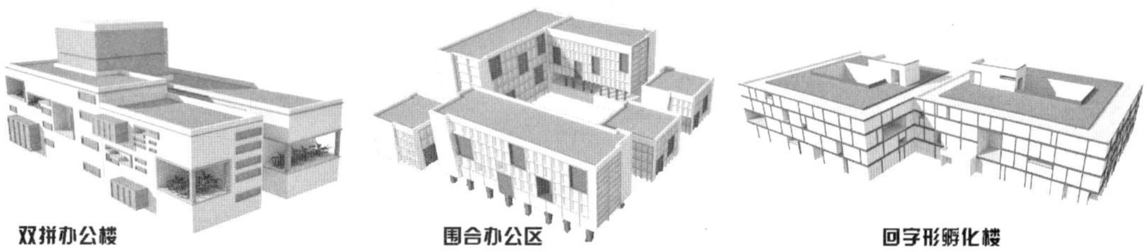

图 4-2-4　中关村电子城西区城市设计——创新空间——空间效果

图 4-2-5　中关村电子城西区城市设计——理想空间——空间效果

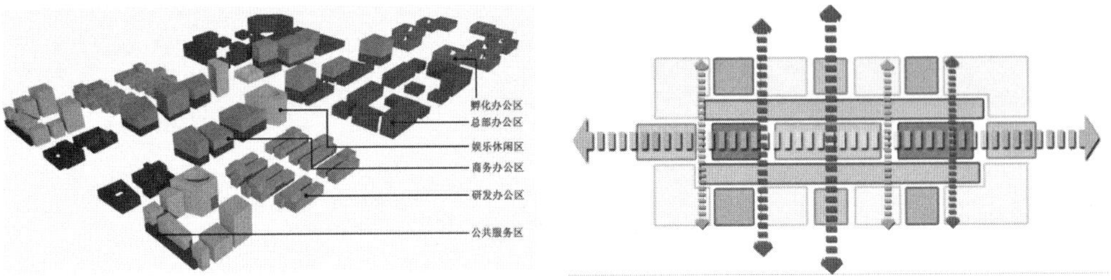

图 4-2-6　中关村电子城西区城市设计——功能布局及空间结构演化

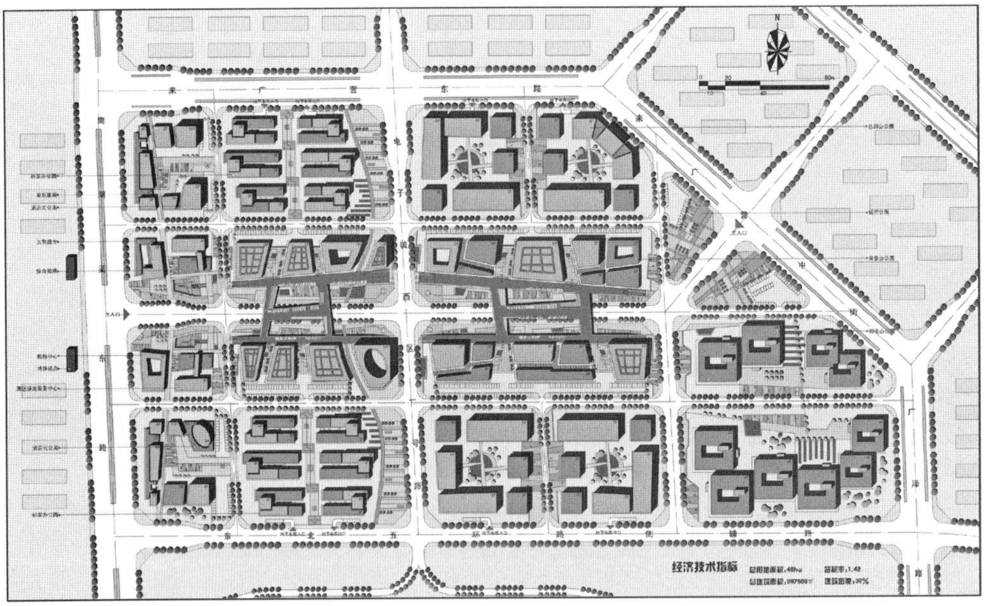

图 4-2-7　中关村电子城西区城市设计——规划总平面图

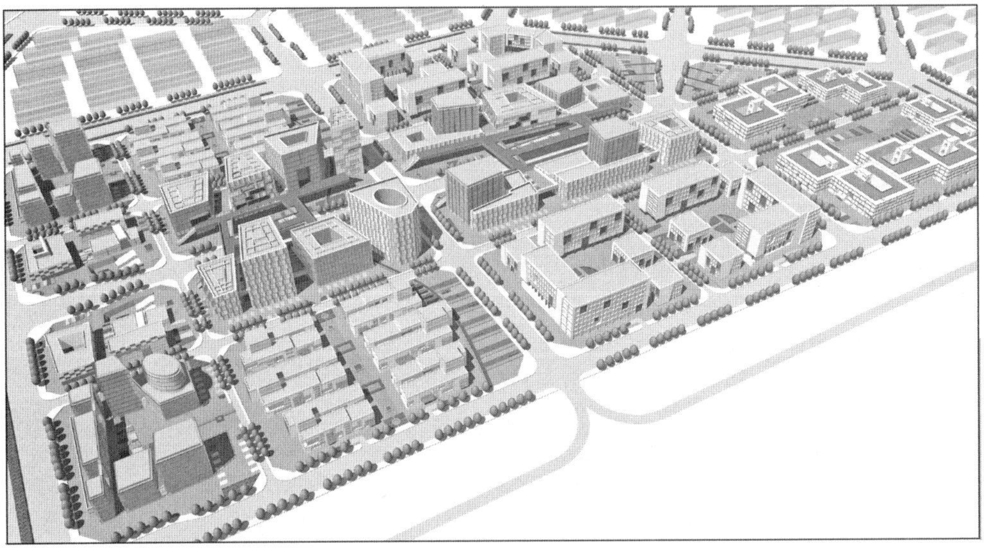

图 4-2-8　中关村电子城西区城市设计——鸟瞰图 1

图 4-2-9　中关村电子城西区城市设计——鸟瞰图 2

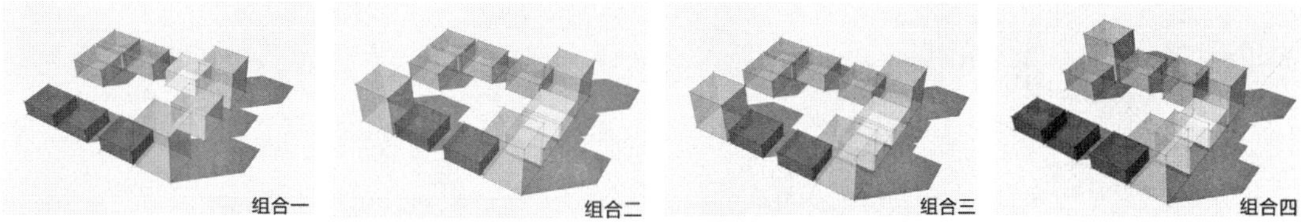

图 4-2-10　中关村电子城西区城市设计——方案 2 办公单元组合模式分析

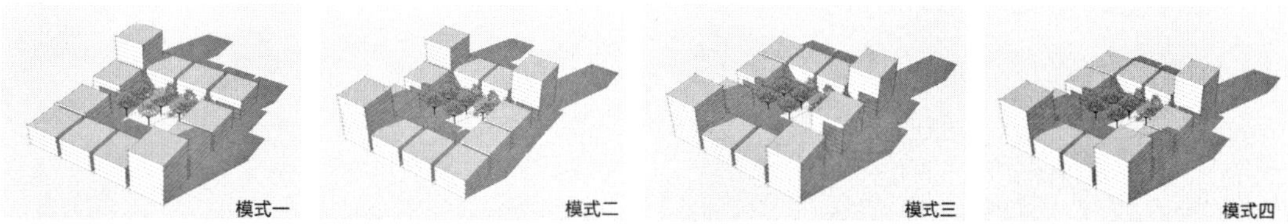

图 4-2-11　中关村电子城西区城市设计——方案 2 研发组团模式探讨

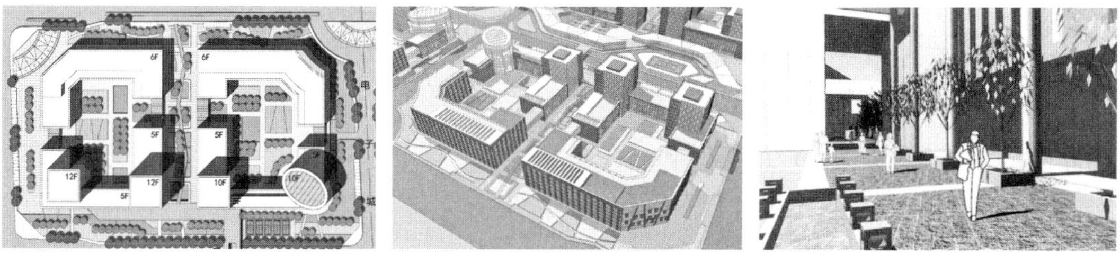

图 4-2-12　中关村电子城西区城市设计——方案 2 研发组团平面图及效果图

方案对于交通体系有较深入的思考。在园区的对外交通联系方面，规划了微循环商务班车，可以有效衔接周边公交及地铁车站，实现最后一公里的畅通；在园区核心设计了共享活力轴，保证地面车行的前提下，利用空中连廊实现人车分流，同时在办公组团引入自行车慢行系统，保证行人及非机动车的优先权（图 4-2-13）。此外，方案对于办公组团的灵活性进行了探讨，尝试不同功能模块的组合，以满足创业者在不同阶段的空间需求（图 4-2-14、图 4-2-15）。

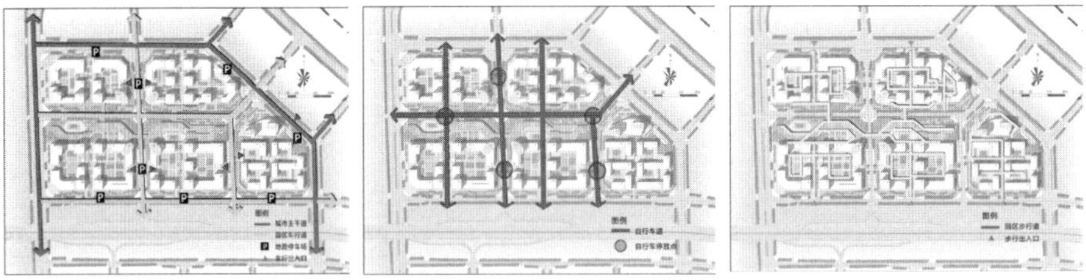

图 4-2-13　中关村电子城西区城市设计——方案 2 道路交通系统规划

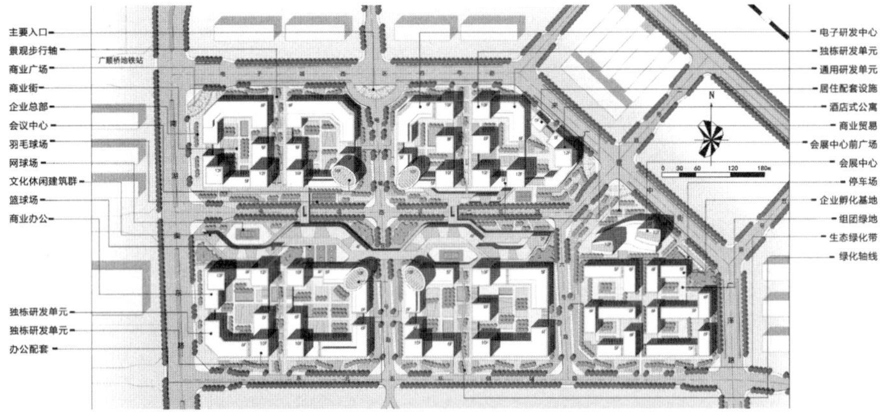

图 4-2-14　中关村电子城西区城市设计——方案 2 规划总平面图

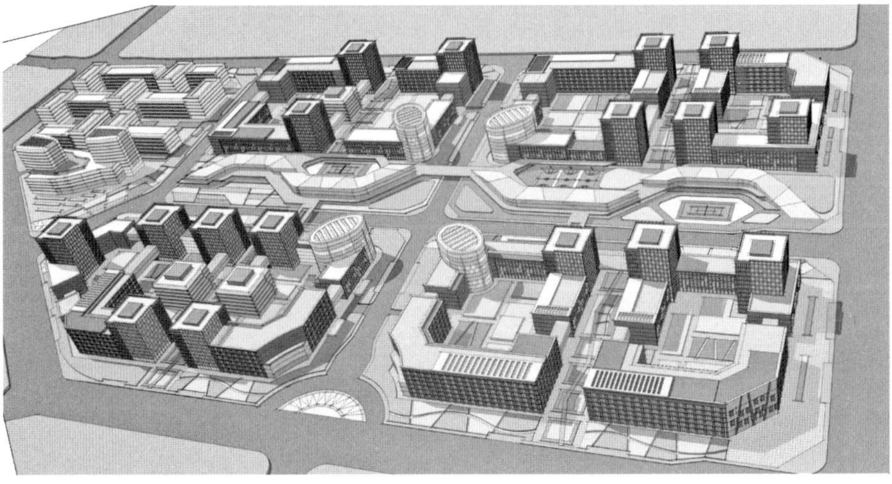

图 4-2-15　中关村电子城西区城市设计——方案 2 鸟瞰图

4.3 在水之湄——运河滨水及核心区的复兴

方案 1：在水之湄

规划选址在通州新城，运河右岸。早在秦代通州一带即有漕运活动，至元明清三代，通州运河沿岸已成为“京畿转漕之襟喉、水陆之要会”，目前仅保存有燃灯佛舍利塔、静安寺、宝通银号、潞河驿等历史建筑，有石坝码头、土坝码头、大运东仓、南仓等遗址。该地段作为大运河起点的历史价值不言而喻，但历史建筑保护状况堪忧。这里选择的两个方案分别针对运河文化空间再造以及滨水创意空间进行尝试，其核心均为运河文化再造。

方案 1 获得了 2012 年度规划专业作业评优的优秀奖。该方案旨在探讨通州新城运河核心区的文化传承与空间再造计划。设计者首先针对通州居民进行了关于运河核心区意象及需求的调查，并对历史资料及上位规划材料深入分析，整理出一份运河核心区的文化传承蓝图，以此作为该区域的发展线路。在运河文化空间营造方面，借鉴传统空间布局原则，梳理出村、街、院、园、径、桥、廊、埠八种空间元素，进而巧妙借用这八种传统空间元素，结合现代商业需求，营造充满古典韵味的文化空间，剧场式场景、街巷式场景融入了鲜活的文化体验，使运河核心区成为一幅灵动的“清明上河图”。（图 4-3-1 ~ 图 4-3-6）

图 4-3-1 通州运河核心区规划设计——剧场及街道式场景分析

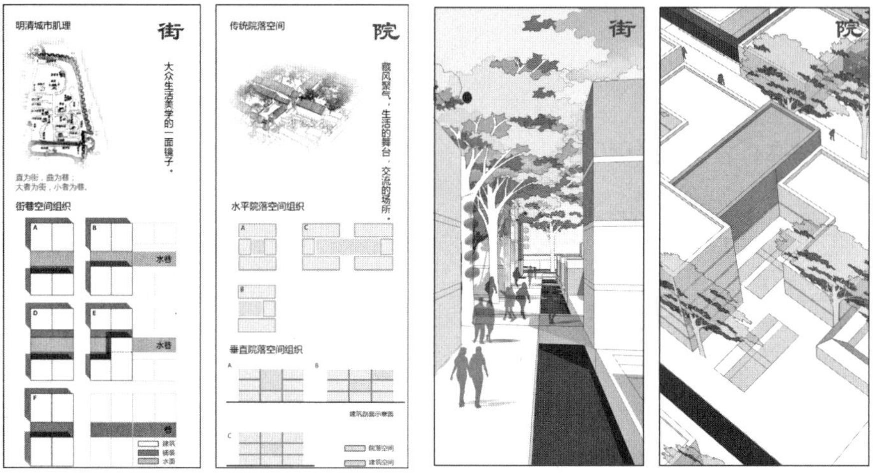

图 4-3-2　通州运河核心区规划设计——空间营造分析之街与院

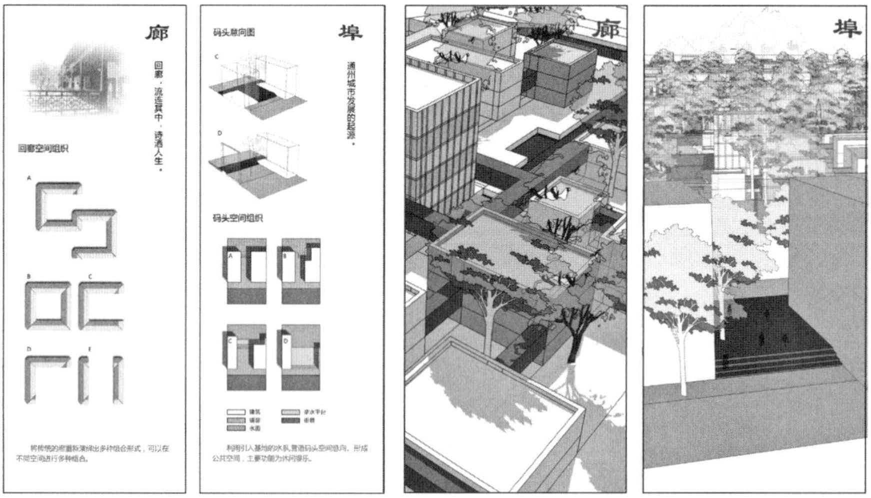

图 4-3-3　通州运河核心区规划设计——空间营造分析之廊与埠

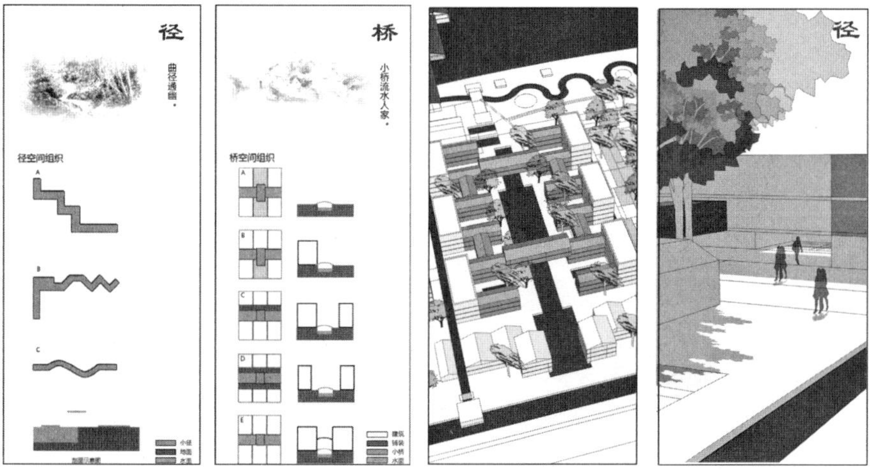

图 4-3-4　通州运河核心区规划设计——空间营造分析之径与桥

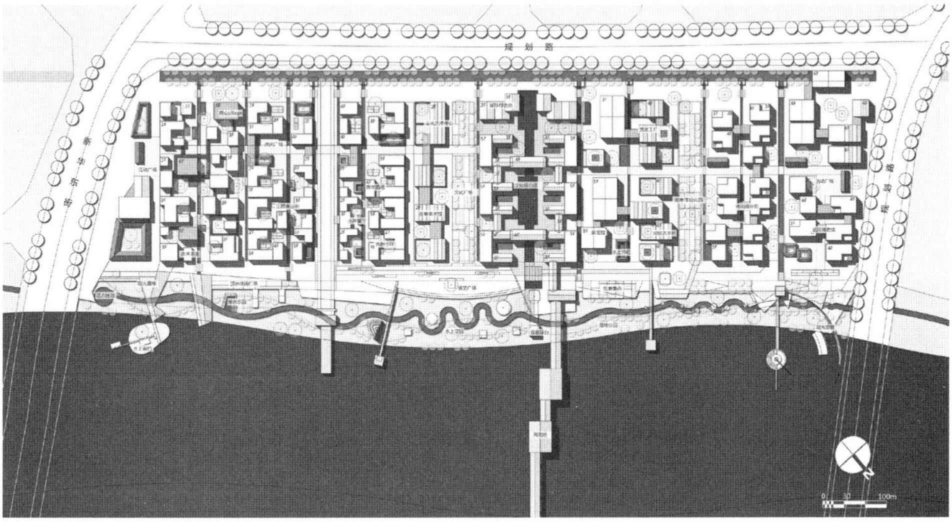

图 4-3-5　通州运河核心区规划设计——规划总平面图

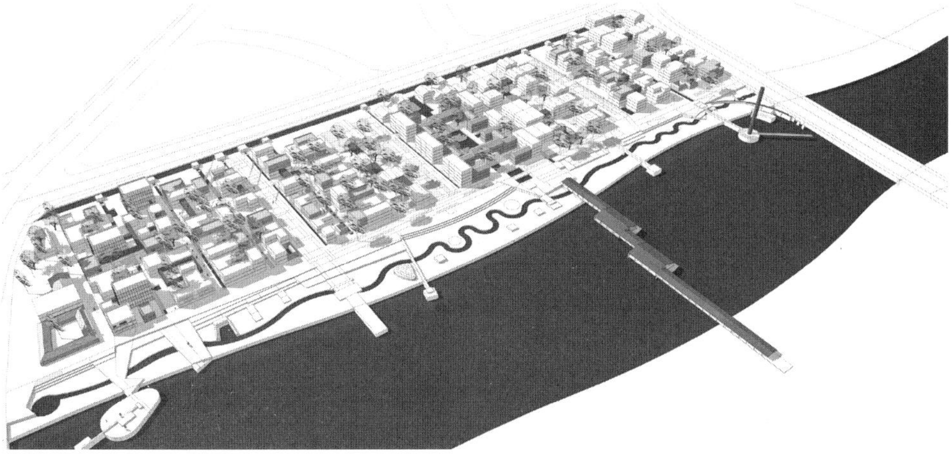

图 4-3-6　通州运河核心区规划设计——鸟瞰图

方案 2：运河记忆 & 创意

该方案关注通州老城当地村民的生存，抓住历史建筑颓败、传统工艺失传、文化设施匮乏、滨水空间单一等现状问题，提出三大设计策略：古城文化复兴，把“人”留住；城市活力再生，把“城”恢复；水岸风貌重现，使“水”兴旺。满足多元化人群的文化认同，处理通州核心区与古都风貌的关系，打造富有活力的运河滨水空间。因此，文化创意产业综合体的模式应运而生。（图 4-3-7 ~ 图 4-3-15）

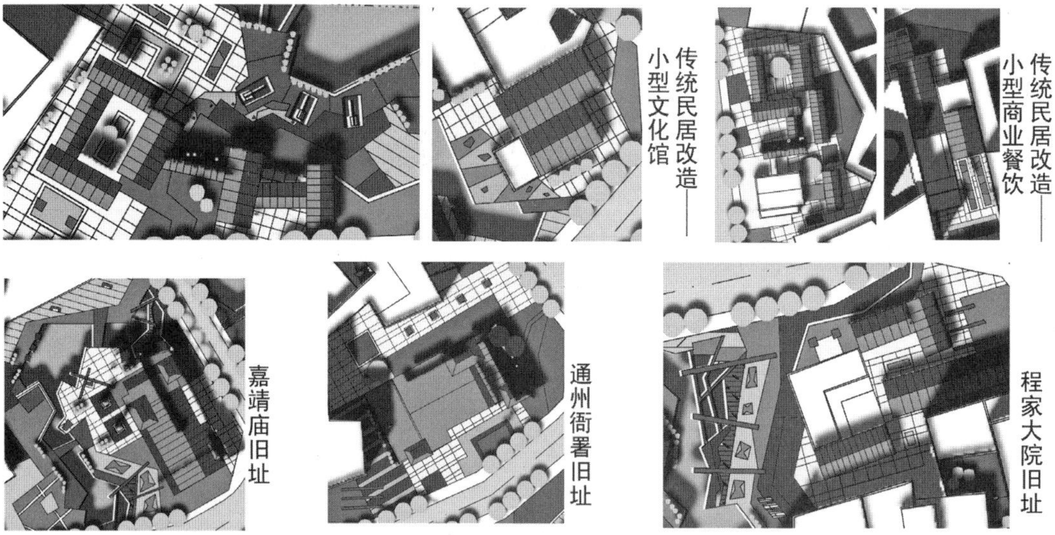

图 4-3-7　通州新城滨水区规划——历史遗存改造策略分析

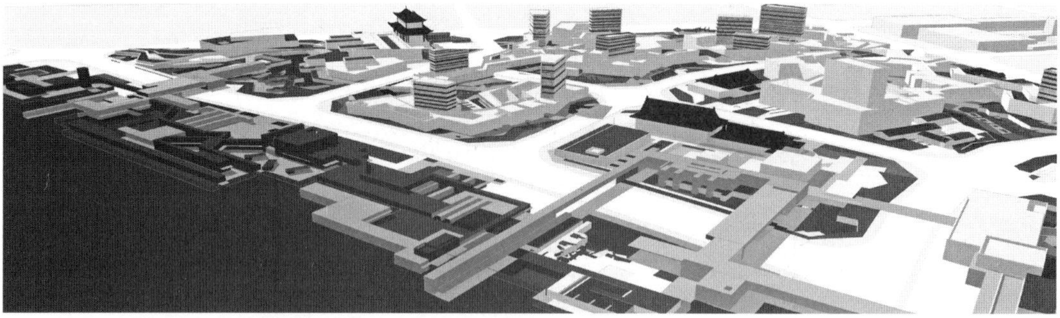
图 4-3-8　通州新城滨水区规划——石坝码头遗址公园效果图

图 4-3-9　通州新城滨水区规划——创意产业综合体——开放空间

图 4-3-10　通州新城滨水区规划——水岸节点鸟瞰图

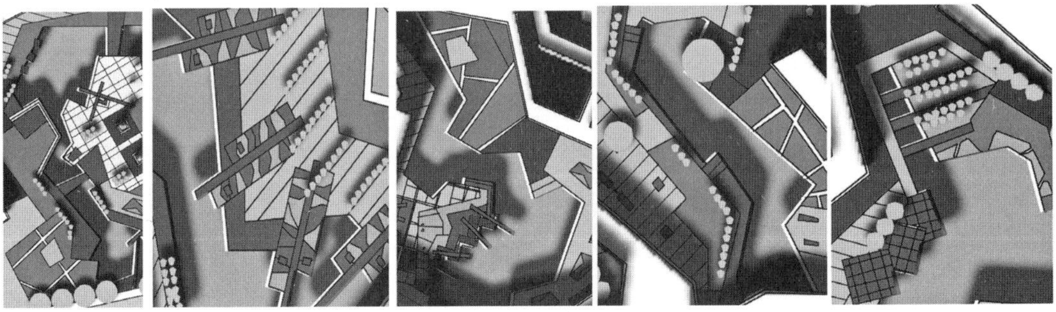

图 4-3-11　通州新城滨水区规划——水岸节点平面图

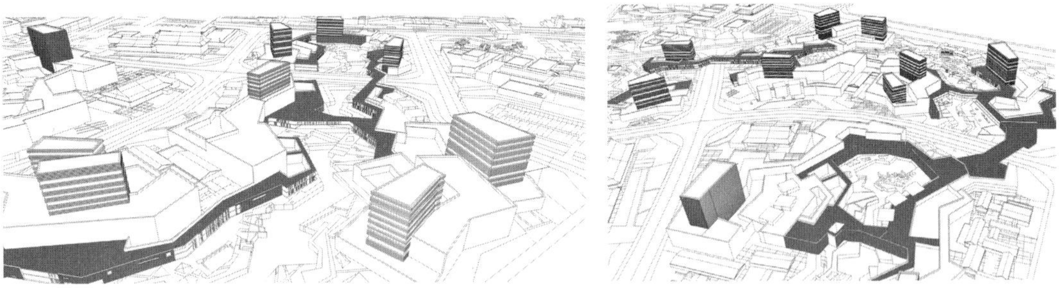

图 4-3-12　通州新城滨水区规划——创意产业综合体——游廊

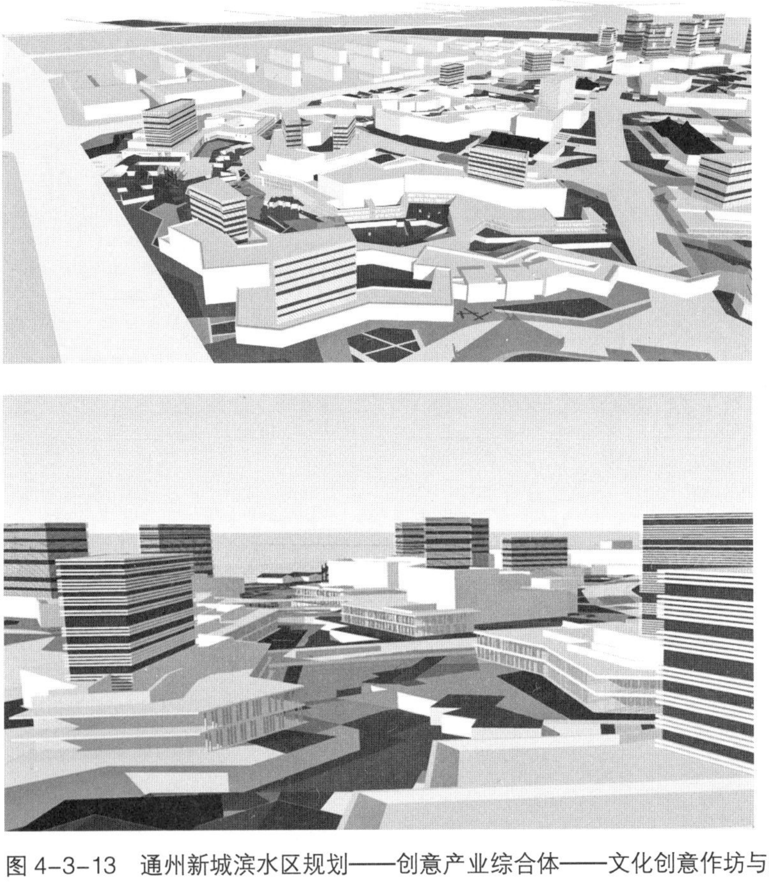

图 4-3-13　通州新城滨水区规划——创意产业综合体——文化创意作坊与办公

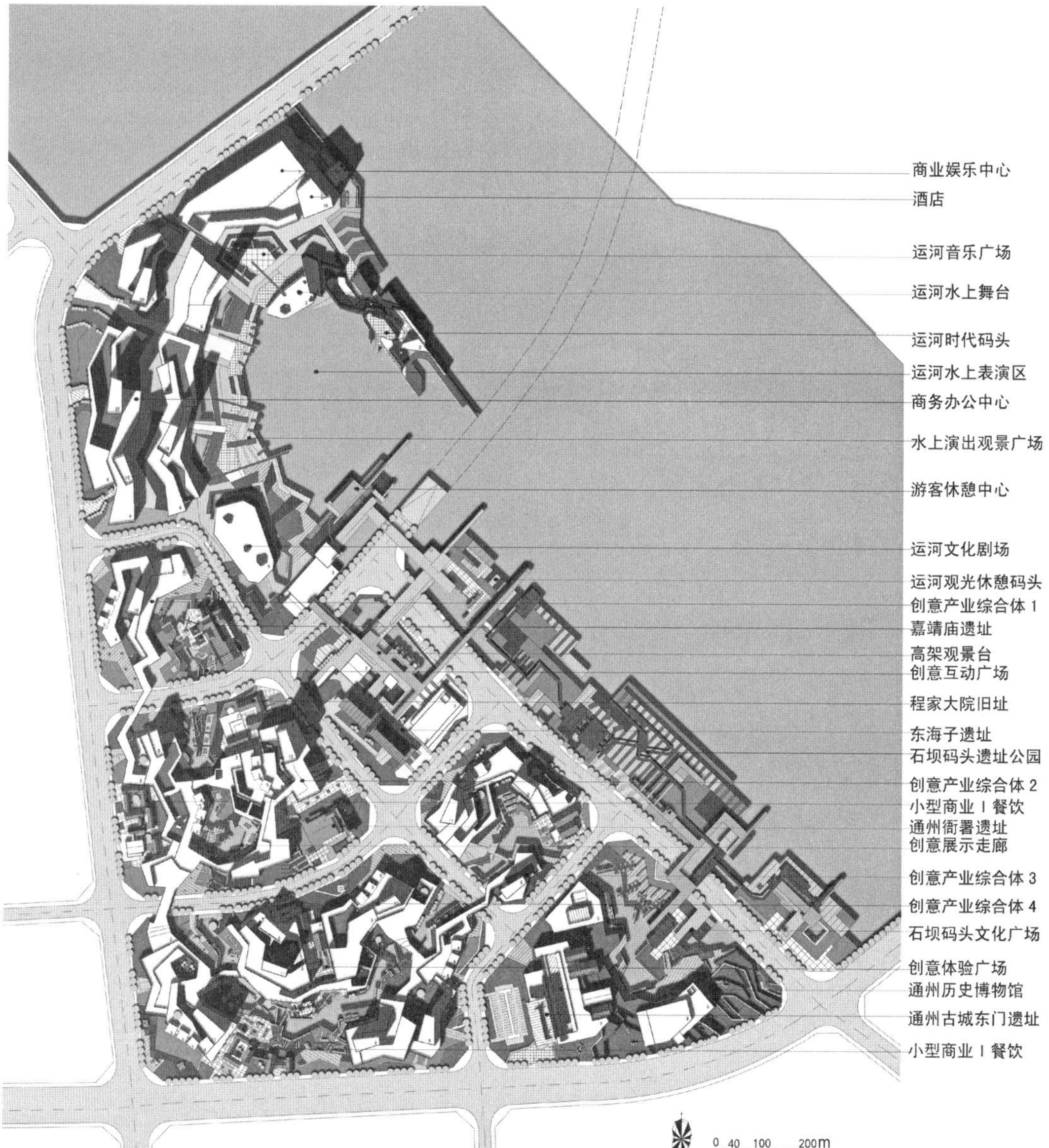

图 4-3-14 通州新城滨水区规划——规划总平面图

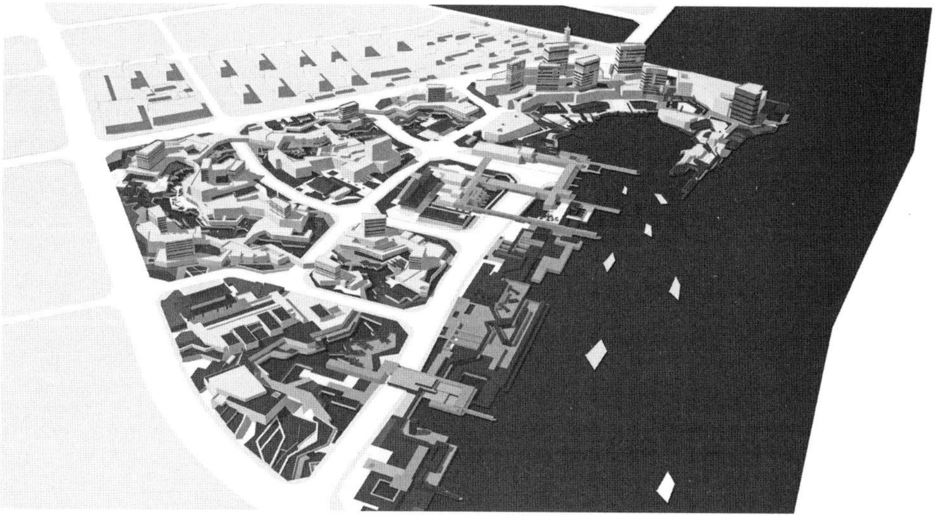

图 4-3-15　通州新城滨水区规划——鸟瞰图

4.4　都市阳台——苹果园交通枢纽核心区规划

北京石景山区苹果园交通枢纽的改造已经启动。该地块的规划思路是依托地铁 S1、S6 西延线、1 号线等轨道交通的接驳衔接，配套商业服务设施，整治地铁周边区域的物质及空间环境，打造地铁枢纽核心区功能，激发区域活力。

方案在合理梳理轨道交通枢纽的交通流线及换乘基础上，提出“都市阳台”设计理念，旨在打破传统商务办公群体空间的局部模式，引入“阳台”概念，让丰富的公共生活渗透到建筑之中，也让建筑融入人群的喧嚣。“都市阳台”是一个平台，是一根纽带，人们可以仅仅驻足观望，也可以饶有兴趣地参与到活动之中，远离机动车交通的干扰，便捷到达建筑及公共空间的每个角落。（图 4-4-1 ~ 图 4-4-3）

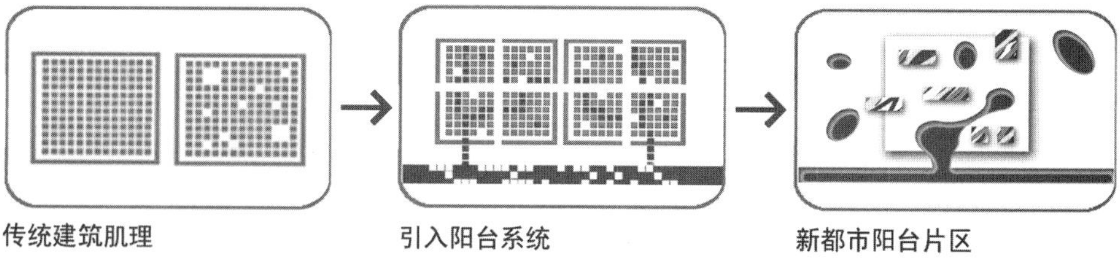

图 4-4-1　苹果园交通枢纽核心区规划——都市阳台理念解读 1

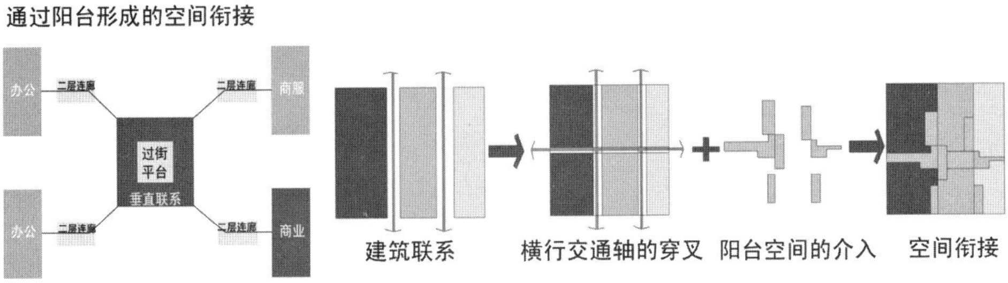

图 4-4-2　苹果园交通枢纽核心区规划——都市阳台理念解读 2

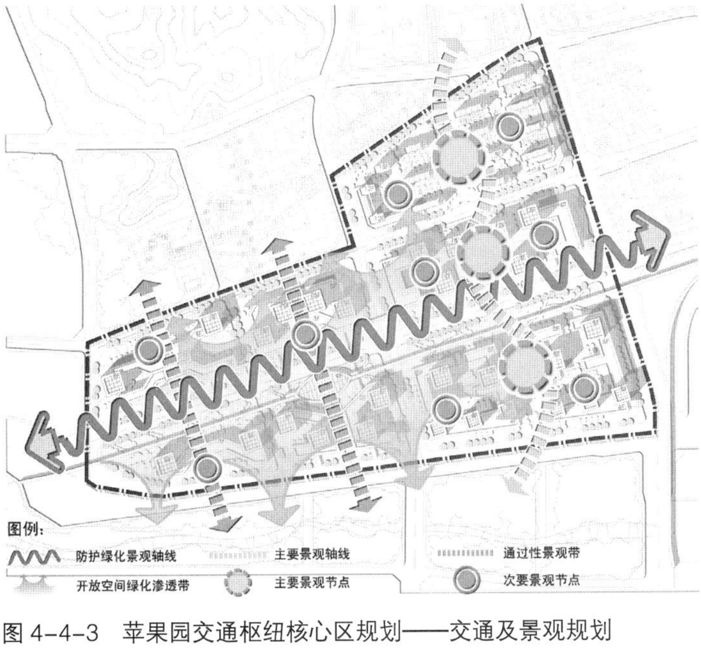

图 4-4-3　苹果园交通枢纽核心区规划——交通及景观规划

第 5 章 | 城市设计之　方案的衍生

5.1 灵光乍现——方案取舍与推敲

在设计教学中，由于项目周期与教学周期不同步的缘故，我们常常没有机会让学生参与到实际工程中，但却可以选择实际题目“真题假做”，使学生受到近似真实的训练，学生可以去现场调研，了解方案的生成如何受到诸多因素的影响，并学会坚持与放弃。

设计工作从来不是一蹴而就的信手拈来，虽偶有醍醐灌顶般的灵光乍现，但更多的是不断揣摩、发现、推敲与取舍的艰辛历程。此前几章所列举的方案虽然更加偏重规划理念的阐述（而不是最终的成果），但仍不能酣畅淋漓地展现设计者的思维过程。事实上，在这个越来越依赖并以炫耀电脑软件能力为荣的时代，设计各阶段的草图推敲过程弥足珍贵。本章拟借两个实际工程项目的若干方案草图，谈谈笔者对设计及教学的一些理解与感悟，权且作为本书的总结。

项目：莱州市某汽车城规划

莱州市的主导产业是石材开采及加工，一度占据全国石材市场的重要份额。但近年来该市的石材加工业面临衰退，亟待产业转型。通过专题研究与评估，该市拟规划建设一座汽车城，希望将其打造成为山东半岛的重要汽车集散贸易区，涵盖国内外知名品牌汽车展销、二手车交易市场、汽车维修及售后服务等汽车营销服务产业链。

规划用地位于莱州市虎头崖镇，周边交通便捷，由西北向东南有国道通往莱州市区。现状土地平整，涉及少量拆迁，用地东部有现状水塘，西北有源头汇入，东南有支流流出，是可供利用的良好水域资源。

以下为笔者指导研究生以此为真题进行的方案设计，设计过程中推敲的 4 个过程方案均为徒手绘制。通过分解规划目标及内容，首先，对约 26.67 公顷的用地进行评价及分析，确定主要功能分区及分期建设目标；明确“汽车主题公园”式的开发模式，对现状水面加以综合利用，进而构建主要功能及景观轴线；然后，对一期约 10.67 公顷用地进行规划，沿西、北两条主要道路分别为汽车展销区、综合服务区，结合东部水面建造汽车主题公园，包括汽车博物馆、驾驶体验赛道及滨水餐饮服务，用地南部为二手车贸易区、维修及售后服务区、仓库区。至此初步形成了汽车城的规划格局，并绘制了表达不同空间形态及布局的徒手草图方案 1 ~方案 4。有斜向的构图，也有规整的构图，对于汽车展销的模式也进行了初步探索（图 5-1-1 ~图 5-1-6）。开局貌似很顺畅？非也！好戏刚刚开场。

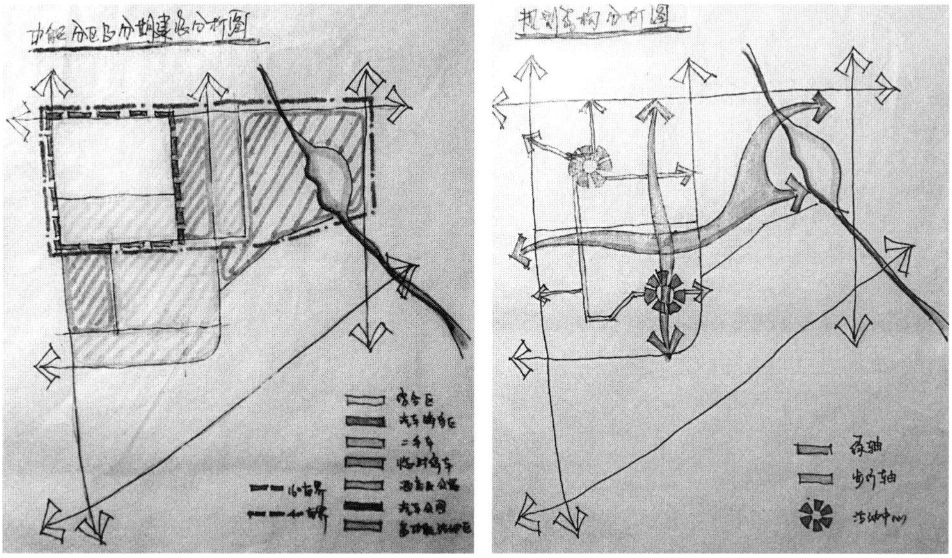

图 5-1-1　莱州汽车城规划——规划结构、功能分区及分期建设分析图（手绘草图）

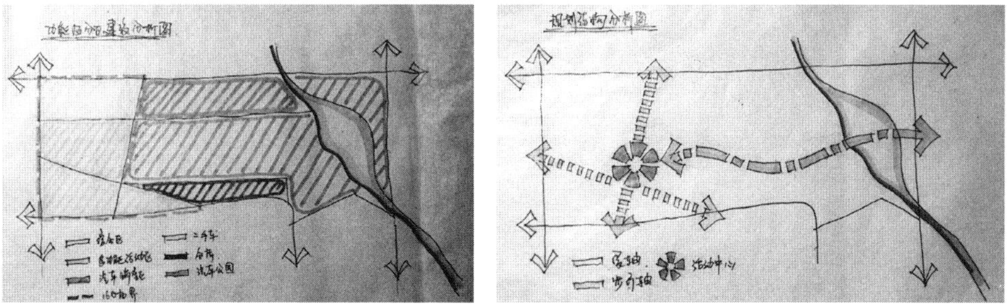

图 5-1-2　莱州汽车城规划——一期用地功能分区与规划结构（手绘草图）

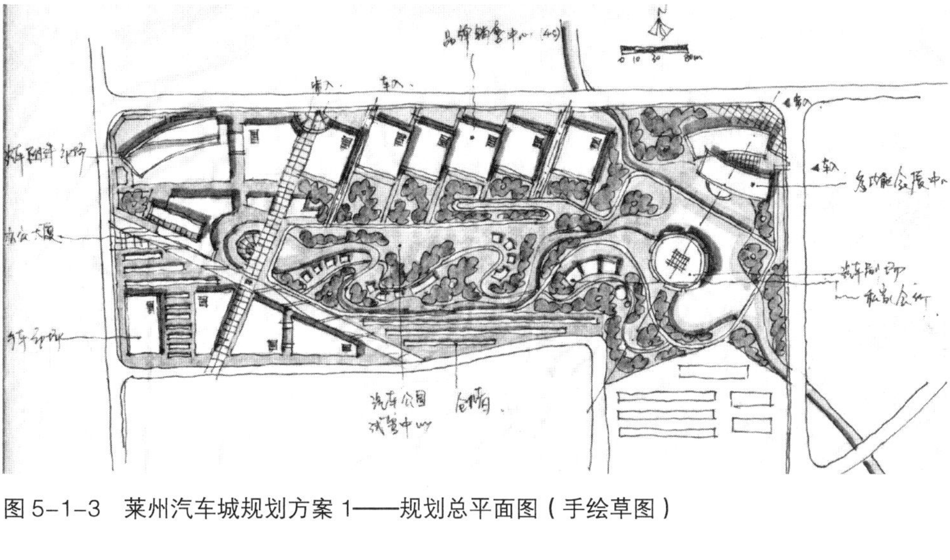

图 5-1-3　莱州汽车城规划方案 1——规划总平面图（手绘草图）

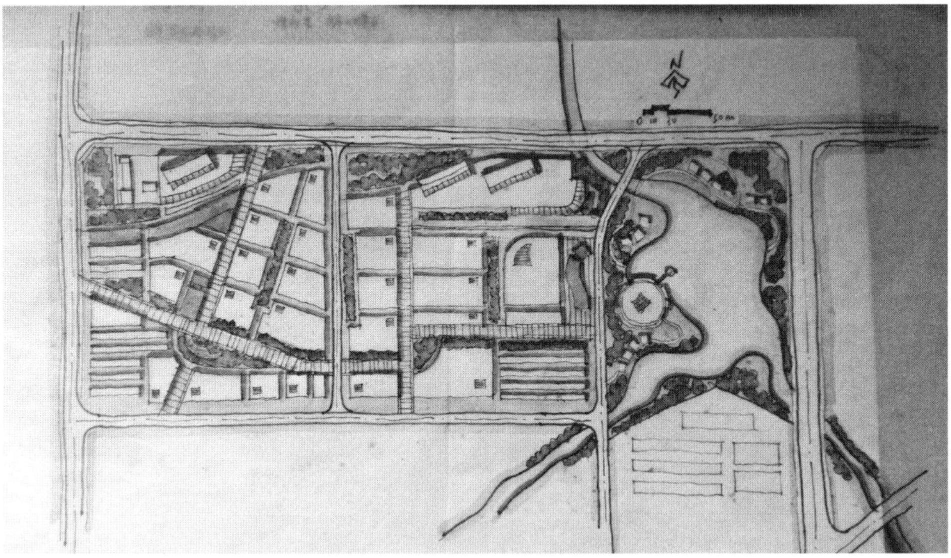

图 5-1-4　莱州汽车城规划方案 2——规划总平面图（手绘草图）

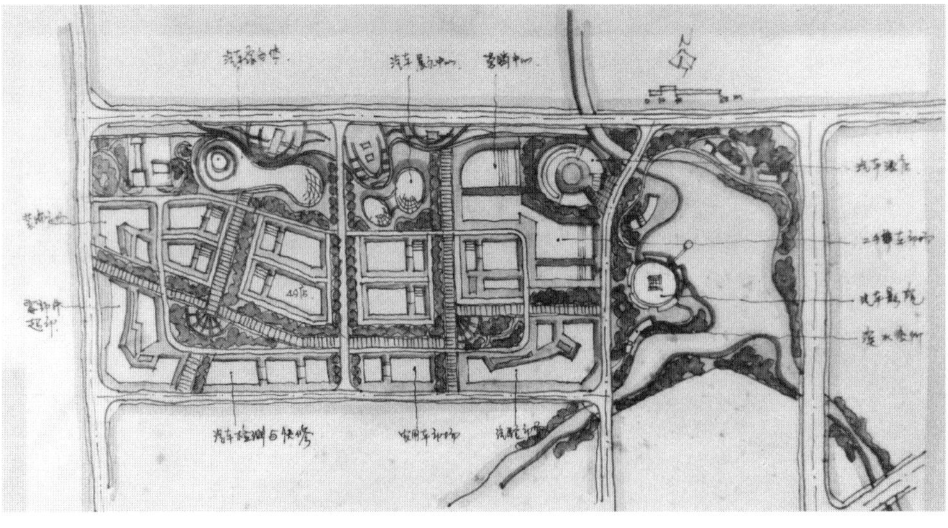

图 5-1-5　莱州汽车城规划方案 3——规划总平面图（手绘草图）

这时候笔者告诉踌躇满志的学生，首先，甲方提出力争将知名汽车品牌一网打尽，提供独立的 4S 店营销模式，且要求尽可能多的 4S 店沿着地段北侧主干道一字排开，何其气派；其次，汽车主题公园的规模令开发商吐血，用地需要压缩；再次，园区的主入口一定要位于北侧；最后，尽可能多地布置 4S 店。可以想象学生一脸的不屑：这是秀土豪吗？那么多的 4S 店能消化得来么？面对这样的“供需”矛盾，我们既要坚持合理的构思与想法，以理服人、说服甲方，又要适当妥协，有效的沟通与方案设计能力同样重要。

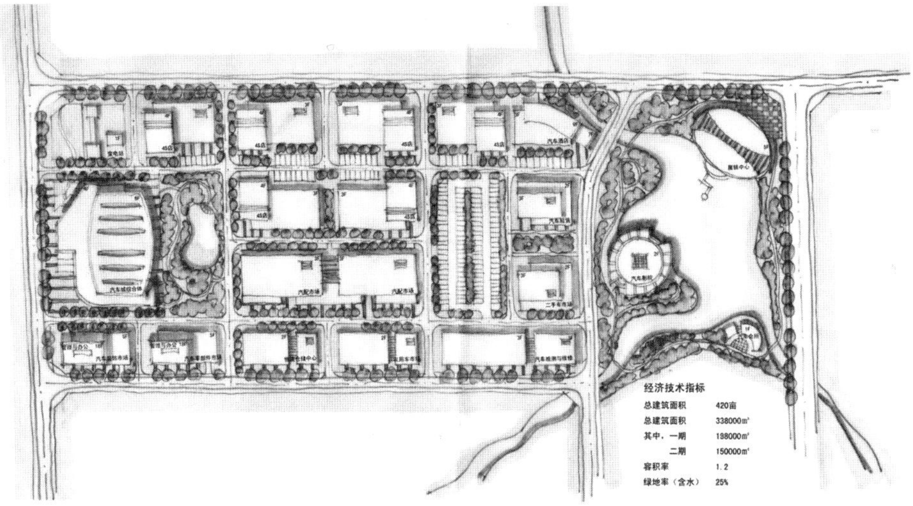

图 5-1-6　莱州汽车城规划方案 4——规划总平面图（手绘草图）

于是，我们首先坚持了主题公园的构思，理由是：该用地条件不适宜于高强度开发，对现有水域资源的合理利用是点睛之笔；其次，借鉴国外成功的案例，主题公园式开发有利于快速集聚人气；最后，我们做出妥协，只保留用地东侧现状水域周边用地作为公园，将地块中部的绿带尺度缩减，舍弃了驾车体验的初衷，同时在滨水区域设计休闲步道，保留住滨水小尺度的餐饮。至此，在有所坚持并有所舍弃的基础上，初步达成一致。

接下来，关于 4S 店的规模及布局问题。按照设计标准，每个 4S 店用地不小于 120m × 60m，而规划用地南北方向较小，因此若沿街布局 4S 店，则南北向余下的用地就很有限了。我们建议沿街、地块内部均布置，但甲方坚持只有沿街布置，才有利于招租。貌似也有道理，于是，我们再次妥协，接受了沿街尽可能多布置 4S 店的要求。事实上，我们已经核算过，沿街充其量也不过布置 8 个，而且这样的构图更加规整，功能分区也更加明确。调整方案应运而生。（图 5-1-7 ~ 图 5-1-11）

在调整方案中，空间结构更加鲜明，一横一纵两条轴线串联整个园区，景观横轴向东延伸，与公园的步道自然衔接；东部规划了展示汽车文化的汽车博物馆、湖面、滨水休闲绿道、尺度宜人的餐饮建筑，可以为前来汽车城的观光或购车群体提供完善服务；沿北侧主干道布置了 8 座 4S 店，其中园区北向主入口设计两座旗舰店，尺度稍大，成为引领园区流线的标志性建筑；作为南北主轴的对景，地块最南端以“一站式”汽车交易及服务中心作为结束，在其东侧为汽车零部件市场，西侧为另外 2 座 4S 店；在用地的西北角，为管理及办公建筑。与之前的四个方案相比，调整方案既坚持了主要设计思路及理念，又依据甲方需求进行了适当取舍，在坚持与取舍之间寻求合理的平衡点。

事实上，徒手草图的推敲对于快速准确地阐述设计思路非常有帮助，如今越来越多的学生或设计师更加依赖建模软件，懒于动手画草图的情况比较普遍。当然，在方案推敲过程中，模型推敲非常重要，在此并无厚此薄彼之意，只想表达自己对徒手草图的偏爱之情罢了。

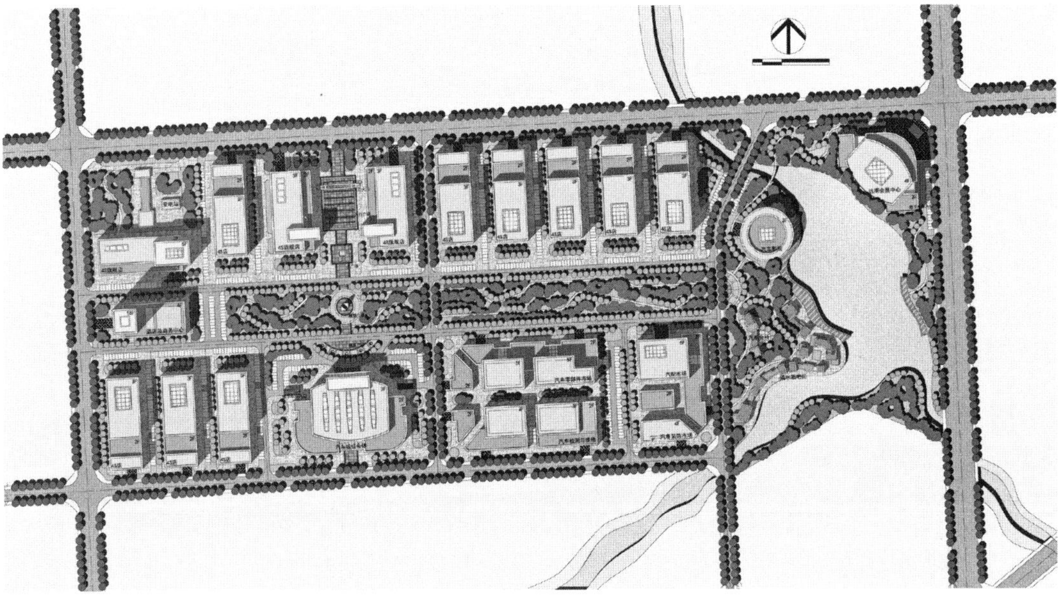

图 5-1-7　莱州汽车城规划调整方案——规划总平面图

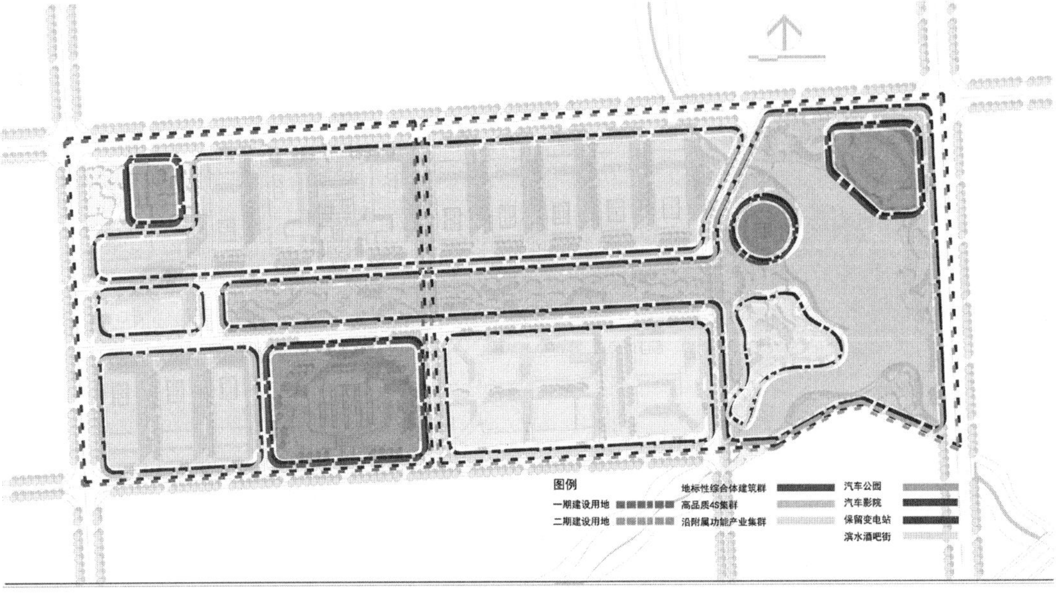

图 5-1-8　莱州汽车城规划调整方案——功能分区分析图

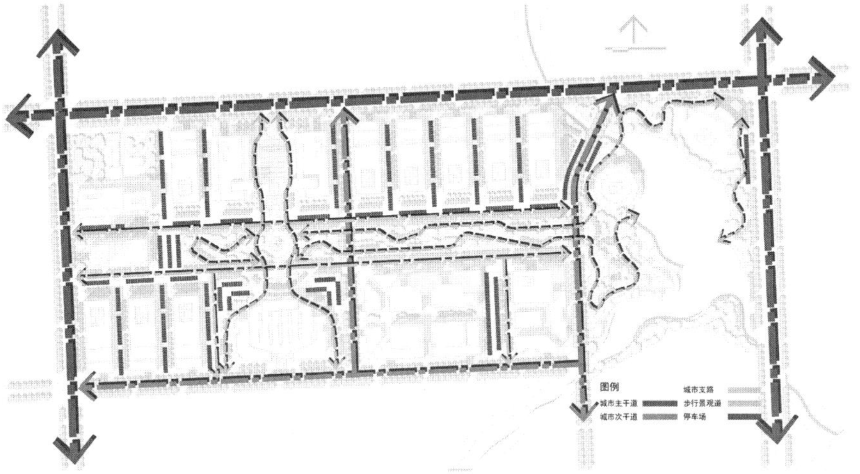

图 5-1-9　莱州汽车城规划最终方案——道路系统分析图

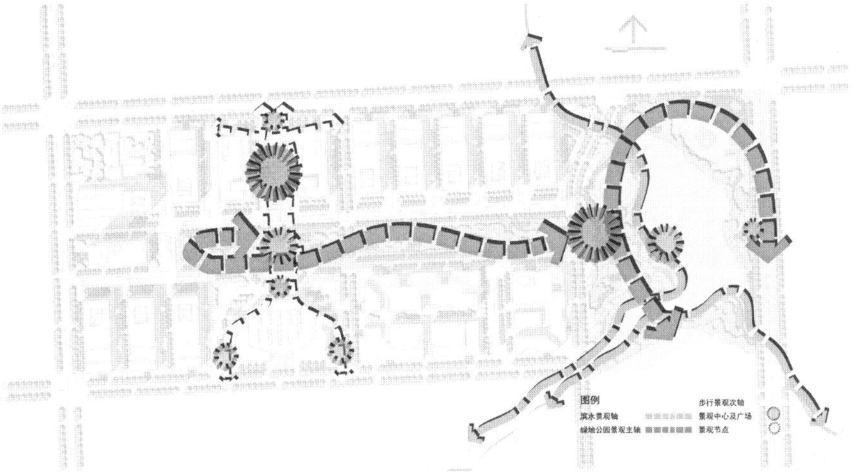

图 5-1-10　莱州汽车城规划最终方案——景观结构分析图

图 5-1-11　莱州汽车城规划最终方案——主入口效果图

5.2 破茧重生——方案衍生与生成

项目：乌兰浩特某街区改造

这是一个由本科生及研究生共同参与的实践课题，主要内容为乌兰浩特某棚户区的更新改造，其更新目标为兼具商业、商务、休闲及少量回迁住宅的商业小镇。学生们主要参与初步规划方案设计，以探讨街区更新的多种可能性。由于设计周期较长，期间多次调整方案，学生们充分体验到设计的艰辛与快乐，体验到方案衍生的困惑，学会取舍与妥协，这不失为一种成长。

乌兰浩特位于大兴安岭南麓、科尔沁草原腹地。内蒙古自治区东部，是兴安盟的行政中心。乌兰浩特在国内处于东北经济区，东与黑龙江、吉林、辽宁三省连接，南与北京、天津、唐山经济区沟通，可以较好地承接经济强势地区的辐射；在国际上处于东北亚经济圈，西与蒙古国和俄罗斯建立了经贸联系，是参与上述两国资源开发的主要基地。

从乌兰浩特市域来看，规划用地主要位于市中心商业区、铁西商业区、河西居住区和乌钢工业区四大片区之间，地理位置优越。用地周边分布着宝恒购物商场、欧亚购物商场几个较大的商业、零售业中心，但是上述商业中心建成年代较早，存在配套设施老化等问题，因此该街区被定位为具有复合功能的商业小镇，以期弥补并提升城市中心区的公共服务职能。

规划地段北邻新桥大街，南邻钢铁大街，西邻铁路，东邻兴安南路。用地范围内，目前是棚户区，西边是工业区。乌钢位于规划用地西侧，地段内部保留有大量带有鲜明钢铁工业景观特色的建、构筑物，因此在方案阶段对毗邻用地的这一特殊风貌进行充分考虑，从乌钢远景拆迁入手，思考工业遗产保护与再利用的途径，进而对街区的规划布局进行呼应与调整。

主要规划策略为：采用开放式街区更新模式，推动未来乌钢搬迁后，土地与城市肌理的融合；确定以“街”为骨架的商业业态发展模式；营造多样的沿街界面及内街模式；以绿为底，双核呼应，协同发展。

以“乌兰—塔娜”为题（蒙古语中乌兰—红色，塔娜—珍珠），方案以一条南北向的步行轴线贯穿用地，如同一条珍珠项链串联起核心商业中心以及沿主干道兴安南路的商业空间，形成多个连续的广场空间。（图 5-2-1 ~ 图 5-2-8）

概括起来看，方案经过了几次重要的方向调整，方案 1：考量宏观城市需求，确定规划范围内预留大片绿地以隔离铁路的干扰，同时提升地段品质；最大限度利用兴安南路这一城市干道，形成沿街商业带，聚拢人气。方案 2：考量当前市场需求，确定沿街商业带以布置回迁商业为主，建筑体量满足实际需求；当前房地产开发遇冷，暂时预留土地，以城市绿地为主。方案 3：考量当前市场与远期城市发展需求，确定沿街回迁商业规模扩大、空间整合为远期发展提供一定存量；打通城市主次干道系统，促进规划用地与城市肌理的融合。经过上述调整与取舍，形成了初步方案，可谓突破重围、破茧重生。

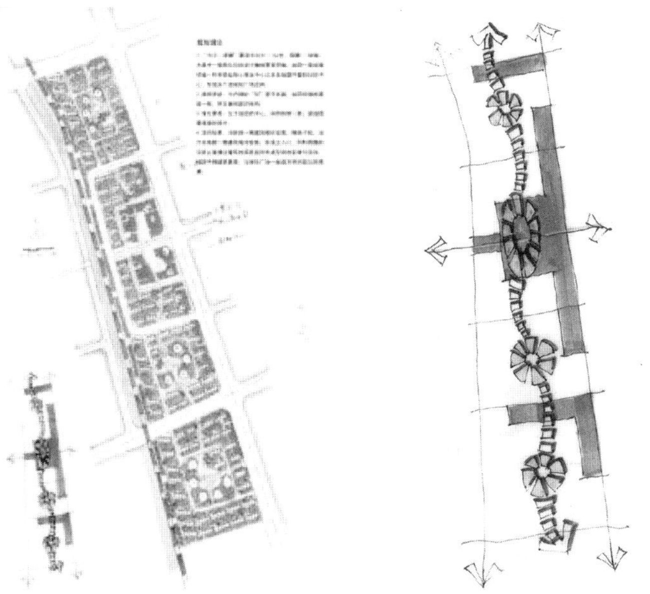

图 5-2-1　乌兰浩特某街区更新规划——方案 1 规划总平面图、结构分析图

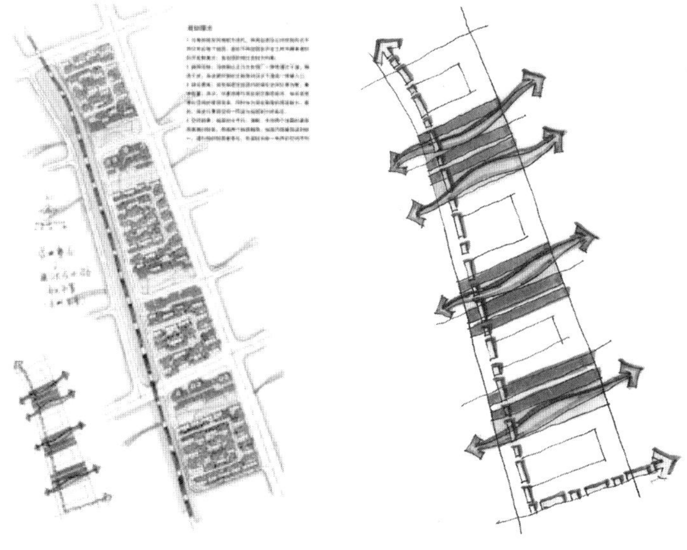

图 5-2-2　乌兰浩特某街区更新规划——方案 2 规划总平面图、结构分析图

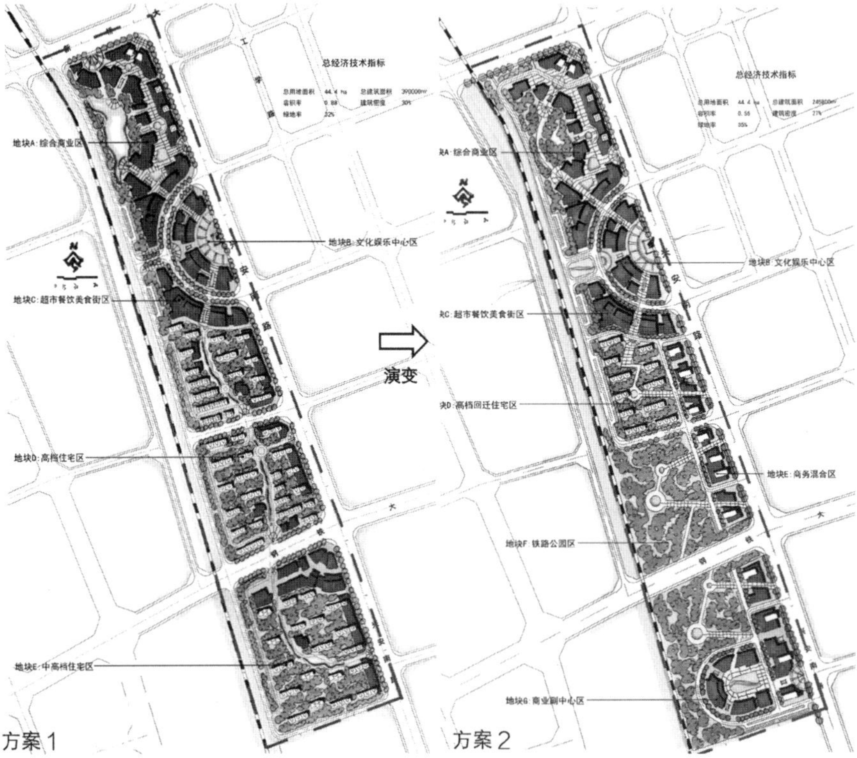

图 5-2-3　乌兰浩特某街区更新规划——方案演进分析图

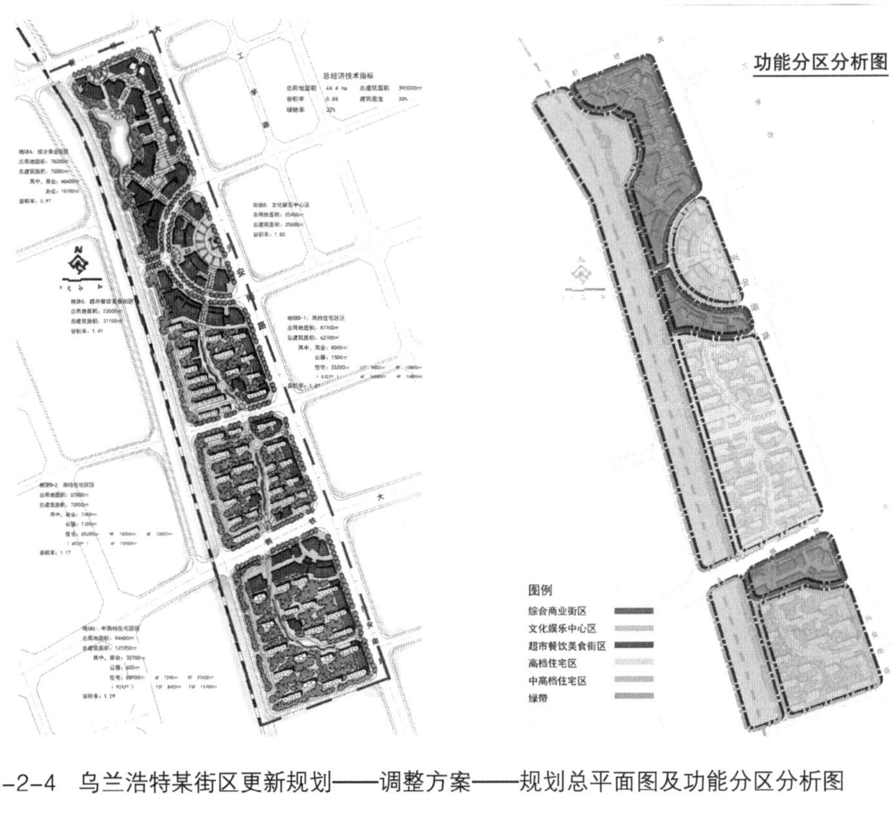

图 5-2-4　乌兰浩特某街区更新规划——调整方案——规划总平面图及功能分区分析图

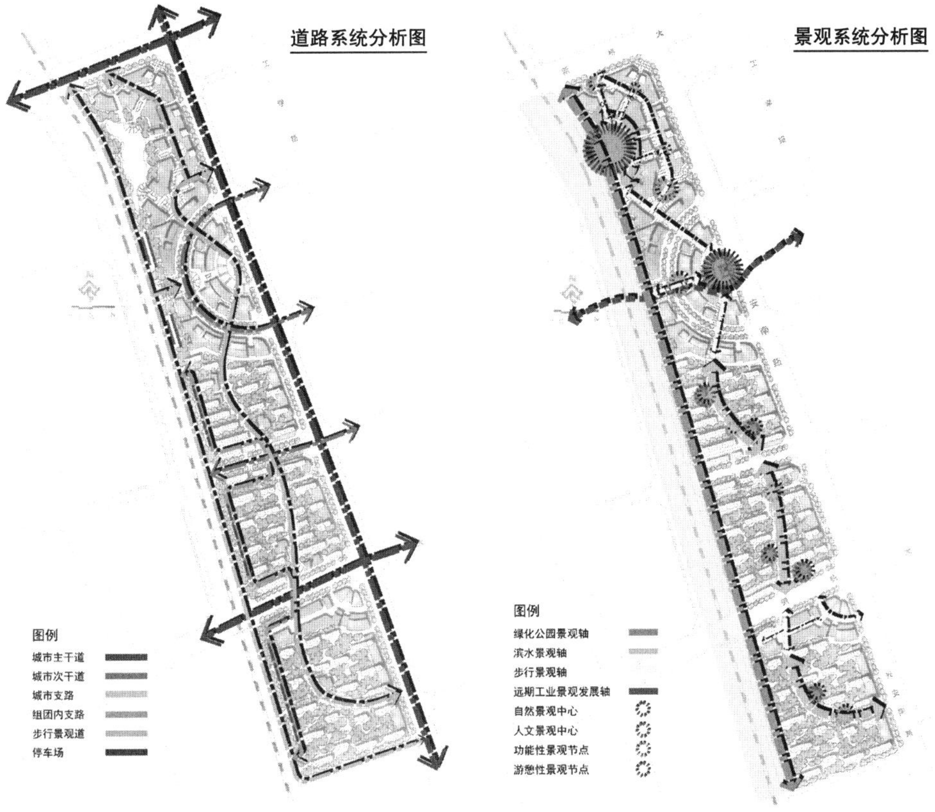

图 5-2-5　乌兰浩特某街区更新规划——调整方案——道路及景观系统分析图

图 5-2-6　乌兰浩特某街区更新规划——最终方案——规划总平面图

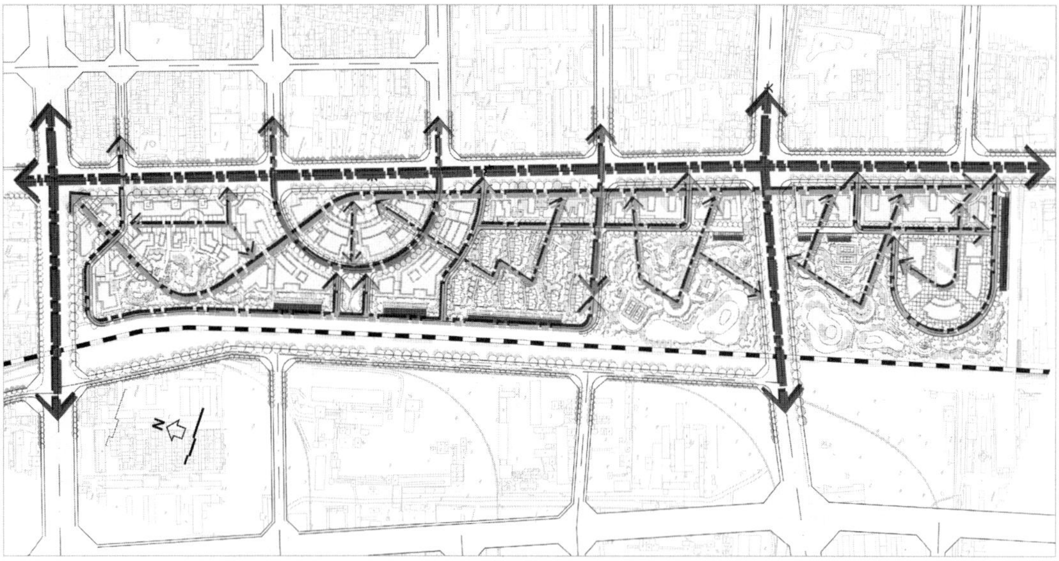

图 5-2-7　乌兰浩特某街区更新规划——最终方案——交通分析图

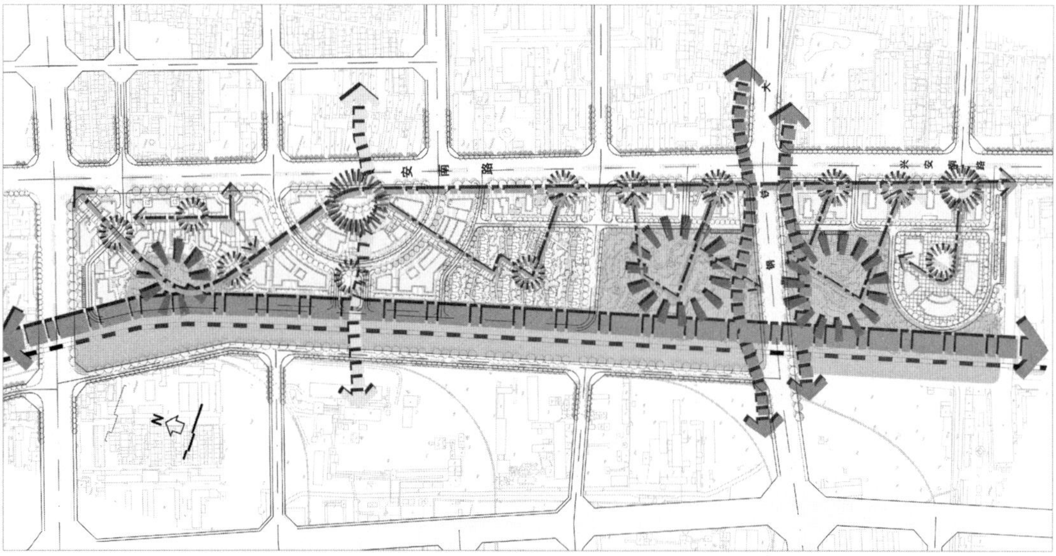

图 5-2-8　乌兰浩特某街区更新规划——最终方案——绿地系统分析图

附　录｜入选学生作业清单

（以章节及插图为序）

第 1 章

1. 图 1-1-1 ~图 1-1-8
学生：刘泽，作品：首钢机械厂厂房 更新设计
2. 图 1-1-9 ~图 1-1-14
学生：王冉，作品：燕山水泥厂筒仓建筑更新
3. 图 1-2-1 ~图 1-2-7
学生：杨洋，张媛媛，作品：THE C&R 廊桥遗梦：首钢工业区更新城市设计
4. 图 1-2-8 ~图 1-2-14
学生：王建龙、黄志伟，作品：城市棕地的“聚落”效应
5. 图 1-2-15 ~图 1-2-20
学生：李博洋、敬鑫，作品：“新蚁族”的后首钢时代
6. 图 1-2-21 ~图 1-2-26
学生：王昆，作品：单车时代：首钢工业区滨水区更新城市设计

第 2 章

1. 图 2-1-1 ~图 2-1-6
学生：王焕然、徐爽，作品：大栅栏街区五道庙节点保护更新设计
2. 图 2-1-7 ~图 2-1-14
学生：杨东，作品：互助 - 更新：大栅栏社区更新规划
3. 图 2-2-1 ~图 2-2-6
学生：朱柳慧、刘璐，作品：什刹海街区保护更新规划
4. 图 2-3-1 ~图 2-3-6
学生：王鑫、贾钰涵，作品：文化涅槃：鲜鱼口街区保护更新规划
5. 图 2-4-1 ~图 2-4-9
学生：肖祎、吴干一，作品：南锣鼓巷街区更新规划

第 3 章

1. 图 3-1-1 ~图 3-1-6
学生：刘娣、岳鑫、张赓、衣辉乐等，作品：伊金霍洛旗牧居更新改造设计
2. 图 3-2-1 ~图 3-2-4
学生：刘娣，作品：张北地区新民居方案设计

3. 图 3-3-1 ~图 3-3-5
学生：孙士玺，作品：昌平区巩华城片区更新城市设计
4. 图 3-4-1 ~图 3-4-7
学生：刘畅，作品：辽宁盘锦红海滩旅游度假区规划
5. 图 3-4-8 ~图 3-4-14
学生：乔晓雪，作品：辽宁盘锦红海滩旅游度假区规划

第 4 章

1. 图 4-1-1 ~图 4-1-2
学生：文华、庄宇晨，作品：新生 - 共生：北京树村地区城中村改造更新设计
2. 图 4-1-3 ~图 4-1-7
学生：邱江闽，作品：Music & Villages：北京树村地区城中村改造更新设计
3. 图 4-2-1 ~图 4-2-9
学生：王昆，作品：理想空间：北京中关村电子城西区城市设计
4. 图 4-2-10 ~图 4-2-15
学生：赵欣，作品：活力共享：北京中关村电子城西区城市设计
5. 图 4-3-1 ~图 4-3-6
学生：杨东、李业龙，作品：在水之湄：通州运河核心区规划设计
6. 图 4-3-7 ~图 4-3-15
学生：王建龙，作品：运河记忆：通州新城滨水区城市设计
7. 图 4-4-1 ~图 4-4-3
学生：刘晓辰，作品：都市阳台：北京苹果园交通枢纽核心区规划设计

第 5 章

1. 图 5-1-1 ~图 5-1-11
学生：李博洋，作品：烟台市莱州某汽车城规划
2. 图 5-2-1 ~图 5-2-8
学生：李博洋，作品：乌兰浩特某街区更新规划

后 记

拖拖沓沓地，本书终于交稿了，实在有些惭愧。各种拖拉的理由自然上不得台面，编书的战线无底线拉长，其中的“益处”还是应该提一提：每次重拾这本书，就如给了自己一个机会，得以重温旧日的教书时光，课堂上的点点滴滴，弟子们的烦恼与雀跃都仿若昨日。所以，许是舍不得这样怀旧的体验，潜意识里也就舍不得完结这本书稿吧。

其实细细想来，在本书的成书过程中，每每也有些困惑：究竟该以怎样的视角去解读学生的作品？师者？旁观者？专家？作为指导教师，与学生一起走过方案的萌芽、成长、成熟抑或半成熟的各个阶段，貌似有权力对方案进行解读，但为什么每当想剖析某个作品时，总觉得有种试图探入对方灵魂的错觉呢？子非鱼，自己的解读是否先入为主？所以，点评起来颇有些踌躇，自视有画蛇添足之嫌，也就有些惜字如金了，在我看来，也许让作品们自己说话更合适吧——因为它们就在那儿呢。

致歉与困惑之后，还是要表达感谢之情：感谢亦师亦友的贾东教授的帮助与宽厚；感谢一起并肩战斗了十几年的同事们，尤其是长期在高年级设计课教学一线的李婧、任雪冰、姬凌云、许方、于海漪等，学生们的每份作业都有大家的汗水；感谢编辑部的编辑们，感谢你们的耐心与体贴。

还有一点需要说明的是：本书中所采用的插图均来自于北方工业大学历年的学生作品，作品清单已在书中注明。

最后，窃以为，本书的主角应是那些沉默不语的作品，而不是我，所以，如有不当或疏漏之处，敬请谅解。

梁玮男

2020 年 9 月 22 日于浩学楼办公室一隅

URBAN RENEWAL

城市更新

2

传承与展望·场所与城市视角
——城市更新设计教学实录

李婧　祝艳丽　著

中国建筑工业出版社

图书在版编目（CIP）数据

城市更新. 2，传承与展望： 场所与城市视角：城市更新设计教学实录 / 李婧，祝艳丽著. — 北京：中国建筑工业出版社，2021.12（2024.2 重印）

ISBN 978-7-112-26961-7

Ⅰ. ①传… Ⅱ. ①李… ②祝… Ⅲ. ①城市规划 — 教学研究 Ⅳ. ① TU984

中国版本图书馆CIP数据核字（2021）第270021号

本书为规划专业教学的课程实录，通过梳理城乡规划专业的课程内容和优秀作业，从场所与城市的视角，对课程内容进行细致的介绍。不仅对该专业的发展奠定了深厚的基础，也对未来的发展给予了更多的期望，既是传承也是展望。本书适用于城乡规划、建筑设计、环境设计等相关专业的在校师生阅读参考。

前　言 | PREFACE

截至2020年，我国的城乡规划已经进入一个全新的领域，正在面临新时代的转型，从规划编制到规划教学，也势必面临一个全新的思考和转型。2012年中国城市化率首次超过50%，表示国家的发展从那时起已经进入一个新的阶段。中国从大规模的新城建设逐步转入全面的城市更新和存量建设中。城市更新作为一个名词，深入到每一个城市和乡村。中国的城市和乡村在未来的更新中，既要解决已有的矛盾和问题，更要面向未来很多新的需求和新的发展。特别在党的十九大之后，城市发展和国家发展都已经进入全新的领域。

北方工业大学城乡规划专业成立于2005年，已经走过15年的岁月。这15年来，作为任课教师一直在教学一线，亲身体会城乡规划学科的发展和变化：从最初的物质空间规划转向多元视角的规划设计，从大规模的新城建设转向小微空间的城市更新，从城市发展的宏大篇章转向关注每个社会生活中的个体需求。这些学科的变化体现了社会发展的变化，也体现了我国城市发展的变化。北方工业大学城乡规划专业一直在努力跟上时代的脚步，规划设计系列课的课程内容也一直在做多方面的调整。

本书节选北方工业大学办学15年来的部分优秀作业，不仅是对我校办学历程的回顾，更是对未来城乡规划专业办学的思考和重组。历史已经过去，明天的城乡规划专业如何发展？明天的城乡规划将走向何方？这是当代规划师必须思考的问题。而作为培养未来规划设计师的大学，是梳理学生专业价值观的核心堡垒，更承担了非常重要的责任。对社会不同群体的关注，对社会生活的关注，对城乡产业发展的思考，面向未来的智慧城市、人工智能，科技日新月异的发展，城市又将何去何从？这一切都构筑在如何形成学生对城乡发展的基本价值观之上。

本书作为回顾，更期望成为未来专业发展的基石，为北方工业大学城乡规划专业的发展奠定基础。同时，更要记录曾经在这里读书、生活、学习的孩子们，曾经的懵懂少年很多都已经成长为行业的骨干，他们获得的成绩会激励未来的孩子们更坚定地去学习，更积极地面对未来。

传承与展望，既是城市发展所必须的精神，也成为本书的核心价值所在。

李婧

2020年11月1日

目　录 | CONTENTS

第1章 | 概述

1.1 城市更新

城市更新是一个国家城镇化水平进入稳定阶段后面临的主要任务。“城市更新”顾名思义，是一种针对城市中已经不适应当前城市生活的地区做必要的、有计划的改建活动。根据改建对象的不同，我们一般将城市更新分为乡村更新、工业遗产更新、老旧城区更新、社区更新等。截至 2020 年，城市更新具体实施方式已经有多种尝试和创新。同时，城市更新涉及的角色也在日渐增多。城市更新已经从一种单一的物质环境更新走向更多元化、多视角的城市建设活动，包括建设、管理、投资、运营等多种活动的融合，城市更新更是未来城市各行各业都必须面对的事情，是促进城市生活和谐、城市持续发展最重要的支持和基础。

1.2 城市更新的发展历程

我国的城市规划从计划经济时期开始，经历了一个相对漫长和稳定的发展历程。从改革开放以来，随着市场经济的介入，城市规划在整个城市发展中的地位越来越重要，我国也在 1989 年第一次正式通过了《城市规划法》，把城市规划作为国家法定的管理内容和条文。伴随着经济的发展农村劳动力得到大规模解放，大量的农村人口涌入城市，掀起了我国城镇化的高潮。从 1978 年改革开放到 2012 年，我国的城镇化率超过 50%，城市人口首次突破总人口的一半。我国城市和城市人口一直处于一个高速增长、高速发展的时期，这需要快速的建设和大量的开发来满足市场和社会的需求。几乎每个城市都在不断扩张，这是中国城市生长的蓬勃发展时期，也是中国城市快速扩张，相对低质发展的时期。在这个时期，大量的旧城更新更多是面向拆除重建，高速发展的经济和社会迫切需要增大建筑面积、完善建筑功能。在我国第一部关于城市规划、建设和管理的基本法规《城市规划条例》中指出，“旧城区的改建应当遵守加强维护、合理利用、适当调整、逐步改造”的方针，这一方针的提出对当时刚刚起步的城市规划和城市更新工作起到了重大的引领性作用。

1990 年后我国市场经济发展进入了新的阶段，这一阶段中国城市发展的方针政策和土地政策都发生了改变，土地使用权出让所产生的土地收益成为政府发展的重要财政收入，与此同时，政府在调节土地市场供求、建立土地储备制度、充实政府财政收入、增强国家对土地市场调控能力等方面都做了新的尝试和不断改革，也积极促进了城市的发展和建设。经济体制的改革和发展让城市发展迈入了新的阶段。这一阶段商品房逐渐代替了福利分房，进入百姓生活。在房屋商品化之后，更多的城市居民对城市建设和更新提出了新的要求。同时也更大地刺激了城镇新居民的购房需求，需求主导下的城市建设在不断推进。特大城市的人口集聚愈加明显，各大城市的住房建设也大规模增长。此时的城市更新更多的是大量住宅小区的新建，对周边农田的征收和建设以及城市规模的不断扩大。

在城镇化和商品房的发展推动下，城市更新和建设进入了全新时期，旧城更新通过正式的制度路径获得融资资金，以“退二进三”为标志的城市更新工作开始大范围开展，大批工厂迁出城市市区，大批工人面临下岗再就业，我国的旧城保护陷入了发展困境，大量的老城区被拆，高楼拔地而起。城市风貌日新月异。

在这个阶段，从城市规划市场需求到城市规划专业教育，物质空间规划在市场的引导下突飞猛进。城市规划教育在那个时间段以新城建设为主线，重物质空间规划，重新城和新建区建设，对老城保护和城市更新的深度思考稍显不足。

2014 年《国家新型城镇化规划（2014—2020 年）》发布以及 2015 年“中央城市工作会议”召开，我国的城镇化发展已经从高速增长转向中高速增长，从大规模增量进入以提升质量为主的转型发展新阶段。党的十九大明确指出提出，人民日益增长的美好生活需要是国家工作的重点。在 2020 年，习近平总书记更是提出了“人民城市人民建，人民城市为人民”的号召，为城市规划未来发展指明了前进的道路。城市更新成为未来城市发展的重点内容，需要更加关注城市中的人，关注城市的内涵发展，城市品质的提升以及土地集约利用，可持续发展等重大问题。

1.3 城市更新的主要理论

欧美城市更新的兴起主要是为了解决工业革命之后出现的种种城市问题。随着时代的发展和社会的进步，城市更新的内涵和外延都日益丰富，由于不同城市所面临的历史背景、城市社会问题、更新动力的不同，城市更新的目标、内容、方向以及采取的实施方式和措施都会发生变化，且有所不同。第二次世界大战后，西方国家一些大城市中心区的人口和工业出现了向郊区迁移的趋势，原来的城市中心区开始逐渐衰落（主要表现为税收下降、房屋和设施失修、就业岗位减少、经济萧条、社会治安和生活环境恶化等）。为解决该问题，西方国家开始广泛兴起城市更新运动，并出台了一系列政策法规以规范和引导更新运动。

第二次世界大战战后初始阶段（1940 ~ 1950 年代），该阶段城市更新内容主要为城市中心区改造与贫民窟清理，目的是振兴城市经济和解决住宅匮乏问题（Short，1982）。然而，“焕然一新但多有雷同的城市面貌使城市居民觉得单调乏味和缺乏特色”（Jacobs，1961）。因此，有些西方学者甚至将这一阶段的城市更新运动称之为“第二次破坏”（相对于第二次世界大战而言）（吴良镛，1988）。同时，清理贫民窟运动也带来大量的社会问题。当时采用的是所谓“消灭贫民窟”的办法，即将贫民窟全部推倒，将居民迁走，并在原市中心贫民窟旧址上建立大量奢华的新建筑，以获取较高的财税收入。当时在美国的纽约、芝加哥和英国的曼彻斯特等贫民窟较多的大城市，这种做法比较普遍。

尽管这一阶段的城市更新运动存在种种问题，但仍然有值得肯定的方面，这就是在城市更新的政策层面，城市政府的关注点已经不再仅仅局限于更新改造地区建筑质量与环境质量的提升，城市财政问题和资金平衡等因素开始综合考虑，此外，以往所忽略的商业、工业等非居住性更新的想法也于此时萌芽。

经过第二次世界大战后的复苏期，西方国家在 1960 年代进入了经济快速增长时期，长期的经济繁荣使城市更新运动的重点也随之变化。城市的更新改造更加强调对综合性规划的通盘考虑。如在城市更新政策的实施中，吸取了战后初期阶段的教训，不再单纯考虑物质因素和经济因素，而是综合考虑就业、教育、社会公平等社会因素。

1970 ~ 1980 年代以后，西方国家出现了民主多元化的社会趋势，公众参与的规划思想作为一种准直接民主的体现有别于传统的依赖政客的代表民主开始广泛地被居民接受，城市居民纷纷成立自己的组织，例如街区俱乐部反投机委员会、社区互助会议等。通过民主协商来努力维护邻里和原有的生活方式，并利用法律同政府和房地产商进行谈判，由于得到政党的支持，这些社区组织对政府的城市更新政策有较大的影响。这个时期还出现了一种自下而上的社区规划，这是由社区内部自发产生的自愿式更新。这种更新的实际情况往往是在社区里长大的第二代、第三代人，接受教育之后社会地位有所提高，有一定的经济实力，渴望改善原有的居住生活条件，同时也希望保护社区文化以获得个人认同，他们不再满足于对规划提出看法和建议，而是要求直接参与规划的全过程。而社区规划的规模通常比较小，以改善环境、创造就业机会、促进邻里的和睦相处为主要目标，弥补了过去仅注重物质重建和经济发展所造成的破坏，并且在这个阶段成为西方国家城市更新的主要方式。

1990 年之后，面对全球经济化带来的城市间的激烈竞争，城市更新已经不单单是为了改善内部环境，它具有了更高的要求和目标，在全球化的浪潮中，如何提升城市在整体格局中的竞争力以及提升内部的竞争能级成为很多城市需要考虑的内容。这时候城市更新的目标首要就是如何在外部竞争如此强烈的环境中生存，再回头审视自身的内部环境存在的差距，并寻求提升和改造的策略。特别对于纽约和伦敦这样的国际性大城市，在这一阶段更确切地应该称之为“城市复兴”。以伦敦为例，2002 年下半年，伦敦市政府提出了耗资巨大、雄心勃勃的“伦敦重建（城市复兴）计划 2003—2020”并付诸实施。而这项工程将耗资 1100 亿英镑，来进一步地提高伦敦在国际中的核心竞争力。伦敦重建的目标是：建设一个开放、包容、富裕、优美、社会和谐的新伦敦，使其在居住质量、空间享受、生活机会和环境保护等诸多方面都处于欧洲的领先地位，使每一位伦敦人甚至英国人都为之自豪。

生态城市、拼贴城市、城市针灸以及城市触媒四种城市更新的理论发展奠定了城市更新的理论基础。生态城市是 1971 年由联合国教科文组织指出，“生态城市是一种理想的城市模式，将技术与自然充分融合，人的创造力和生产力得到了最大限度的发挥，居民的身心健康和环境质量得到最大限度的保护，物质、信息、能量高效利用，生态良性循环。”

1978 年，柯林· 罗的《拼贴城市》著作中提出拼贴城市的理论，拼贴城市是借助重新开发土地来解决城市衰退和经济萧条景象的理念，提倡回归人本主义思想，让人本主义与现代技术下的城市建设相融合。

1982 年，莫拉莱斯提出“城市针灸”理论，认为“城市针灸”是一种催化式的小尺度介入的城市更新策略，通过在特定区域范围内以“点式切入”的方式进行小规模改造，从而触发其周边环境的变化，最终起到激发城市活力、改变城市面貌、更新城市的目的。1989 年，韦恩·奥图的《城市设计的触媒》著作里，将其解读为：城市环境各个元素都是相互关联的，城市中的某些元素之间产生化学反应而触发城市中其他元素的反应，进而发生系列联动反应，对整个区域有良性的推动作用。

到 1990 年代后期，西方国家的城市更新运动又和国际范围内广泛兴起的可持续发展思潮相融合，从而出现了更加注重人居环境、生态环境和社区可持续性发展等新的政策取向（Roberts 和 Skyes，2000）。1996 年 6 月，联合国在伊斯坦布尔召开的“联合国第二次人类居住大会”（HABITAT Ⅱ）会议确立的 21 世纪人类奋斗的两个主题——“人人有合适的住房”和“城市化世界中可持续的人类住区发展”，也明确指出了当前城市更新政策的价值取向。在这种价值观引导下，英国于 2003 年制定了“可持续发展社区规划”（Sustainable Communities Plan, 2003），主张在以人为本的原则下，通过社区的可持续发展和和谐邻里建设来增强城市经济活力，并重视从战略和区域角度来解决城市问题。这标志着西方城市更新运动已进入可持续发展和多目标（社会、经济、环境等）和谐发展的新阶段。

在中国近几十年的城市更新研究与实践中，代表性思想有吴良镛的“有机更新”理论。其理论是吴良镛院士对北京旧城规划建设进行长期研究发展出来的，是在对中西方城市发展历史和理论的认识基础上，结合北京实际情况提出的。“有机更新”的规划思路，强调对于原有居民的建筑要根据实际情况进行处理，分别对待，采用适当规模、合适尺度，来提高规划的质量，使城市片区的发展达到相对的完整性，促进北京旧城的环境得到整体的改善，从而达到有机更新的目的。有机更新理论的构成包括如下几个方面：一是城市整体的有机性。作为供千百万人生活和工作的载体，城市从整体到细部都应当是一个有机的整体，城市的各个部分也应该像生物体的各个组织一样，相互关联，形成整体的秩序和活力；二是细胞和组织更新的有机性。和生物体的新陈代谢一样，城市的细胞（如供居民居住的住宅）和城市组织（社区）也要不断更新；三是更新过程的有机性。和生物体的新陈代谢过程一样，城市更新的过程是一种连续的、循序渐进的、自然的变化，城市更新需要遵从城市内在的秩序和发展规律。

近些年，中国的城市更新在不断的发展过程中成为学界研究的热点，并在不断完善提升。从城市双修到精细化治理，从物质空间到空间政策，内涵和外延不断扩展，成为中国城市规划最主要的建设和发展内容。

1.4 传承与展望——城市更新命题思路

近年来，北京、上海、深圳等特大城市的建设用地总量已经接近甚至突破“天花板”，人地矛盾突出，大城市病突出，基础设施、公共服务设施等分布不均等，各类城市问题接踵而来。大城市特别是超大城市的城市建设重点发生了全面改变，在这样新的发展条件下，城市更新逐步成为城市规划设计的主流，同时也作为未来城市发展和建设的重要管理手段。

基于以上的背景，北方工业大学的城乡规划专业从 2010 年开始，一直从城市更新的角度来进行专业的命题和研究，希望能够让学生从在校阶段，就可以通过学生的视角，从城市更新的角度来关注整个社会和城市的发展。我们的命题从不同类型的城市更新内容入手，分为乡村更新、工业区更新、老城更新和社区更新。同时，结合暑期社会实践以及专指委城乡规划社会调研竞赛等多种手段，从不同角度对城乡更新进行多角度研究。

命题从物质空间环境的提升和乡村民俗风土文化出发，探索乡村乡土文化的保护和发展；命题从工业区更新的角度，从首钢到不同工业区更新实例来进行工业区更新的相关研究；结合老城区的更新以及老旧小区的更新来积极探索和实践城市更新发展的诉求，通过微更新介入多种设计手段，积极参与各类更新实践。本书从北方工业大学城市规划专业的不同作业，对这几类城市更新的探索进行回顾。

第 2 章 | 乡村更新

党的“十九大”以后，“乡村振兴”上升为国家级发展战略，成为举国上下共同关注的热点问题。如何在提升乡村物质空间环境的同时，不影响乡村的风俗和文化历史；如何提升乡村的活力，吸引更多的年轻人回乡创业；如何通过社会学的角度来实现乡村的治理等，都是社会关注的问题。近几年来，越来越多的乡村振兴实践和案例出现在公众的视野中，从建筑师下乡到规划师下乡，从返乡办书院到“李子柒”现象，乡村已经成为中国经济增长和发展的新极点。随着物质条件的提升，人们对于精神生活的需求越来越大，而长期生活在混凝土和机械城市中的人们对大自然的向往愈发强烈。

但与此同时，乡村建设忌快速猛烈，需要用绣花功夫精细化设计和发展，这才能避免出现很多“千村一面”的现象，所以很多学者和研究人员也指出，乡村振兴和乡村更新并不是简单的重建过程。中国的乡村很多，但是各有不同，不能够简单地“套公式”，每个地方的乡村都有属于自己的特色和文化，乡村更新要深入挖掘乡村的文化因子和内涵，提升乡村的活力和竞争力。

2000 ~ 2010 年，我国村落的数量从 363 万个减少到 271 万个，10 年来每天消失 250 个村落，快速的城镇化，既让大量村落中的村民涌入城市，也让乡村建筑和乡村文化不断消失。面对传统村落的迅速消失，现存传统村落的保护和发展进入了一个相对关键的时期。乡村作为自然和人类的衔接空间可以满足城市居民回归自然而又不离开人类社会的身心需求。我国农业资源丰富，乡村民风丰富多彩，有丰富的文化资产、建筑遗产、物质和非物质文化，是我国传统文化保护的重要基地。

我国乡村发展的研究经历了新农村建设、迁村并点等多种规划及发展思路，在大规模的城市建设浪潮下，空心村、城中村等村庄发展的困境在城市发展中不断出现。新农村建设让很多有特色的民居和村庄格局消失，在党的十九大之后，乡村更新和发展成为全国发展的热点问题，同时伴随着住建部推出的传统村落建设及发展不断深入推进，应保尽保的各种特色乡村已经被保留下来，成为未来我国建筑文化、聚落文化的重要财富。

有机更新的理论也被广泛应用在乡村更新中，首先需要从宏观层面把握村落的传统肌理特征，对传统村落布局形态、功能构成、建筑风格、景观系统等进行分析，村落肌理的街巷系统和山水系统是整体形态的延续。在大格局和总体特色得到保护下进行更新改造及设施配套完善，新建建筑风格应与原整体风貌协调统一，并尽量运用地方建筑材料保持地方特色。各类公共建筑除了满足功能要求和方便人的活动外，应与传统村落环境充分协调，注重特色空间的营造。重视保护和利用历史文化资源，对现有建筑进行质量评价，确定保护、整饬、拆除的建筑，注意保护原有传统村落的社会网络和空间格局。保留、整治和改善不影响整体布局、建筑质量较好的已建农居，切忌大拆大建；保留建筑质量较好，与村落整体环境冲突不大的建筑，维持现状；将建筑质量尚好，但建筑质量和外观与传统村落整体环境有冲突或不适应的进行整治和改造；拆除简陋的、质量较差的建筑，或对传统村落整体风貌有较大影响、质量差的建筑，提高传统村落居住环境质量。传统村落整体形态具有一定的特色和层次，在新农村建设中，应慎重选择更新方案，采用小而灵活的更新方式进行建设。

其次需要注重村落肌理的重要节点。更新传统村落肌理的一些重要结点如传统村落主要出人口、公共活动场所、池塘、谷场等，是形成丰富而细腻的传统村落肌理的重要构成要素，传统村落重要节点在传统村落公共、日常生活中起着重要的交往、生产生活场所的综合作用，主要公路、铁路、河道一侧和制高点等也是整治更新的重点领域，在新建的区域也应建立起一些新的节点体系。村落更新中应强化对重要节点的保护和更新，运用多种手法丰富传统村落重要节点的文化内涵，突出地方特色，充分展现具有浓郁乡土文化氛围的现代化新农村景象，并应通过植物配置、小品与建筑空间营造等手段营造空间景观氛围。

同时还要维护乡村山水田园系统的特色山、水、田园、植被体系，其在传统村落肌理中应予以保护和利用，利用自然地理优势，巧于因借，灵活布置各类设施。尽量保护现有河道及池塘水系，并加以整治和沟通以满足防洪和排水要求，同时驳岸应随岸线自然走向，修饰材料应选用地方材料，并且要与传统村落绿化相结合。古树名木应当重点保护，并配以环境小品，营造出简单、自然而又亲切的特色空间。应尽量不破坏原有山体的自然形态，不随便挖山、砍树、填塘，保护生态环境、保持地方特色，大力运用乡土种树，重视庭院绿化，不学城市中广场的做法，因地制宜地营造乡村风景。

作业 1：基于乡村旅游发展的村落有机更新研究——以浙江兰溪黄溢村为例

作者：肖祎

指导教师：李婧

1. 设计任务书

1.1 时代背景

随着我国城镇化进程的不断发展，大量的古村落处于发展和保护的双重矛盾之中。乡村旅游作为既可以保护传统村落风貌，同时又可以带动农民经济发展的村庄发展模式，当前成为我国村落保护和发展的重要途径。通过对传统村落更新的相关理论和内容研究，明确村落有机更新的模式，并通过对乡村旅游概念的解读、国内外发展现状的对比研究，可以对我国乡村保护和发展提供一些借鉴和思考。

1.2 设计选址

黄溢村位于浙江省兰溪市云山片区，传承着兰溪市的历史文化。黄溢村总面积 2.4 平方公里，东与新亭、下章、观音阁为邻，南界城区及余店，西靠兰江，北毗后地和徐尚元村。规划用地位于黄溢村及黄溢村北部农田，占地约 57 公顷，其中古村落面积 28 公顷。

1.3 规划重点及内容

从宏观上把握传统村落的传统肌理特征，对于传统村落布局形态、功能构成、建筑风格、景观系统等进行分析，传统村落肌理的街巷系统和山水系统是整体形态的延续。在大格局和总体特色得到保护下进行更新改造及设施配套完善，新建建筑风格应与原整体风貌协调统一，并尽量运用地方建筑材料保持地方特色。

村落更新中应强化对重要节点的保护和更新，运用多种手法丰富传统村落重要节点的文化内涵，突出地方特色，充分展现具有浓郁乡土文化氛围的现代化新农村景象。山、水、田园、植被体系在传统村落肌理中应予以保护和利用，利用自然地理优势，巧于因借，灵活布置各类设施。

1.4 成果要求

规划文本表达要求：文本内容主要包括前期研究、功能定位、设计构思、功能分区、空间组织、总体布局、交通组织、环境设计、建筑意向、经济技术指标控制等内容。

图纸表达应包括但不限于：区位图及相关规划图、现状分析图、方案构思相关分析图、城市设计总平面图、整体设计鸟瞰图、结构分析图、功能分区图、建筑高度控制图、交通系统规划图、绿地景观系统规划图、重要节点意向设计图、相关经济技术指标和设计说明。

2. 设计说明

2.1 设计思路

黄溢村所存在的问题需要以一种整体的协调方式得以解决。在老区，对原有的村落肌理进行梳理，在保护的基础上适当地介入更新，以满足当前和未来的发展需求；另一方面，通过建设新区来缓解老区一部分的居住压力，使得老区能够更加良性发展。新区的建设是一个综合性的考虑，通过合理的规划使得其与黄溢村老村的肌理以及周围的环境能够相互协调。

2.2 技术路线

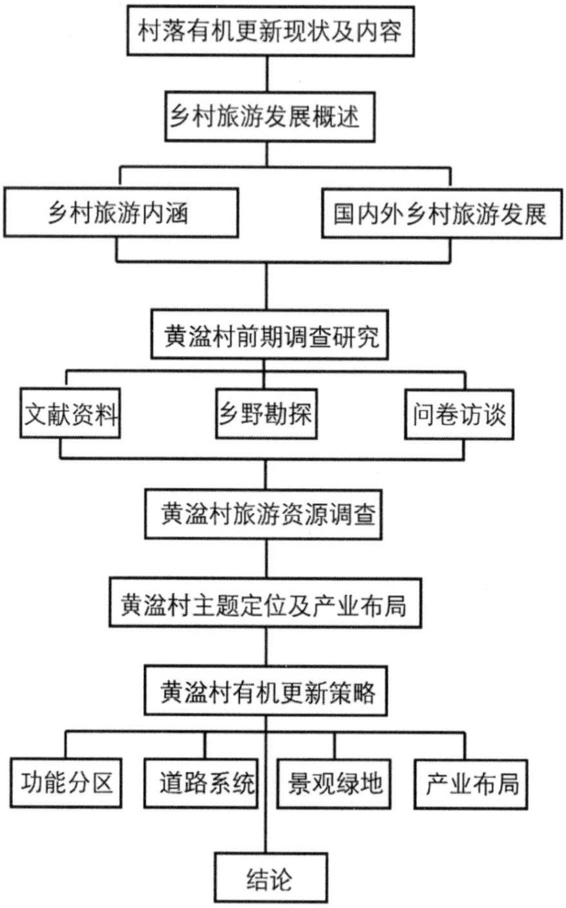

2.3 设计方案构思

以道教文化为基底，打造健康绿色的生态村落。黄湓村是道教文化传承的重要景区，其作为道教代表人物黄初平的故乡、出生地的地位是独一的，不可复制的，这奠定了它独一无二的旅游发展基础。同时，优质的地理环境和生态条件为黄湓村发展生态农业提供了先天条件，黄湓村将成为与兰溪环境有机融合的城市近郊村，成为金华地区人居环境科学有机更新的示范村。

保护历史人文资源，优化黄湓村生态人居环境，树立黄湓村黄大仙旅游品牌，更新村庄产业结构，发展集文化、民俗、养生、农业观光为一体的乡村旅游，建立富有特色的道教文化示范村，将黄湓村打造成为宜居、宜业、宜游、可持续发展的示范村。

以修复、丰富场地自然资源和地势地貌，改善区域环境为根本立足点。“生态为纲、绿化优先”是本次规划的基本原则；以黄湓村的地方区系特色“赤松仙子”黄大仙和植物“大仙菜”的展示为基础，传承场地自然与人文特质，打造极富黄湓村地方特色的道教文化产业园；坚持把“保存修护”放在首要前提，保留传统建筑的真实性，凸显风貌的完整性，呈现生活的延续性，展现人与自然的和谐性，确保旅游开发的科学性；在保持社区稳定和居民生活正常秩序的同时，对风土人情、文化遗产等要素进行保护、发掘和修复，合理规划黄大仙旅游、乡村养生旅游、特色农业体验等文化休闲旅游项目，增加第三产业、更新第一产业，促进村落发展，在动态变化中寻求村落的可持续发展途径；处理好历史文化保护与改善居民群众居住条件和生活环境的关系，合理安排村民住房条件改善、基础设施和环境综合整治等项目，在保证村民生活质量提升的前提下，科学发展村落生活、生产和其商业功能。

在文化背景和旅游资源的整合分析下，黄湓村最有特色的是其以黄大仙文化为主导的道教特色文化。因此，规划应该围绕道教文化的体验与居民衣食住行的提升为核心目标。道家思想强调人与自然相处应是天、地、人和谐统一，此思想在传统的中国水墨画中也有明显的体现。村落、自然与人就是一副和谐的水墨画卷，规划将以“渲”的水墨画技巧运用于地块的规划中，以墨的淡、干、焦、弄、湿五色塑造人的听、触、味、视、嗅五觉。用渲的技法去定义场所的季节、使用量和活动。

3. 设计方案图纸

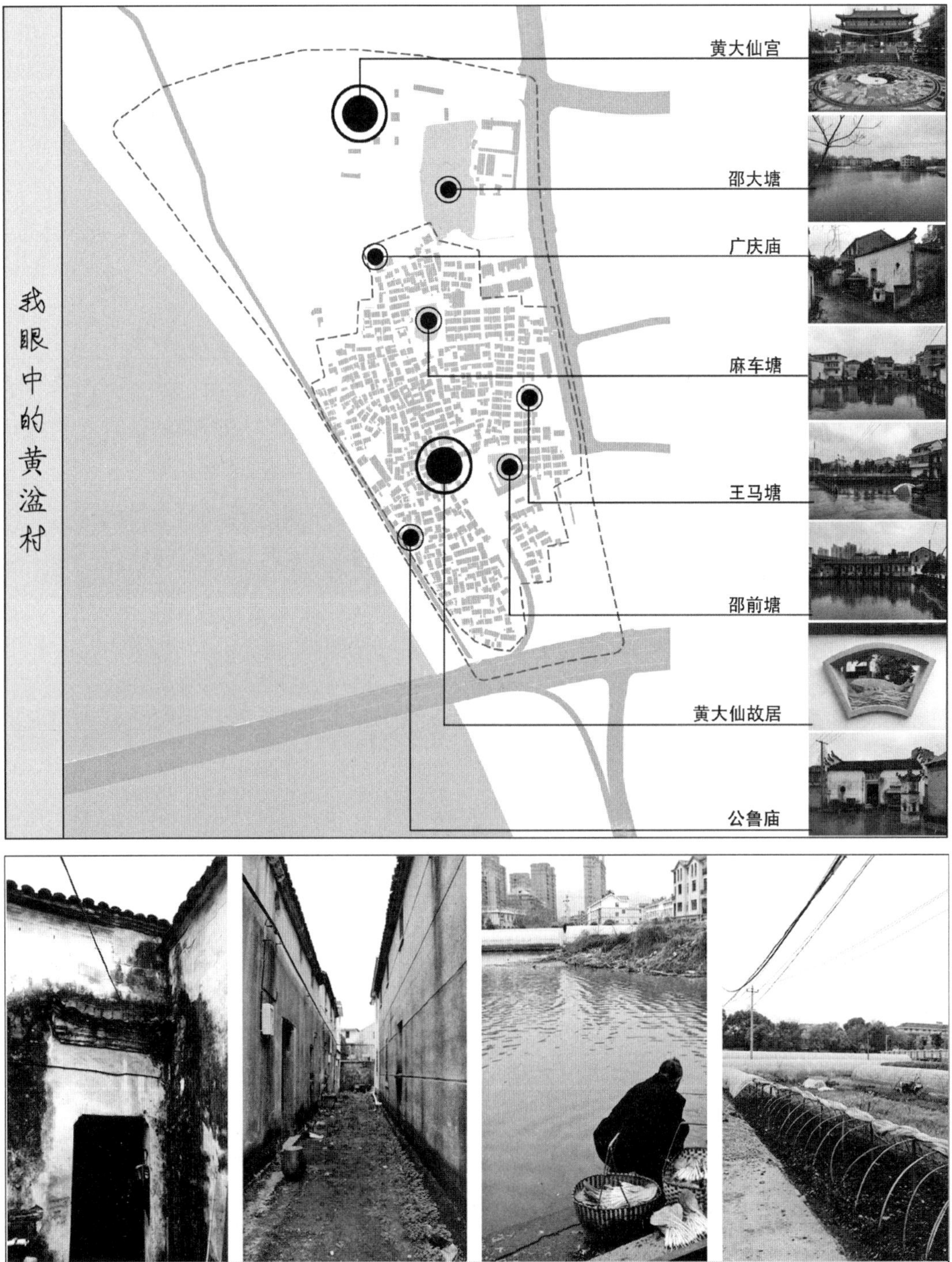

粉墙黛瓦，乡韵犹存　　乡路从横，交错互通　　江南水乡，依水而生　　乡野风情，田园生活

图 2-1-1

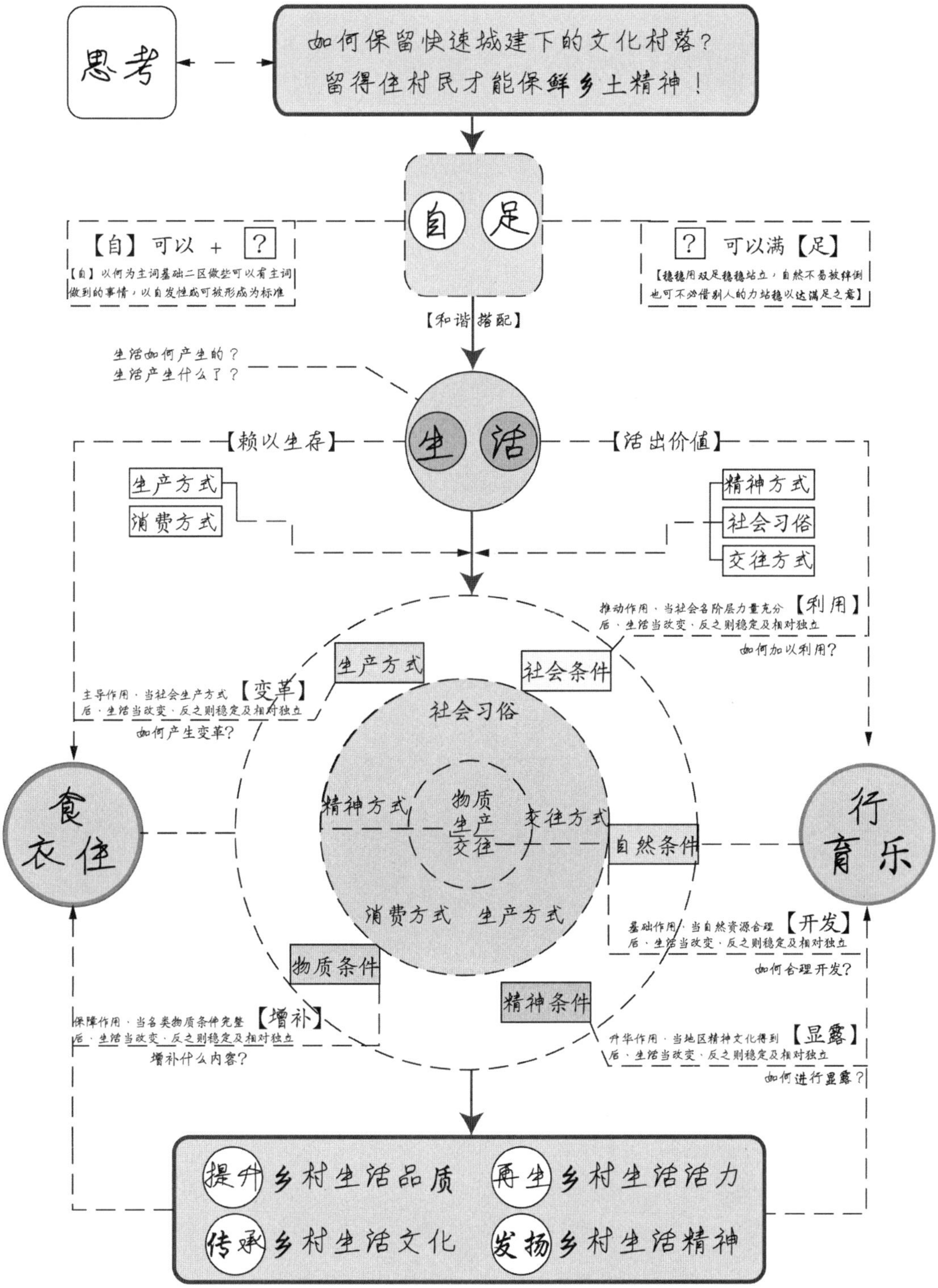

思考
如何保留快速城建下的文化村落？
留得住村民才能保鲜乡土精神！
自
足
【自】可以 + ?
【自】以何为主词基础二区做些可以有主词做到的事情，以自发性或可被形成为标准
? 可以满【足】
【稳稳用双足稳稳站立，自然不易被绊倒也可不必借别人的力站稳以达满足之意】
【和谐搭配】
生活如何产生的？
生活产生什么了？
生
活
【赖以生存】
【活出价值】
生产方式
消费方式
精神方式
社会习俗
交往方式
推动作用，当社会各阶层力量充分后，生活当改变，反之则稳定及相对独立【利用】
如何加以利用？
生产方式
社会条件
主导作用，当社会生产方式后，生活当改变，反之则稳定及相对独立【变革】
如何产生变革？
社会习俗
精神方式
物质
生产
交往
交往方式
自然条件
食
衣住
行
育乐
消费方式
生产方式
基础作用，当自然资源合理后，生活当改变，反之则稳定及相对独立【开发】
如何合理开发？
物质条件
精神条件
保障作用，当各类物质条件完整后，生活当改变，反之则稳定及相对独立【增补】
增补什么内容？
升华作用，当地区精神文化得到后，生活当改变，反之则稳定及相对独立【显露】
如何进行显露？
提升乡村生活品质
再生乡村生活活力
传承乡村生活文化
发扬乡村生活精神

图 2-1-2

村落观察——社会条件

区位分析

浙江省

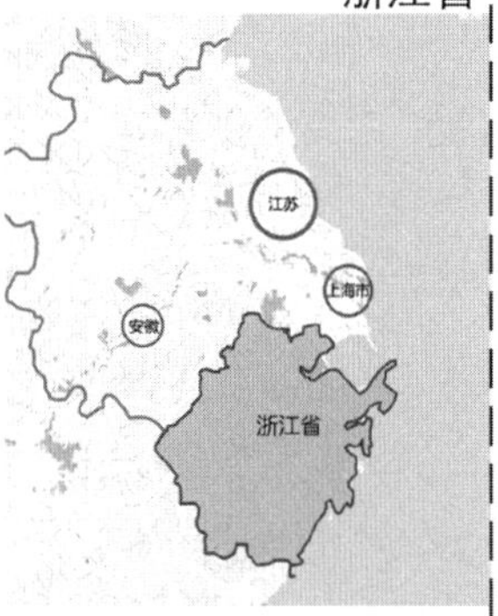

浙江省地处中国东南沿海长江三角洲南翼，东临东海，南接福建，西与安徽、江西相连，北与上海、江苏接壤。

兰溪市

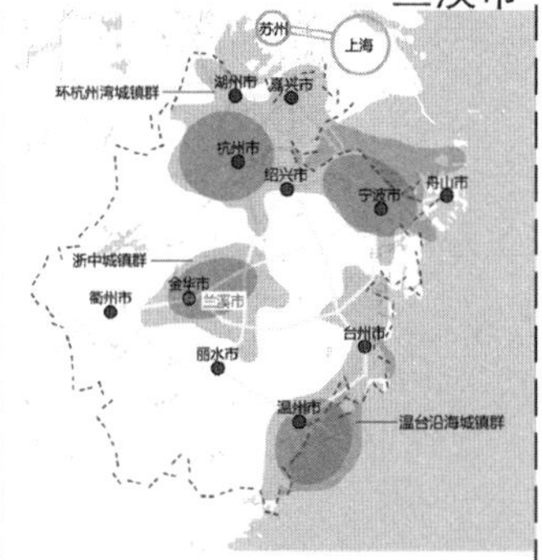

浙江省涵盖三个城镇群，兰溪市位于浙江省第三个城镇群——浙中城镇群，浙江中部宜居宜游城市群、优质生活圈，建成我省参与长三角区域竞合的载体之一。

黄溢村

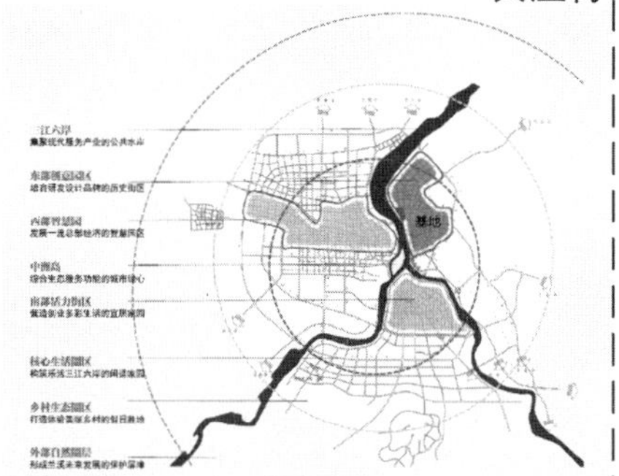

兰溪三个城区，云山历史最悠久，是兰溪城市的“根”。这里是兰溪文化氛围最浓郁、历史记忆最深刻的地区。黄溢村位于兰溪市云山片区，有深厚的文化底蕴。

区位规划分析

建设“美丽中国”

党的“十八大”报告中指出面对资源约束趋紧、环境污染严重、生态系统退化的严峻形势，必须树立尊重自然、顺应自然、保护自然的生态文明理念，把生态文明建设放在突出地位，努力建设“美丽中国”。

浙江省加快“美丽乡村建设行动”

为贯彻落实省委第十二届七次全会精神，打好生态文明基础，加快城乡统筹发展，浙江省委决定在全省范围内开展“美丽乡村建设行动”，以促进人与自然和谐相处、提升农民生活品质为核心，努力建设一批全国一流的宜居、宜业、宜游的“美丽乡村”。

浙江省推进历史文化村落保护与利用

浙委办提出：在全面摸清历史文化村落现状的基础上，科学编制保护利用规划，科学制定扶持政策，力争到2016年，全省历史文化村落保有集中县规划全覆盖，历史文化村落得到基本修复和保护，彻底改变一些历史文化村落整体风貌损毁、周边环境恶化的情况。

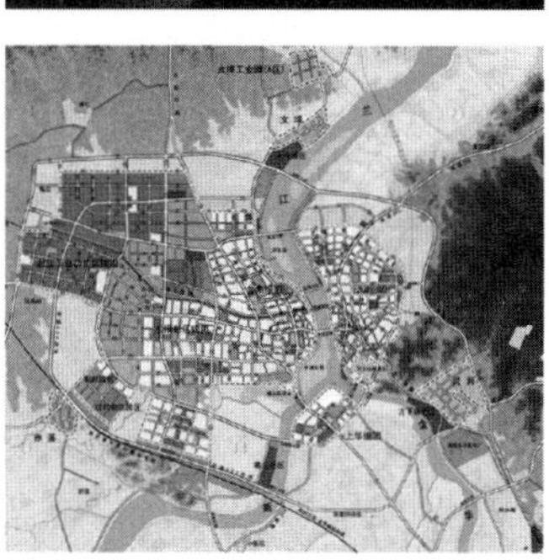

大美兰溪 乡村记忆——兰溪美丽乡村建设稳步向前

党的“十二五”时期，兰溪市委、市政府根据农村实际，紧紧围绕“大美兰溪，乡村记忆”主题，以中心村、历史文化村建设为龙头，以风情线建设为样板，以综合整治为机制，扎实开展美丽乡村建设，全面推动农村人居环境建设提档升级。

图 2-1-3

村落观察——精神条件

地名的由来

此地为黄初平的诞生之地，在民间施医赠药，警恶除奸，深得民心。

黄溢村原称深泽，地势低洼多水灾，水街沙涨，后人据此命名“溢”。民间有“五百年前石骨山，五百年后黄溢滩”的说法。

村：意为人口聚集的自然屯落，现如今黄溢村已落后于城市化进程，成为游离于现代城市管理之外、生活水平低下的“城中村”。

村落建设路径

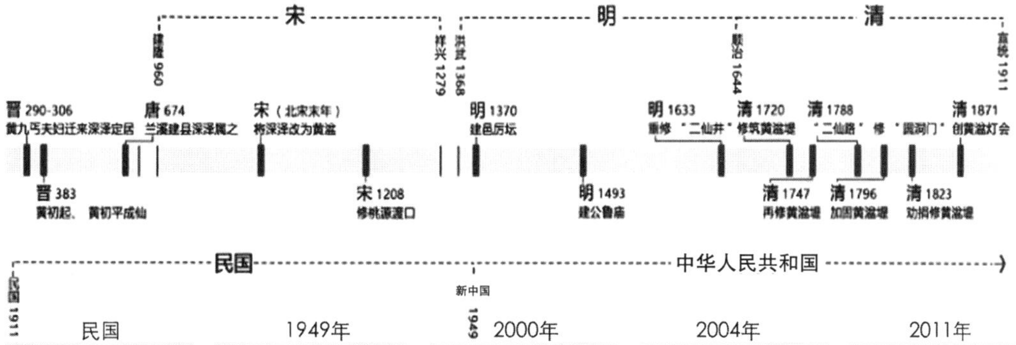

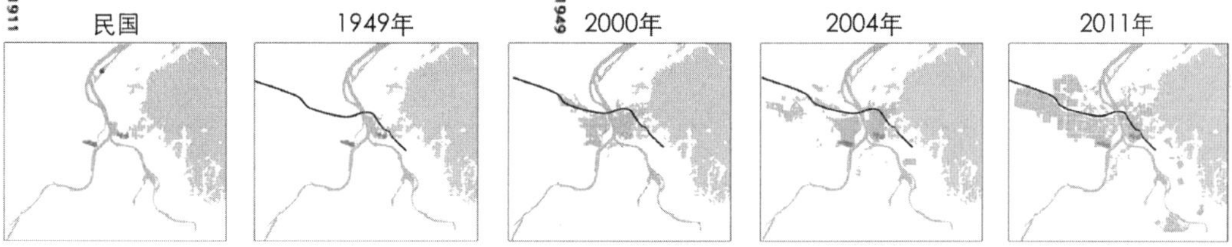

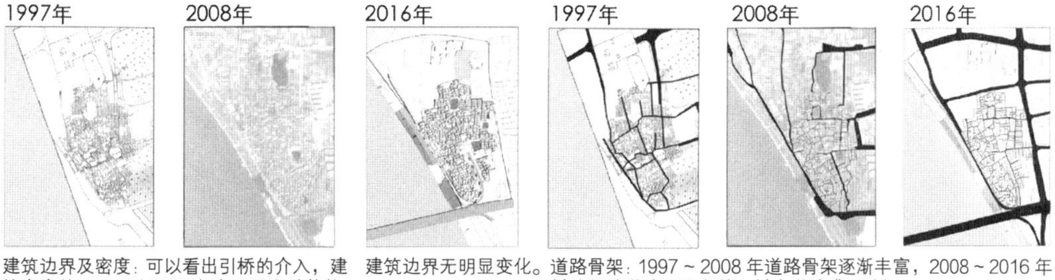

建筑边界及密度：可以看出引桥的介入，建筑密度从 1997 到 2008 年有明显上升趋势。建筑边界无明显变化。道路骨架：1997～2008 年道路骨架逐渐丰富，2008～2016 年村外行政道路明显完善，村内道路遭到破坏。

图 2-1-4

村落观察——物质条件

基地分析

基地用地分析

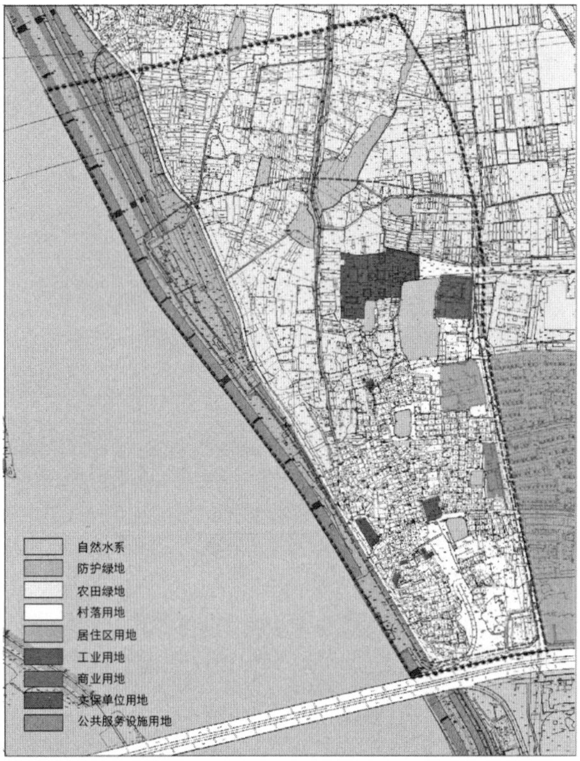

基地可分为三大片区，第一片区为沿江绿地，有防洪的生态作用。第二片区为南部黄溢古村片区，此部分有人工建成环境，以村镇用地为主。第三片区以尚未建设的农田为主。

基地道路分析

村落服务设施分析

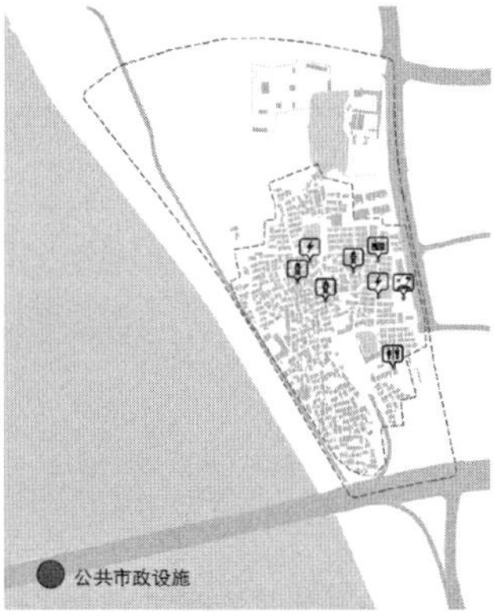

村落建筑质量分析

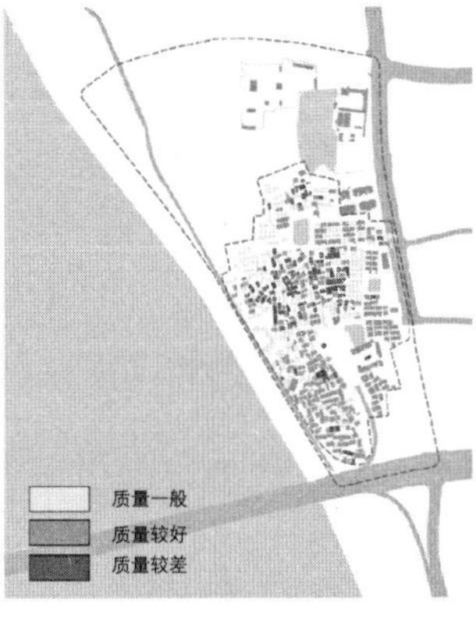

村落建筑年代分析

村落建筑风貌分析

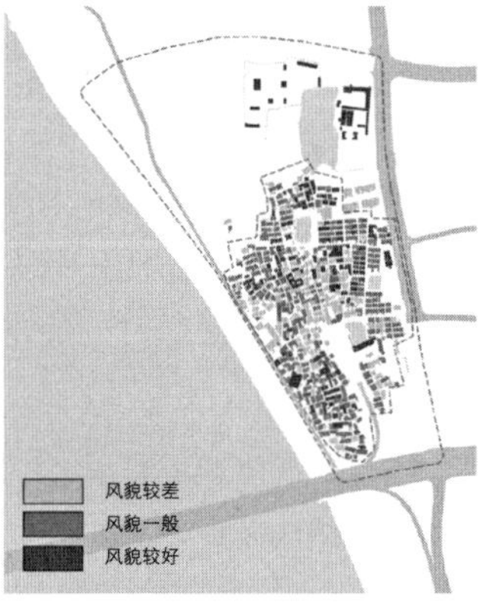

图 2-1-5

村落观察——自然条件

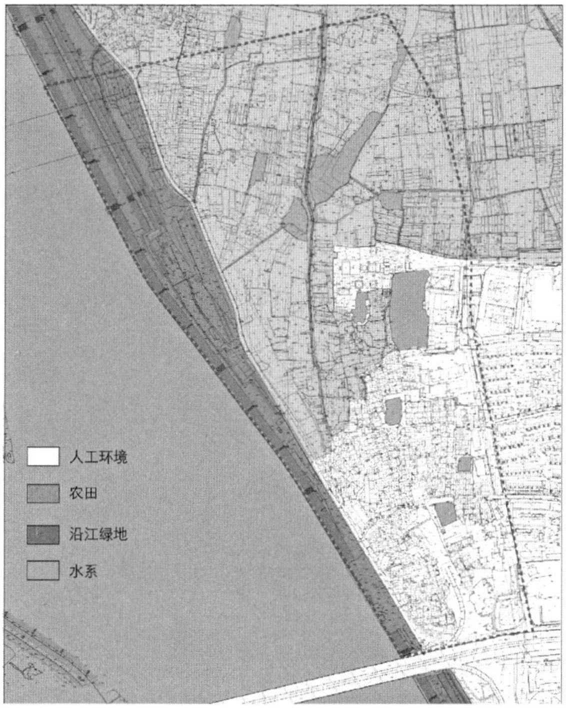

地理环境

黄湓村紧靠兰江，属钱塘江水系，兰江在村境内长达1500米，江宽水深，通舟楫，便于灌溉。其上游多高山，受季风影响较大，常形成暴雨中心，下游七里泷江面狭窄，泄洪缓慢，故水位上升快。兰江警戒水位、保证水位为27.64米、29.14米。1989～1998年，兰溪连续发生11次32米以上（兰江危机水位为31米）高水位的洪灾。

气候环境

黄湓村属副热带湿润气候区，气温适中，四季分明，无霜期长，夏季高温，冬季寒潮。梅雨与旱伏明显。

用地内部环境

用地内部有多处人工水塘及水系管道，各水塘之间相互流通并与兰江相连接。除沿江绿地，用地内以田园绿地为主，目前仍进行作物种植活动。

坡度分析

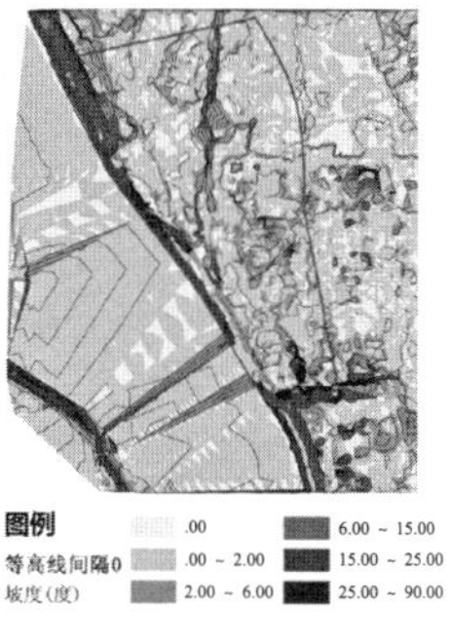

高程分析

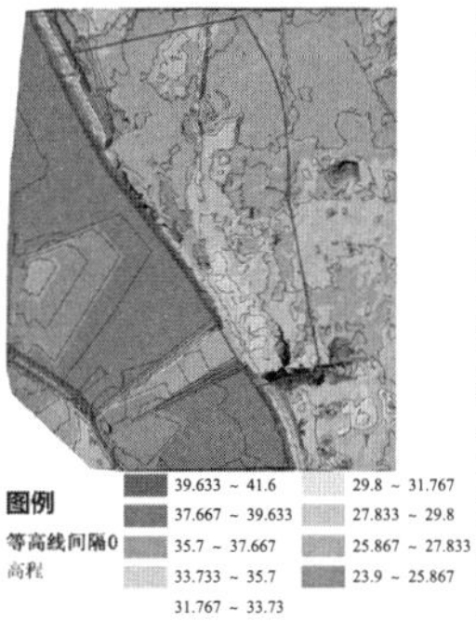

坡向分析

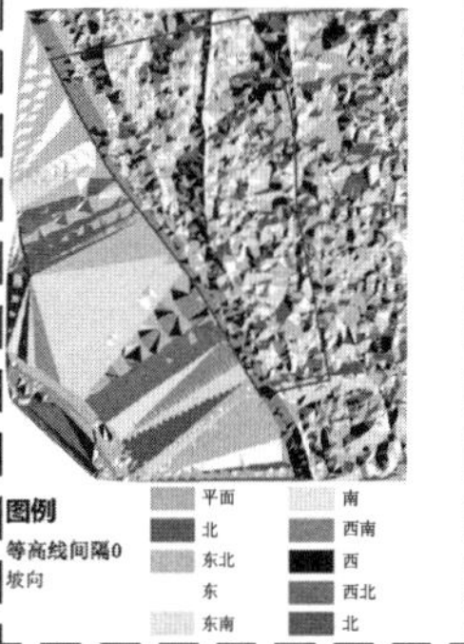

可建设用地分析

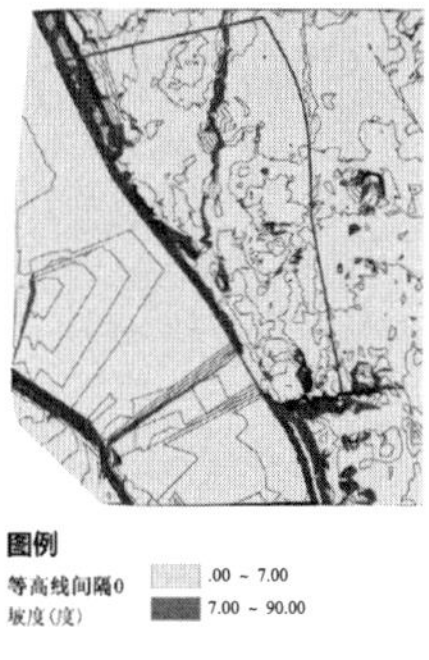

图 2-1-6

村落观察——生产方式

村民组成

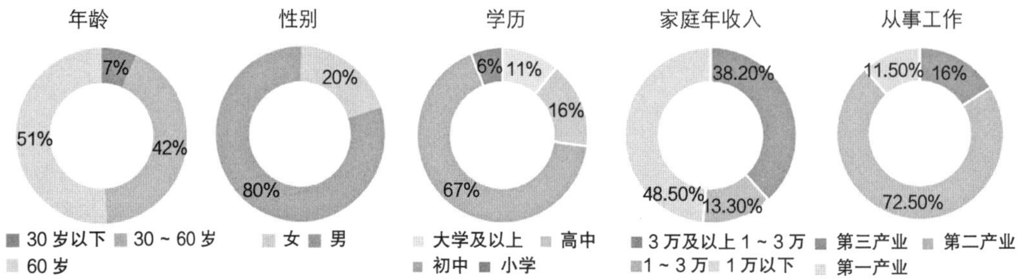

生产方式调查

Q8	是否有承包地	是			否
		种植农作物	地主	其他	
		15		1	18

Q16	您认为自己是农民吗	是	不是	
		17	10	因为务农

Q21	家里还务农吗	是	否
		15	19

生产方式现状

黄溢村成为城区的主要蔬菜基地。现有种植蔬菜面积26.67公顷，已由过去的一般种植逐渐发展成用塑料大棚、钢骨大棚和引进优良品种、改进植保方式等多种形式的科学种菜。

生产方式前景

在兰溪市委、市政府的推动下，兰溪市逐步形成了一批特色乡村旅游线路。加上兰溪“美丽乡村”建设的大量投入，如今兰溪的特色乡村游已经成了一块亮点“招牌”。

村民生活方式

村民生产方式

图 2-1-7

1.大仙菜

大仙菜又名落汤清。因为这种菜无论煮多长时间，都不会变色，故叫“落汤青”。道教大师黄初平生于兰溪黄溢，有一年瘟疫盛行，其就种了许多菜，让全城的百姓都来拿去吃，百姓吃了这菜病就好了，落汤青成了一道药膳。是由于用废弃的药渣给落汤青施肥，故而吃起来略带苦味,但清口。根据中医的说法，味苦的东西往往是清凉解毒的，对身体有益，宜多吃，有驱湿、驱毒、驱火、补血、美容等独特功效。

落汤青在游子心中，不仅是一道菜那么平淡简朴了，它就是一丝乡音、一缕乡情，倾注着对家乡这片故土的深深眷恋，凝结着对家乡的百般情结。大仙菜在游客心中将会成为黄溢村的名片，黄溢村的特色产业。

2.兰溪兰

浙江省兰溪市以兰花为市花，当地拥有着得天独厚的自然环境。该市地处浙江中部，属北亚热带、气候温暖湿润，为兰花的生长繁育提供了良好的条件。兰溪市历史上盛产兰花，故“溪以兰名，邑以溪名”。兰花遍及兰溪市的崇山峻岭之中，到处兰香四溢，兰蕙飘香，钟灵毓秀，人杰地灵。自唐朝建县一千多年以来，兰溪市百姓就有养兰的习俗，有“兰花十里照春水，山鸟无声音自幽”等古诗为证。兰溪市拥有丰富的兰花资源和悠久的民间养兰历史。

兰花是兰州市的名片，也将作为主要观赏景观和消费对象成为黄溢美景装点的明珠。

图 2-1-8

墨分五色——塑五觉
淡
干
焦
浓
湿
“浓” 为浓黑色，常做阴影色，分四色，唯独浓烈独一
“湿” 墨中加水多，水调匀运用，表现水墨淋漓的韵味
“淡” 墨色淡而不暗，不论干淡或湿淡，都要淡而有神
“焦” 比浓墨更黑，常用来突出画面最浓黑处
“干” 墨中水分少，可产生苍劲、虚灵的意趣
幽静
聆听
活力
触动
细腻
品韵
活力
焦点
硬朗
意境
听觉
触觉
味觉
视觉
嗅觉
当渲不再是国画手法，而是我们所在定义的
【时间】 【季节】 【使用量】 【活动】
渲
如何【流动】在黄溢村
【天】【地】【人】和谐统一

图 2-1-9

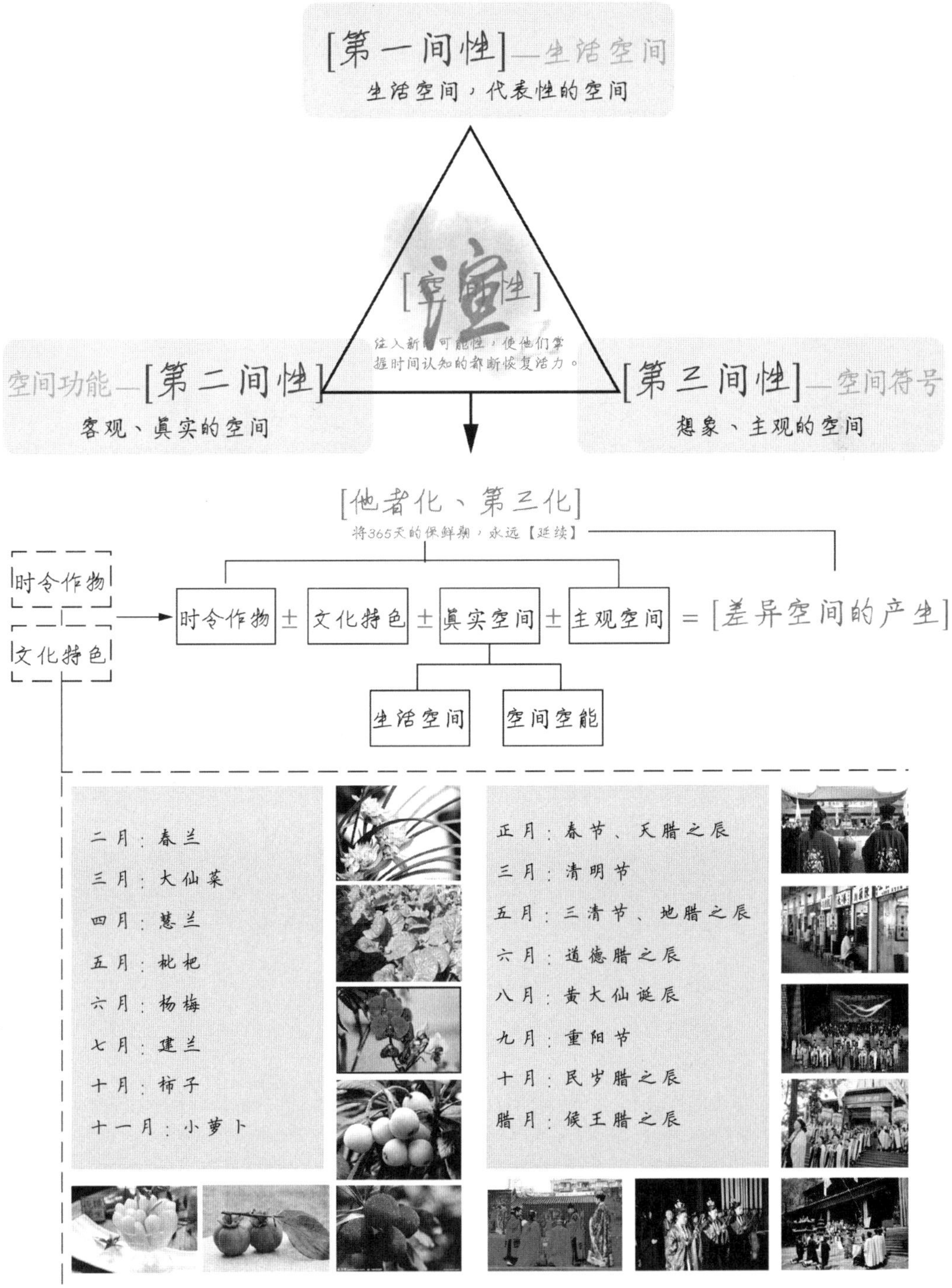

[第一间性]—生活空间
生活空间，代表性的空间
注入新 可能性，使他们掌
握时间认知的都断恢复活力。
空间功能—[第二间性]
客观、真实的空间
[第三间性]—空间符号
想象、主观的空间
[他者化、第三化]
将365天的保鲜期，永远【延续】
时令作物
文化特色
时令作物 ± 文化特色 ± 真实空间 ± 主观空间 = [差异空间的产生]
生活空间
空间空能
二月：春兰
三月：大仙菜
四月：蕙兰
五月：枇杷
六月：杨梅
七月：建兰
十月：柿子
十一月：小萝卜
正月：春节、天腊之辰
三月：清明节
五月：三清节、地腊之辰
六月：道德腊之辰
八月：黄大仙诞辰
九月：重阳节
十月：民岁腊之辰
腊月：侯王腊之辰

图 2-1-10

[差异空间的产生] → ?

如何产生碰撞

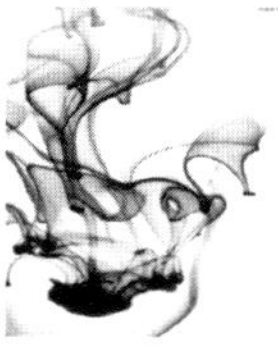

[交流] → [第三间性]-空间符号

经分析，黄溢村在每个时间段有不同的作物、活动、可以吸引不同的人群，将这些点产生的交集定义为【交往空间】，将成为【延期】的方法。

想象、主观的空间

[迷因空间]

meme这个词最初源自英国著名科学家理查德-道金斯所著的《自私的基因》一书，其含义是指“在诸如语言、观念、信仰、行为方式等的传递过程中与基因在生物进化过程中所起的作用相类似的那个东西。”

渲下的迷因空间

借由空间调查和访谈记录，调查进而寻找具有这份可以产生差异性空间的条件，改由国画中渲的概念重新省思，填入何种第三空间到黄溢村，可以让它在这具有新的意义，并让它的保存期限源远流长。

[迷因] [?] [?] [?] [?] [?] [?]

是什么？+如何有？+怎么找？

[成员] [环境] [活动] [空间] [路径] [记忆]

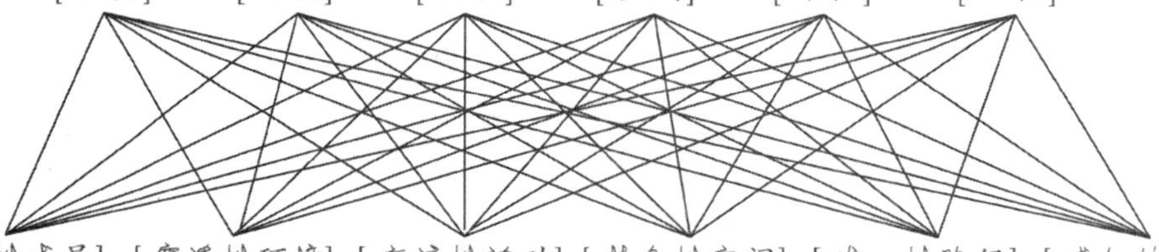

[多样性成员] [穿透性环境] [交流性活动] [特色性空间] [唯一性路径] [感知的记忆]

图 2-1-11

渲下的迷因空间

-MeMe-

第三空间 [迷因空间] → [再定义] → 具有延长保存期限的能力 将农村生活化身成展览品

人与自然和谐相处，共生进化的崇高目标和理想境界——就是一种返璞归真的情感

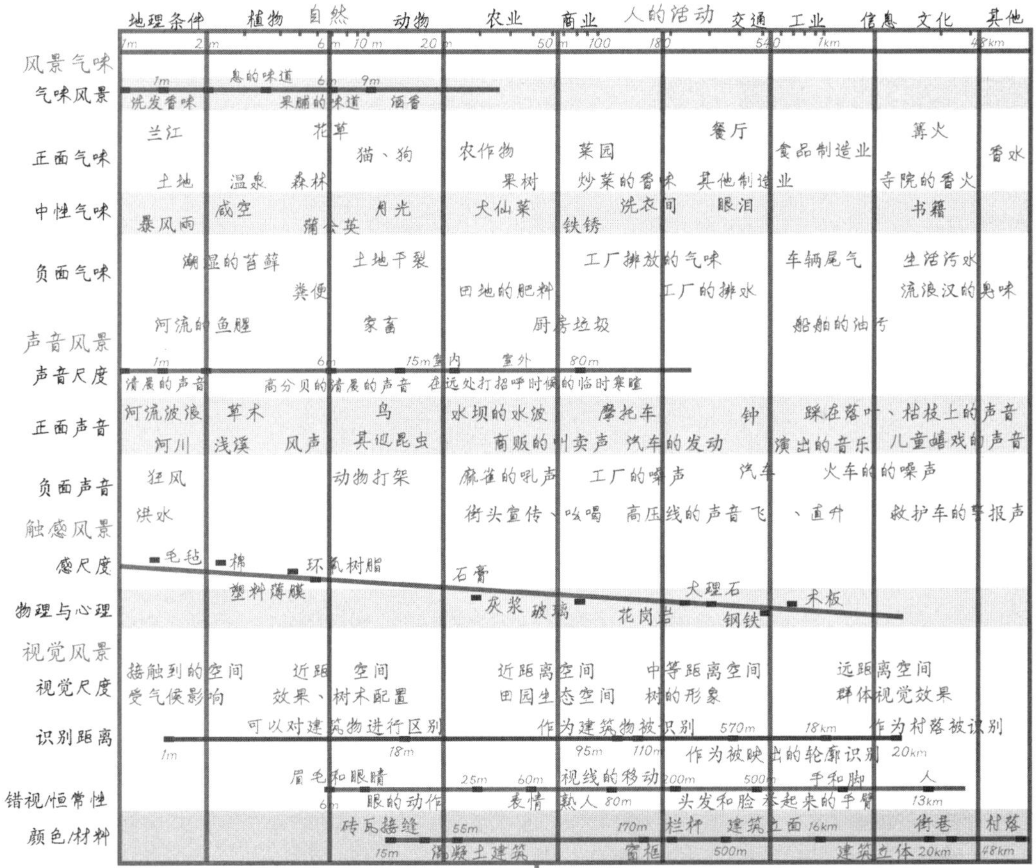

衣 防晒、挡雨的打扮。
昔日洗衣、洗菜的场所。
采集时的穿着。

食 不同气候适宜产出不同的蔬果、花卉。
土壤与水质的关系，饮用灌溉水的水源。
野菜的煮食。

住 挡风遮雨的设施。
住屋与地形、水系的关系。

行 道路及运输形式与地形与水的关系。
采集时与旅游时的用鞋。

育 道教文化教育。
地形、土壤与水及农业生态教育。

乐 游览、散步，经黄大仙宫到村落，不同关于文化与自然的体验。
祭祀、抽签、采集、烹调。

图 2-1-12

黄溢古村空间更新策略

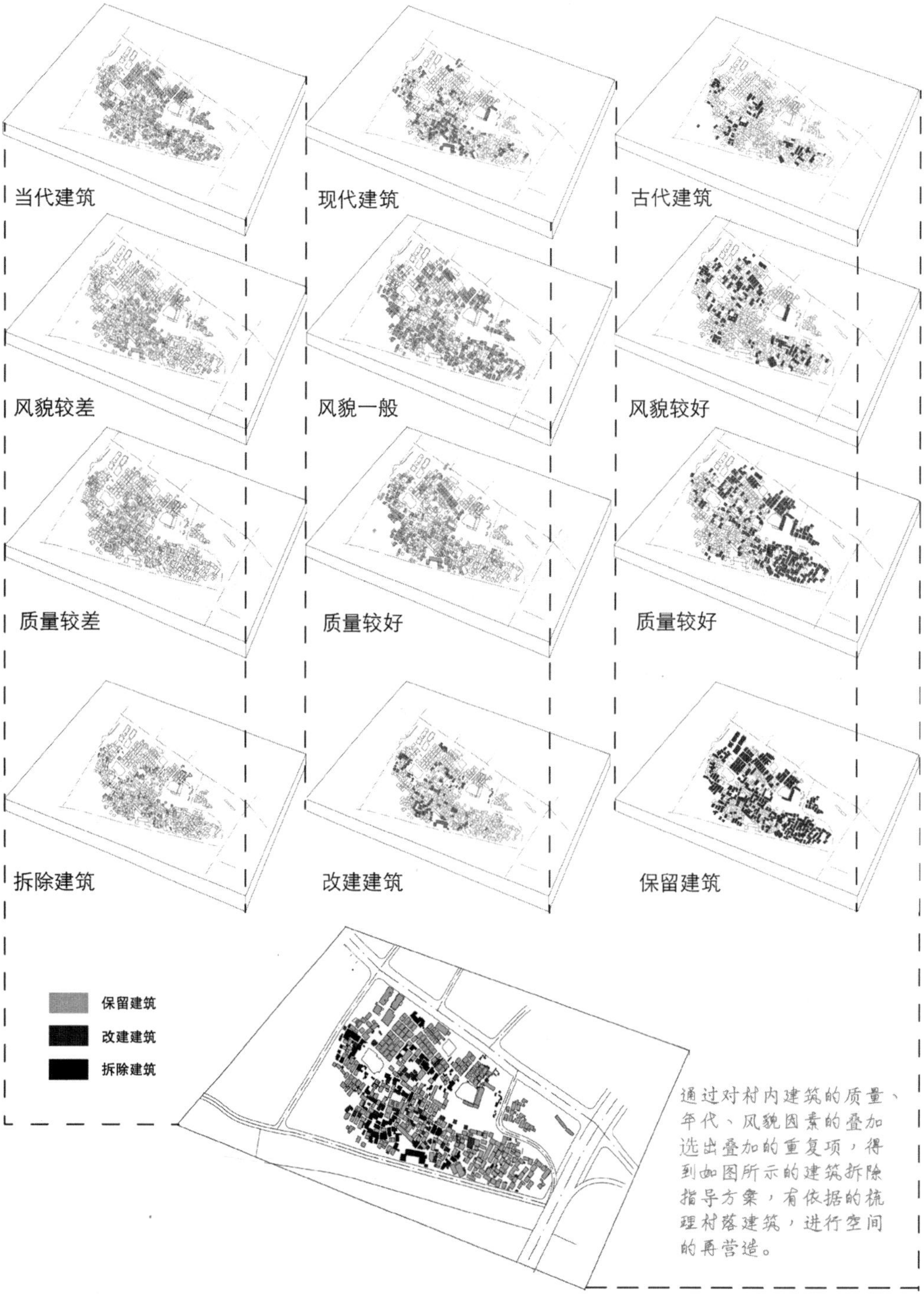

图 2-1-13

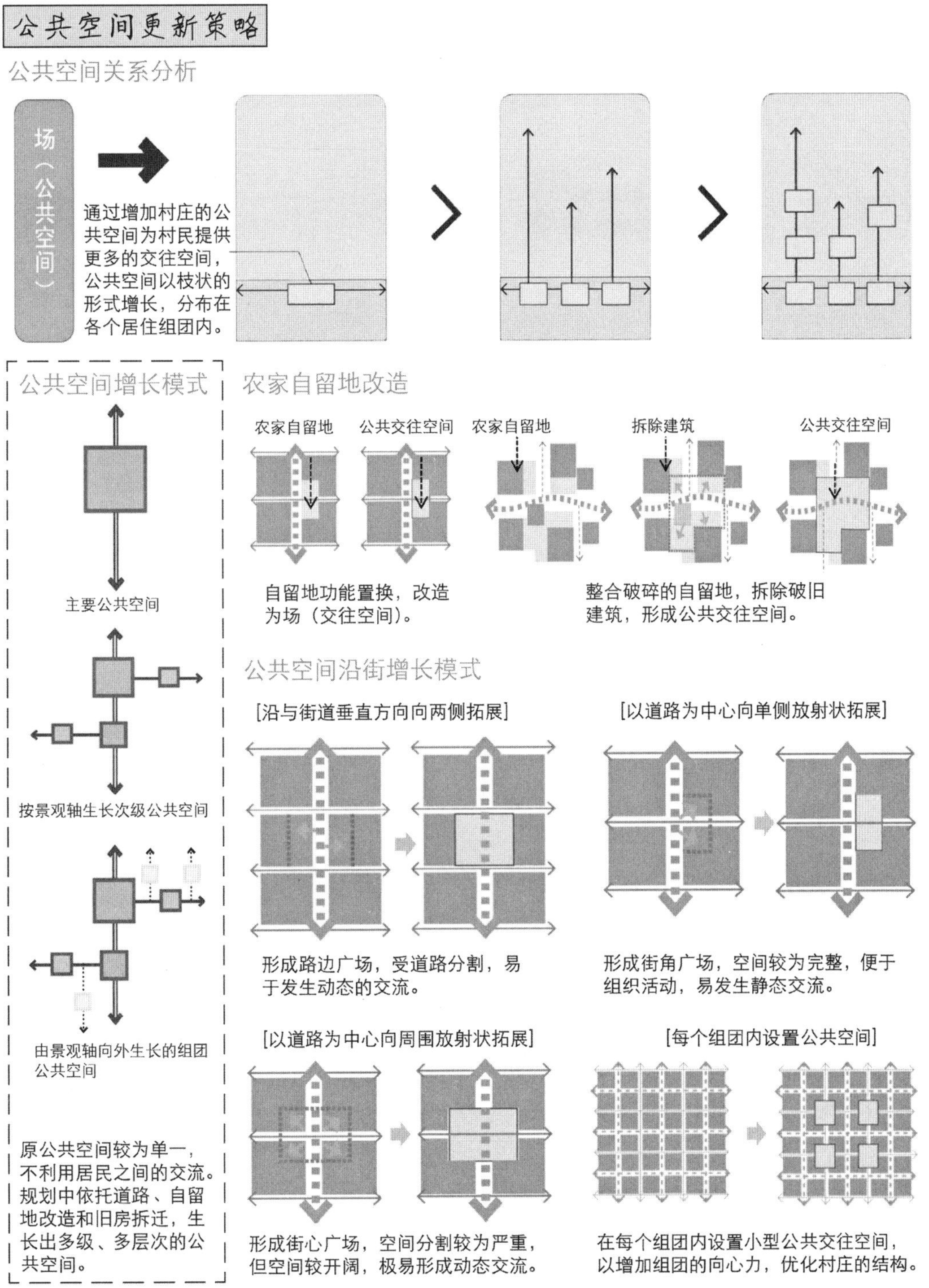
公共空间更新策略
公共空间关系分析
场（公共空间）
通过增加村庄的公共空间为村民提供更多的交往空间，公共空间以枝状的形式增长，分布在各个居住组团内。
公共空间增长模式
主要公共空间
按景观轴生长次级公共空间
由景观轴向外生长的组团公共空间
原公共空间较为单一，不利用居民之间的交流。规划中依托道路、自留地改造和旧房拆迁，生长出多级、多层次的公共空间。
农家自留地改造
农家自留地
公共交往空间
农家自留地
拆除建筑
公共交往空间
自留地功能置换，改造为场（交往空间）。
整合破碎的自留地，拆除破旧建筑，形成公共交往空间。
公共空间沿街增长模式
[沿与街道垂直方向向两侧拓展]
形成路边广场，受道路分割，易于发生动态的交流。
[以道路为中心向单侧放射状拓展]
形成街角广场，空间较为完整，便于组织活动，易发生静态交流。
[以道路为中心向周围放射状拓展]
形成街心广场，空间分割较为严重，但空间较开阔，极易形成动态交流。
[每个组团内设置公共空间]
在每个组团内设置小型公共交往空间，以增加组团的向心力，优化村庄的结构。

图 2-1-14

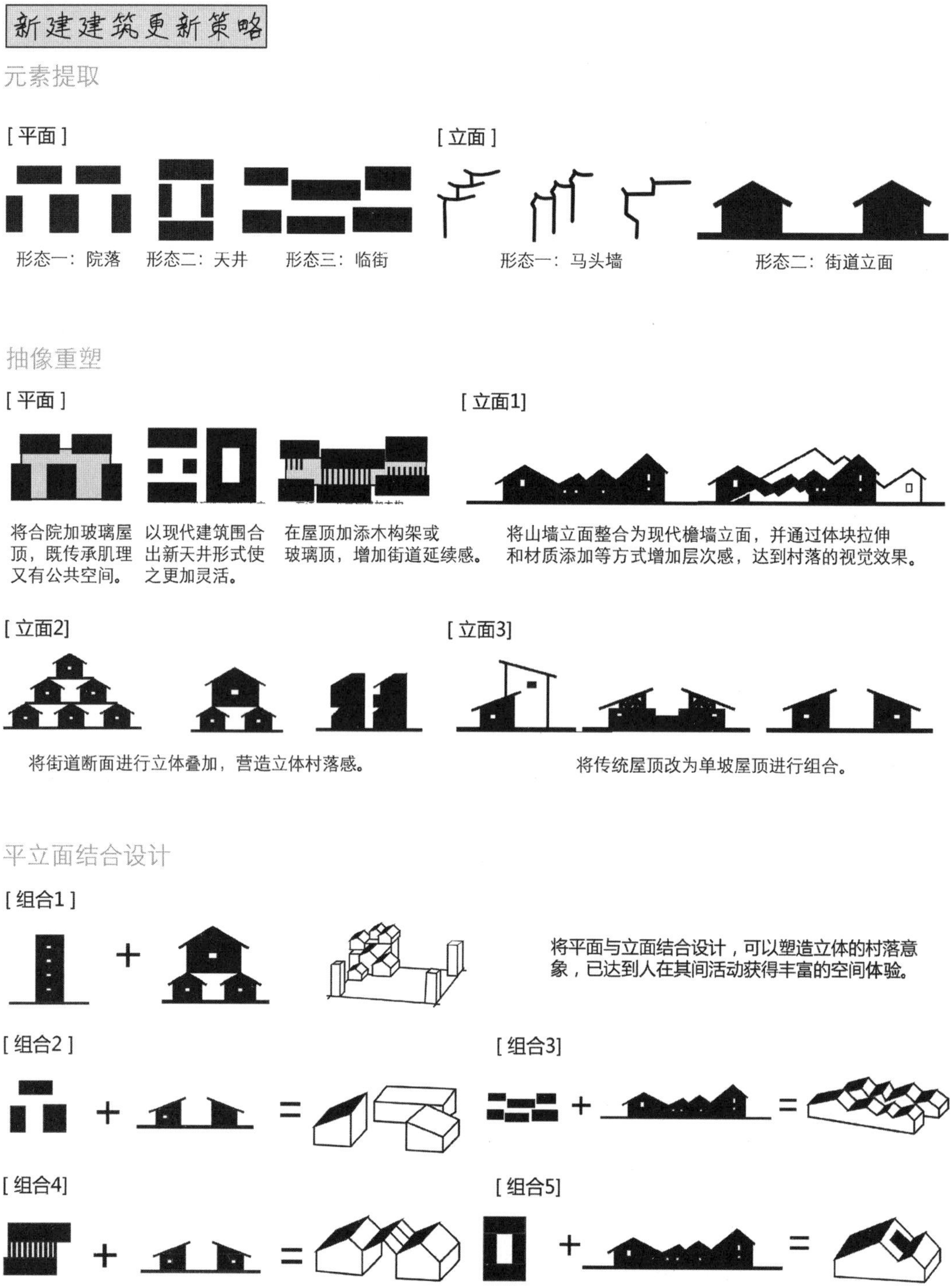
新建建筑更新策略
元素提取
[平面]
形态一：院落
形态二：天井
形态三：临街
[立面]
形态一：马头墙
形态二：街道立面
抽像重塑
[平面]
将合院加玻璃屋顶，既传承肌理又有公共空间。
以现代建筑围合出新天井形式使之更加灵活。
在屋顶加添木构架或玻璃顶，增加街道延续感。
[立面1]
将山墙立面整合为现代檐墙立面，并通过体块拉伸和材质添加等方式增加层次感，达到村落的视觉效果。
[立面2]
将街道断面进行立体叠加，营造立体村落感。
[立面3]
将传统屋顶改为单坡屋顶进行组合。
平立面结合设计
[组合1]
将平面与立面结合设计，可以塑造立体的村落意象，已达到人在其间活动获得丰富的空间体验。
[组合2]
[组合3]
[组合4]
[组合5]

图 2-1-15

滨江区域更新策略

策略 1

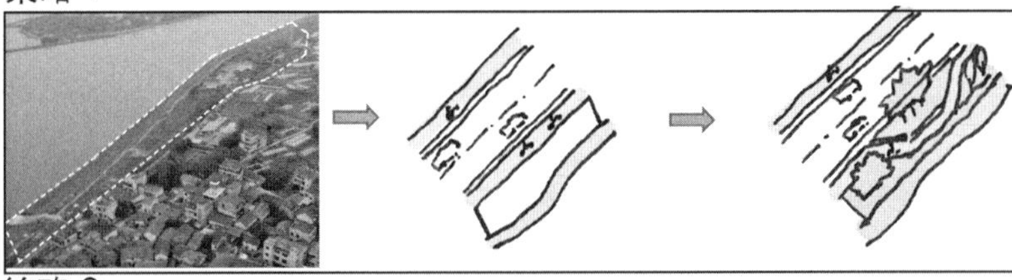

[目前状况]：滨水区单一断面的道路导致功能和景观上的贫乏。

[规划策略]：滨水区的道路为强调步行体验的景观路，自行车道人行道应结合水岸景观设计，营造丰富多样的景观体验并充分考虑步行环境的舒适与趣味。

策略 2

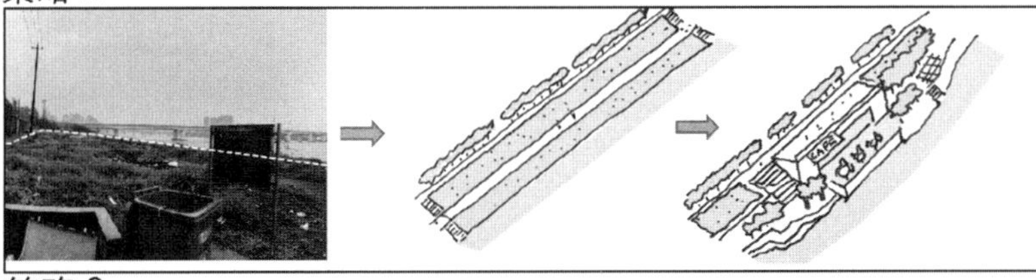

[目前状况]：工程性的水岸处理造成单一的功能和形象，使滨水区成为无趣和被漠视的场所。

[规划策略]：创造多样的滨水岸线形式，鼓励多样的亲近水的方式，增加更多的公共服务社会和活动场所，使滨水空间成为人们乐于向往的场所。

策略 3

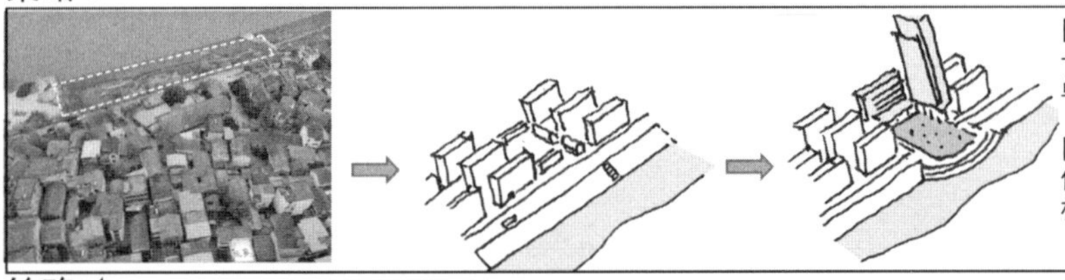

[目前状况]：滨水区土地利用单一，无法维持持续的活力。功能单一造成形象的乏味。

[规划策略]：利用城市更新、插件、改造的机会为滨水区引入多样的功能与公共空间。

策略 4

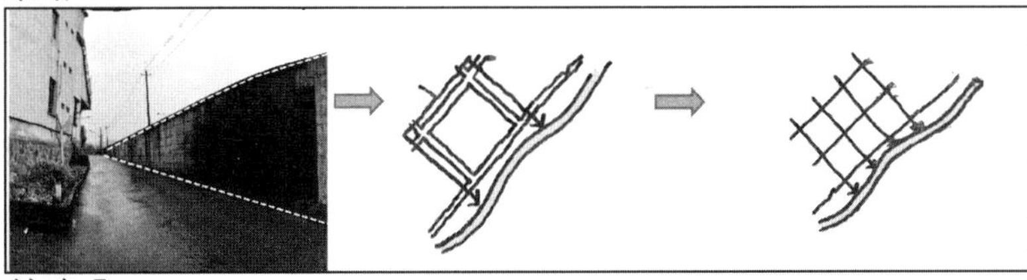

[目前状况]：防洪墙和交通道路破坏了滨水的易达性，使人很难到达滨水区域。

[规划策略]：小的街块更能塑造适合步行的城市区域。倡导路面更窄、密度更高的路网结构，可增加交通的选择性同时鼓励步行和自行车的使用。

策略 5

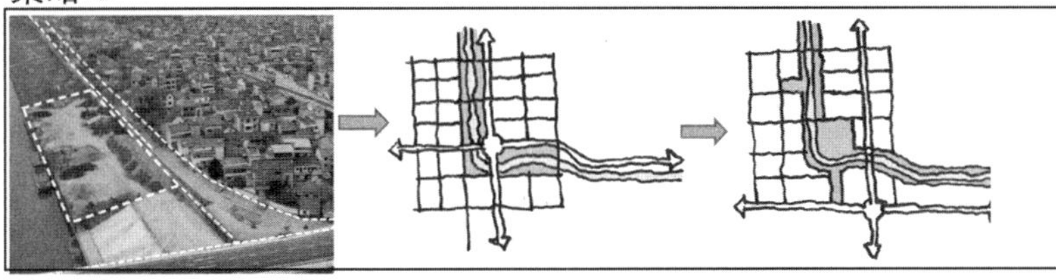

[目前状况]：滨水空间通常被交通性干道占据，严重影响滨水空间的使用、到达和感知。

[规划策略]：通过调整交通结构、道路改线、道路断面、联系设施限制滨水道路车速等措施使滨水区成为步行区域。

策略 6

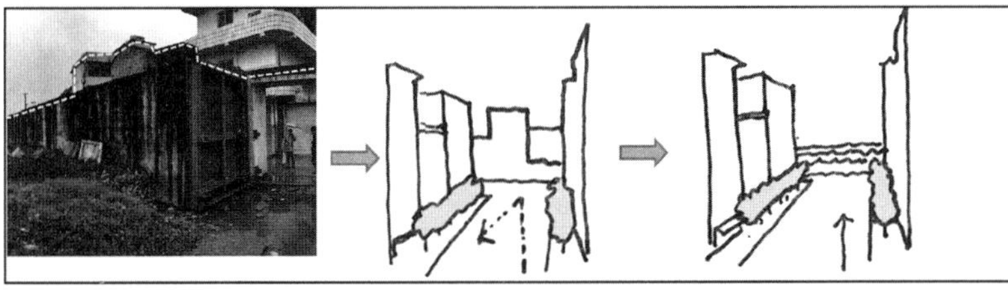

[目前状况]：道路与建筑阻隔了滨水区视线，使滨水区成为“后院”式场所。

[规划策略]：道路应垂直于水岸设置，保证通往滨水的视线和动作不受阻碍，并通过建筑地面层的商业功能和景观将人引导到滨水区域。

图 2-1-16

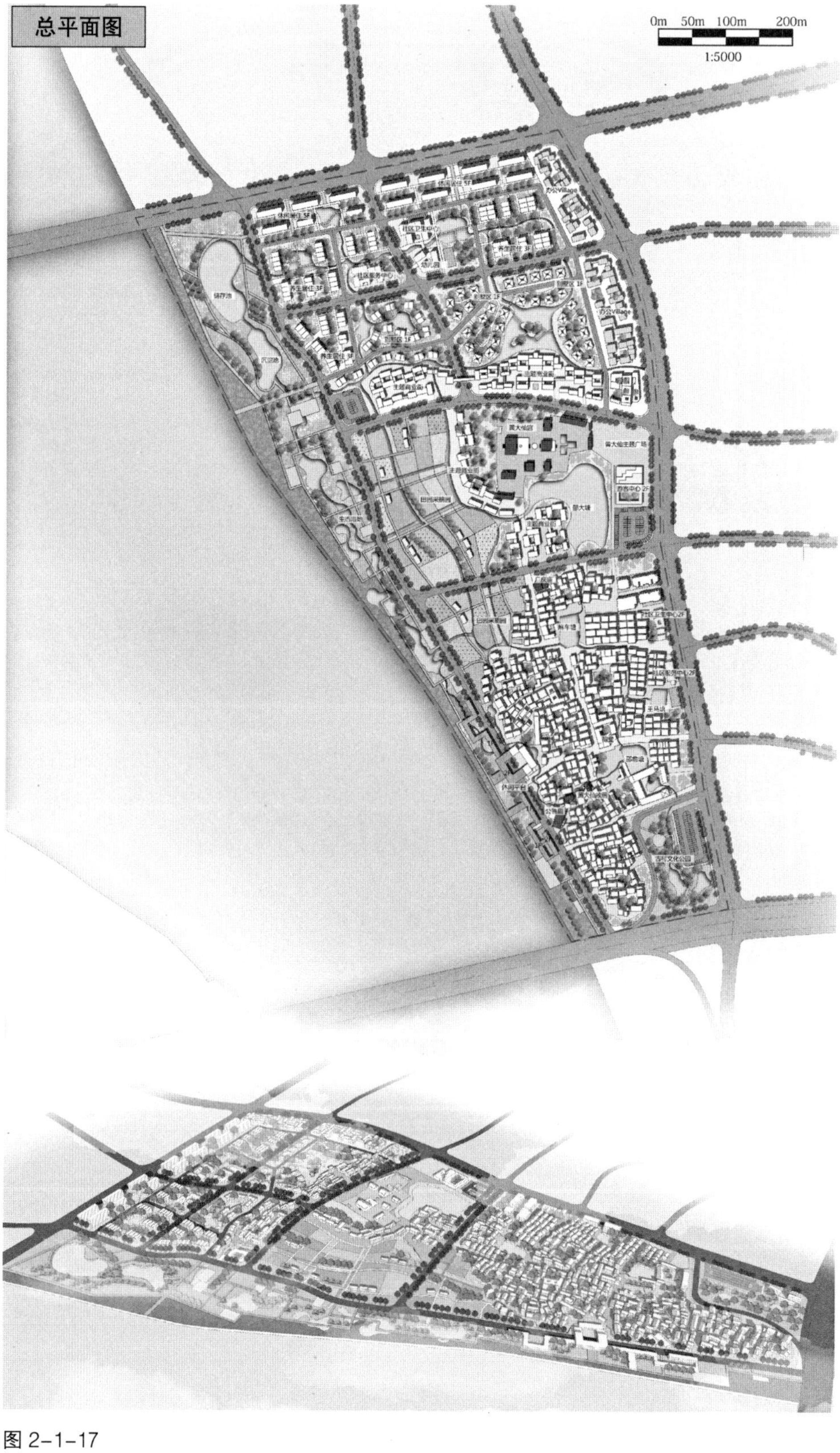

图 2-1-17

规划中的面

规划结构

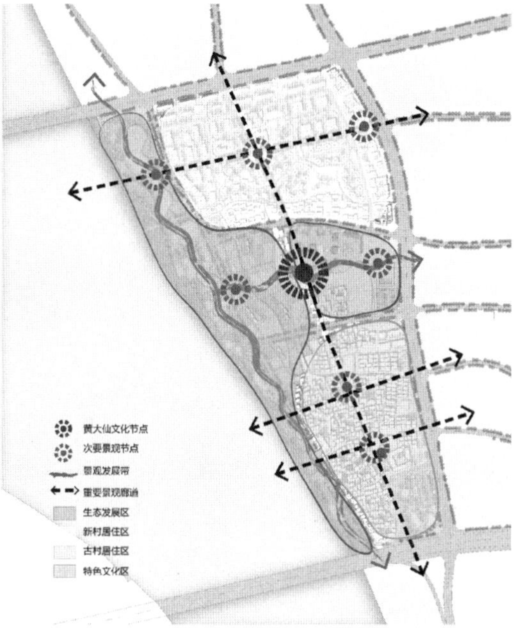

功能分区

土地利用

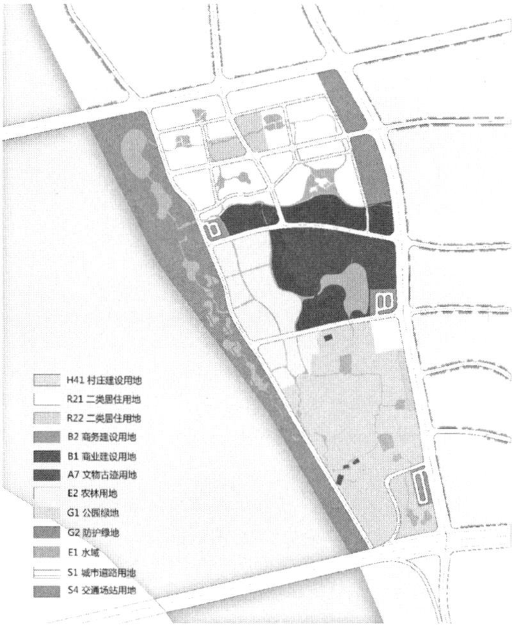

图 2-1-18

规划结构

一心： 黄大仙文化综合服务中心
四片： 老村居住片区、新村居住片区、综合服务片区、沿江生态片区
一带： 生态文化休闲带
四轴： 景观步行轴
多园： 多个 景观文化节点

设计将基地分为黄溢新村居住区、黄溢古村居住区、企业办公区、特色商业区、黄大仙文化展示区、休闲农业片区和滨江娱乐片区。几大片区围绕规划主题构成完整的功能体系，不同的板块之间互相作用，从而提高效益，实现整体价值大于部分之和，分区价值独特鲜明的宗旨，最大程度地满足了服务人群的需求，也实现了生态功能的最优化。

规划中的面

车行系统

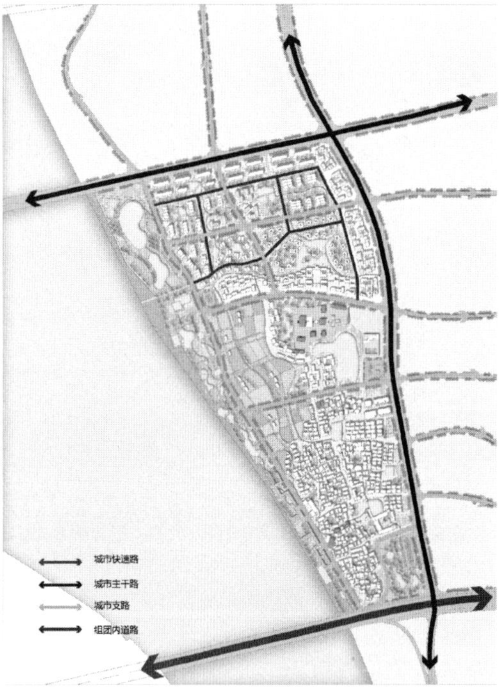

人行系统

景观系统

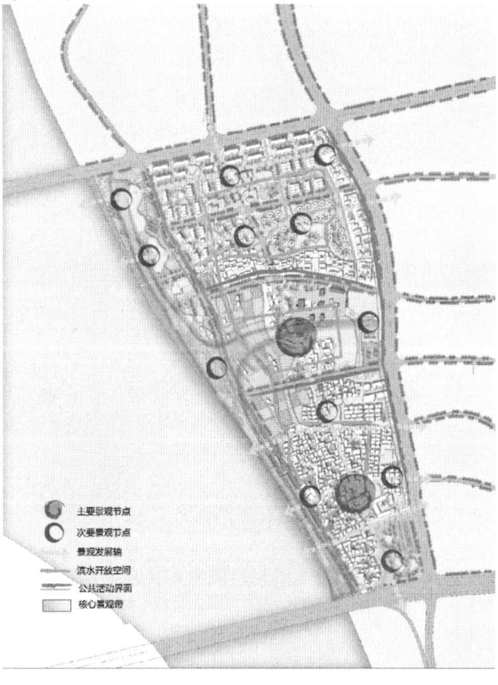

道路系统分析

为了保证黄溢村现有宁静安详的氛围，同时保证其必要的交通消防，规划村内以步行为主，最宽的道路达 7 米，必要时可作为消防通道。村外及新村中有完善的交通体系和集中停车场，满足村民及游客的使用。

步行系统分析

规划设置了完整的步行系统，包括以水系为引导的黄大仙文化游线步行路、村内慢行路、新村休闲道路及沿江的娱乐栈道。让居民和游客能够亲近自然，在漫步中思考人与自然的关系、放松自己的身心。

景观系统分析

在黄溢村，村发源地或许只是村民内部的吸引点所在，而水塘和庙宇则成为村内、村外人共同识别的元素。黄大仙宫则成为该片区域的统一识别元素。规划方案中，将围绕水塘及公共建筑作为居民主要的生活节点，设置完善的商业服务和休闲设施。

图 2-1-19

规划中的面

图底分析

建筑高度

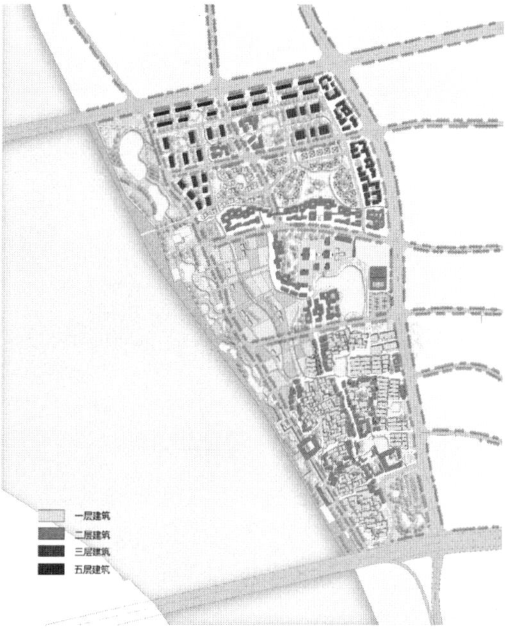

绿地系统

图 2-1-20

建筑肌理分析

规划中尊重原有村落肌理，在古村区域只做梳理。新村内新建建筑肌理以古村中围绕水塘发展的模式为模型进行规划设计。

建筑高度分析

黄溢村新村建筑由南向北逐渐增高，以保护旧村天际线的完整，建筑风貌以新中式为主，保护整个片区的和谐。

绿地系统分析

规划中主要保留更新了位于黄大仙宫西侧的农林田地，作为休闲农业的集中场地，以大仙菜作为主要种植目标，结合少量农林木屋为游客提供一个良好的采摘环境。滨江绿地在原有基础上，补充供人行走的木栈道，提供行走的空间，同时在低地处新建水净化系统，包括生态湿地、沉淀池、贮水池等，通过植物和沉淀将生活生产废水自动处理后排入江中，达到保护生态水系的效果。村内不适宜大规模绿地，因此采用院内植入的方式，在拆除建筑的基地上新建休闲娱乐建筑，将院内作为赏玩绿地，以散点方式植入用地。

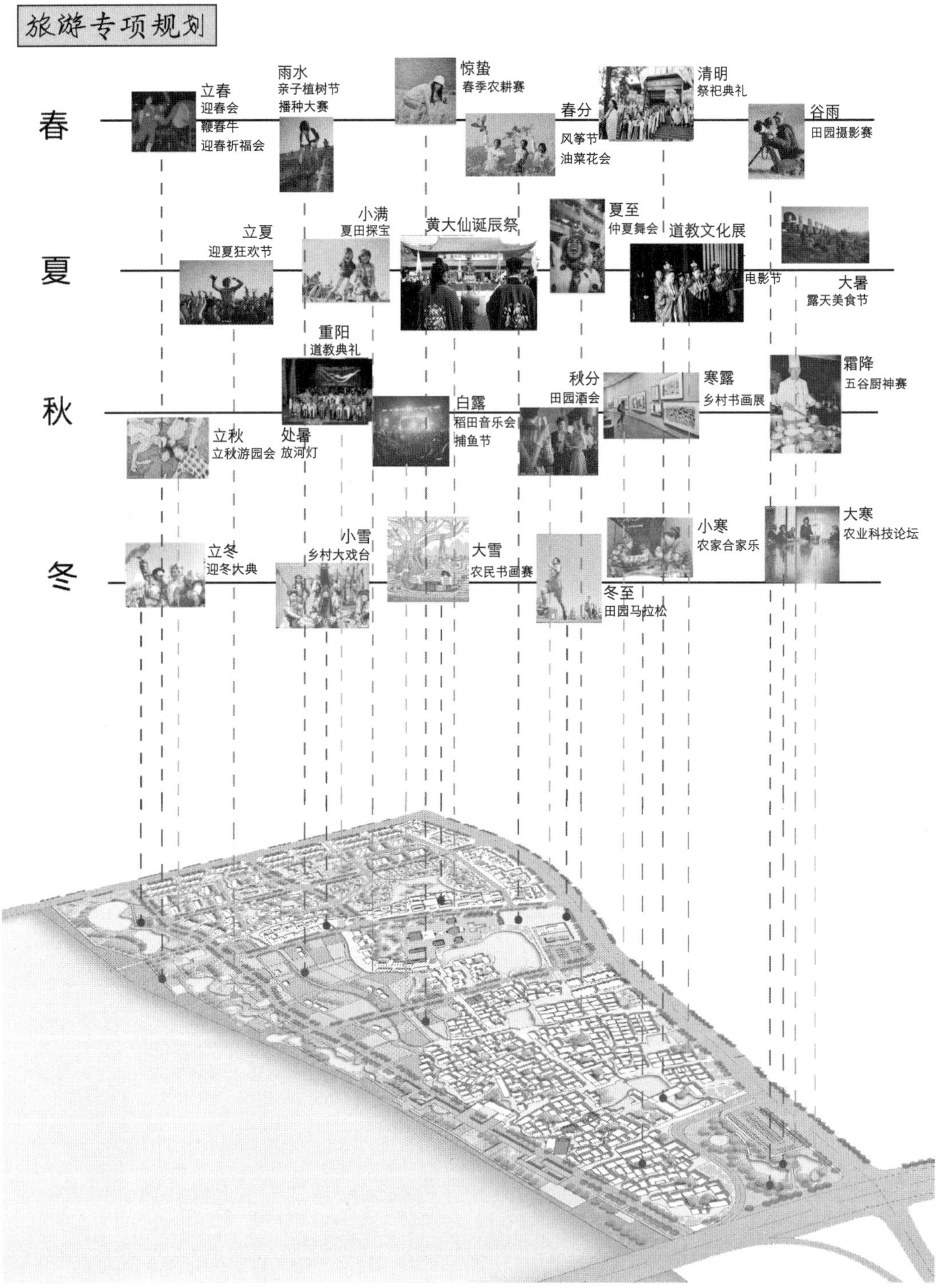
旅游专项规划
春
立春
迎春会
鞭春牛
迎春祈福会
雨水
亲子植树节
播种大赛
惊蛰
春季农耕赛
春分
风筝节
油菜花会
清明
祭祀典礼
谷雨
田园摄影赛
夏
立夏
迎夏狂欢节
小满
夏田探宝
黄大仙诞辰祭
夏至
仲夏舞会
道教文化展
电影节
大暑
露天美食节
秋
重阳
道教典礼
立秋
立秋游园会
处暑
放河灯
白露
稻田音乐会
捕鱼节
秋分
田园酒会
寒露
乡村书画展
霜降
五谷厨神赛
冬
立冬
迎冬大典
小雪
乡村大戏台
大雪
农民书画赛
冬至
田园马拉松
小寒
农家合家乐
大寒
农业科技论坛

图 2-1-21

水资源规划

水系分布系统

生态湿地剖面分析

A 种植性渗透洼地　C 种植性盆地：湿草甸　E 种植性盆地：深沼

B 种植性盆地：灌木湿地　D 种植性盆地：浅沼　F 雨洪储水池　G 种植性盆地

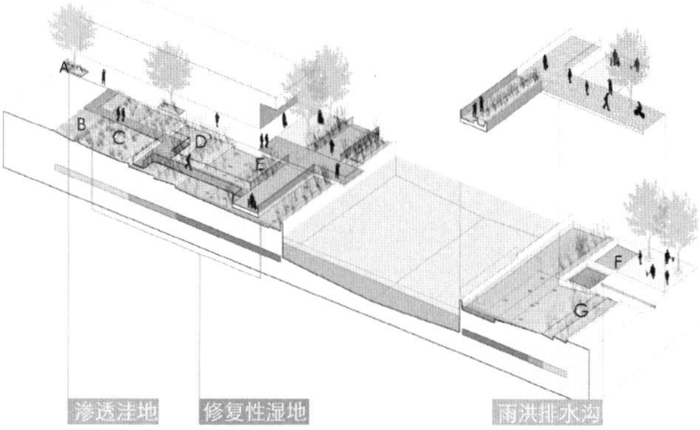

水的利用模式

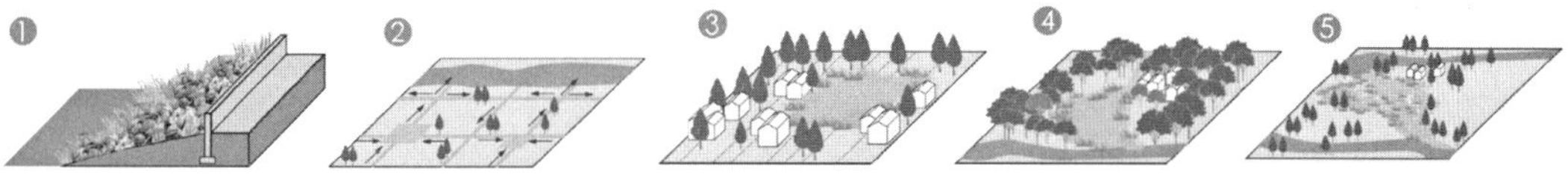

❶ 缓坡入水，菜园驳岸模式　❷ 沟、渠、塘、河结合的多层次的水模式　❸ 生态排水浇灌系统模式　❹ 伴水而居模式　❺ 湿地模式

水系场景效果

断面A-A

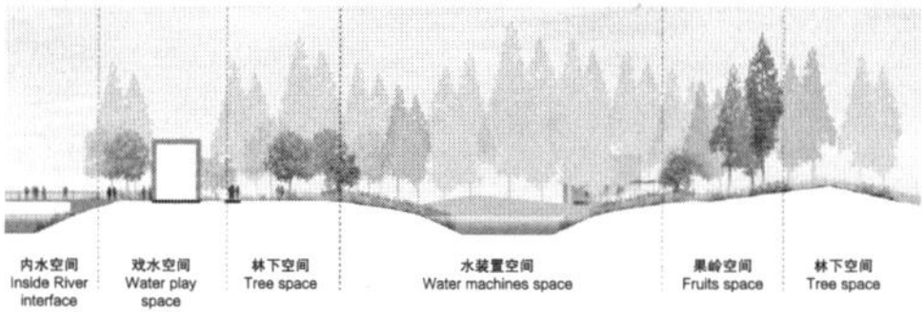

断面B-B

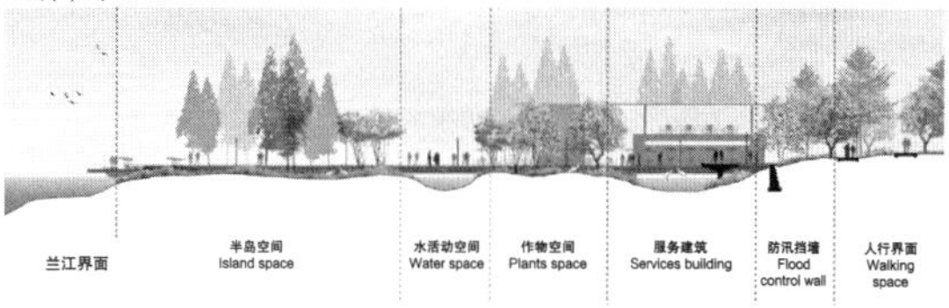

图 2-1-22

节点小透视

节点A——入口广场

节点B——沿河街景

节点C——商业街街景

节点D——塘边休闲广场

节点E——农家住宅

图 2-1-23

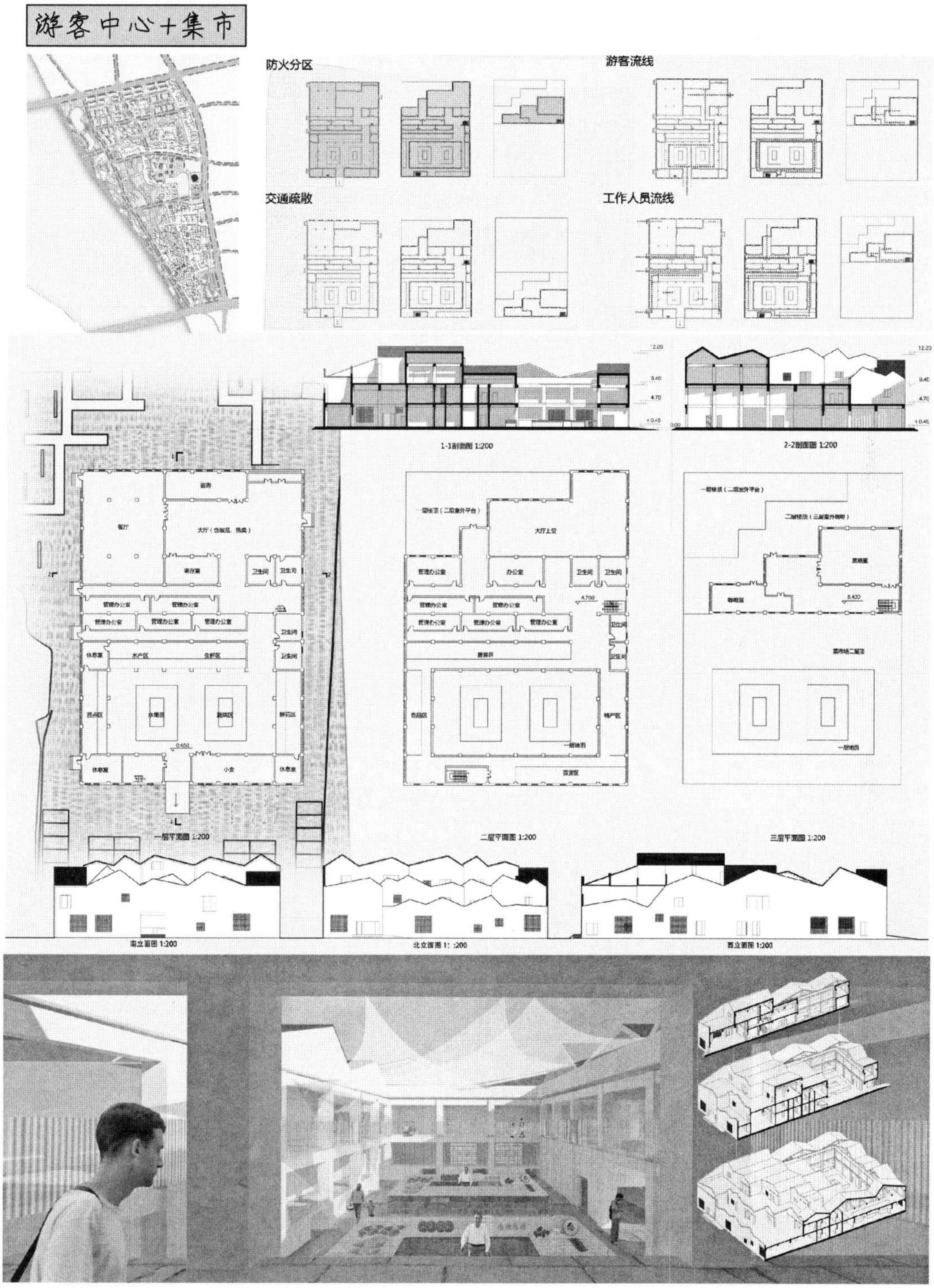
游客中心+集市
防火分区
游客流线
交通疏散
工作人员流线
1-1剖面图 1:200
2-2剖面图 1:200
一层平面图 1:200
二层平面图 1:200
三层平面图 1:200
南立面图 1:200
北立面图 1: :200
西立面图 1:200

图 2-1-24

原居委会改造

建筑位置

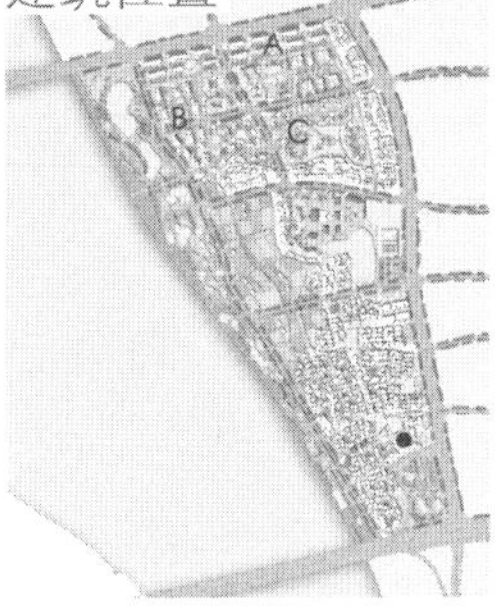

一层平面图

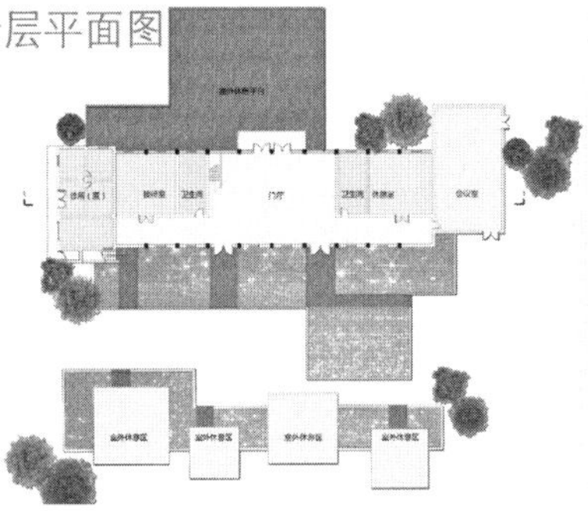

二层平面图

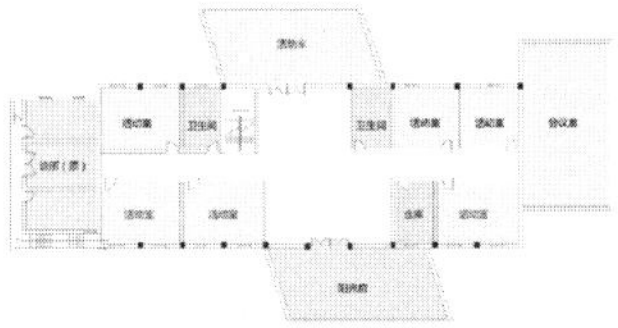

剖面图1-1

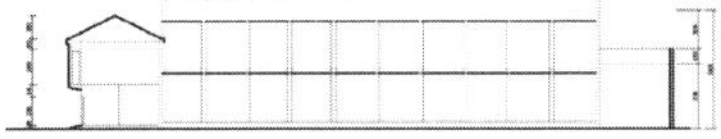

流线分析

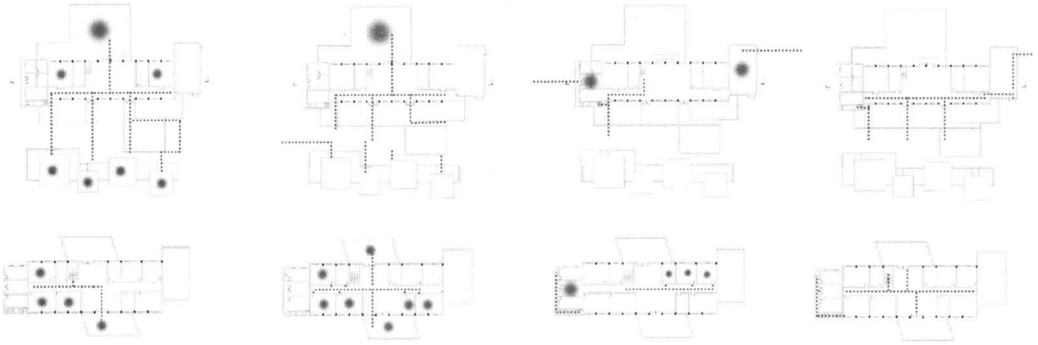

外来游客参观流线　　本地居民休闲流线　　办公人员流线　　疏散流线

新村建筑设计

类型A

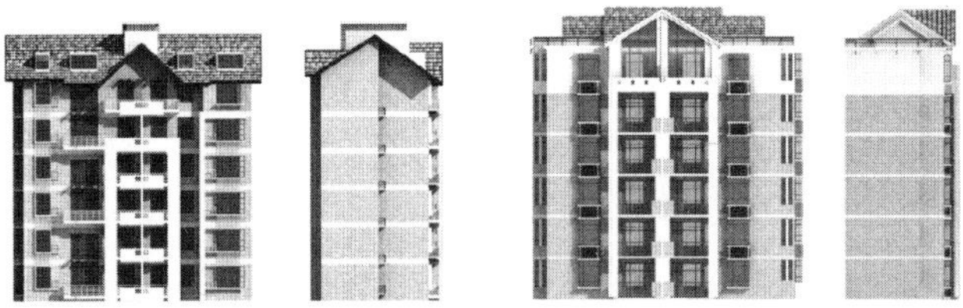

类型B

类型C

建筑与自然的关系

图 2-1-25

作业 2：公共健康引导下的乡村规划设计研究——以崇礼主城区南入口周边规划设计为例

（2020 年京津冀规划院校联合毕业设计）

作者：谭辰雯　秦攀

指导教师：李婧

1. 设计任务书

1.1　时代背景

第 24 届冬季奥运会将在 2022 年 2 月 4 日 ~ 2022 年 2 月 20 日在北京市和河北省张家口市联合举行。作为中国历史上首次举办的冬季奥运会，此次盛会承载了人民的热切关注与支持。次年，张家口崇礼区撤县设区，将冬奥会的主要举办场地设置在崇礼区，为崇礼区的发展博得了重大的历史机遇。

2020 年 1 月 30 日晚，世界卫生组织（WHO）宣布，将新型冠状病毒疫情列为国际关注的突发公共卫生事件（PHEIC），并在 2020 年 3 月 11 日表示，新冠肺炎疫情的暴发已经构成一次全球性大流行疫情，其影响也促使规划者反思：如何将公共健康落实到规划层面，形成示范，减少传染病的危害。

2020 年 3 月，受疫情影响的特殊时刻，34 万亿“新基建”一锤定音。“新基建”与传统基建不同，它更强调 5G、物联网、人工智能、工业互联网等信息化技术。如果能将“新基建”融合到乡村振兴建设中，便是走在下一轮建设浪潮的前端。

1.2　设计选址

规划用地位于崇礼主城区南入口，西湾子镇干沟村、上下两间房村区域，距崇城主城区西湾子镇中心约 4 公里，南倚张承高速入口，且拥有张承高速在崇礼主城区的一个高速公路出入口（另一个出入口在主城区内），S242 省道与清水河从规划场地中部穿过。三村总户籍人口为 1948 人，757 户。

1.3　规划重点及内容

建设一系列符合时代健康生活理念的生活服务设施，构建新型健康乡村社区生活模式；设置一系列满足冰雪艺术发展活力的设施，包括艺术工作室、文创街坊、艺术展厅等；搭建一系列信息化服务和展览设施，利用科技手段为生活和创作提供便利。

1.4 成果要求

规划文本表达要求：文本内容主要包括前期研究、功能定位、设计构思、功能分区、空间组织、总体布局、交通组织、环境设计、建筑意向、经济技术指标控制等内容。

图纸表达应包括但不限于：区位图及相关规划图、现状分析图、方案构思相关分析图、城市设计总平面图、整体设计鸟瞰图、结构分析图、功能分区图、建筑高度控制图、交通系统规划图、绿地景观系统规划图、重要节点意向设计图、相关经济技术指标和设计说明。

2. 设计说明

2.1 设计思路

依据总体项目背景，分析基地现有资源，从“冬奥”“健康”“新技术”的需求出发，承接“生态”“服务”“旅游”的发展导向，利用地块生态优良、交通便利、设施齐全的优势，补充现有文化匮乏、产业落后的不足，打造生态与文化共荣的新型健康乡村示范基地。

2.2 技术路线

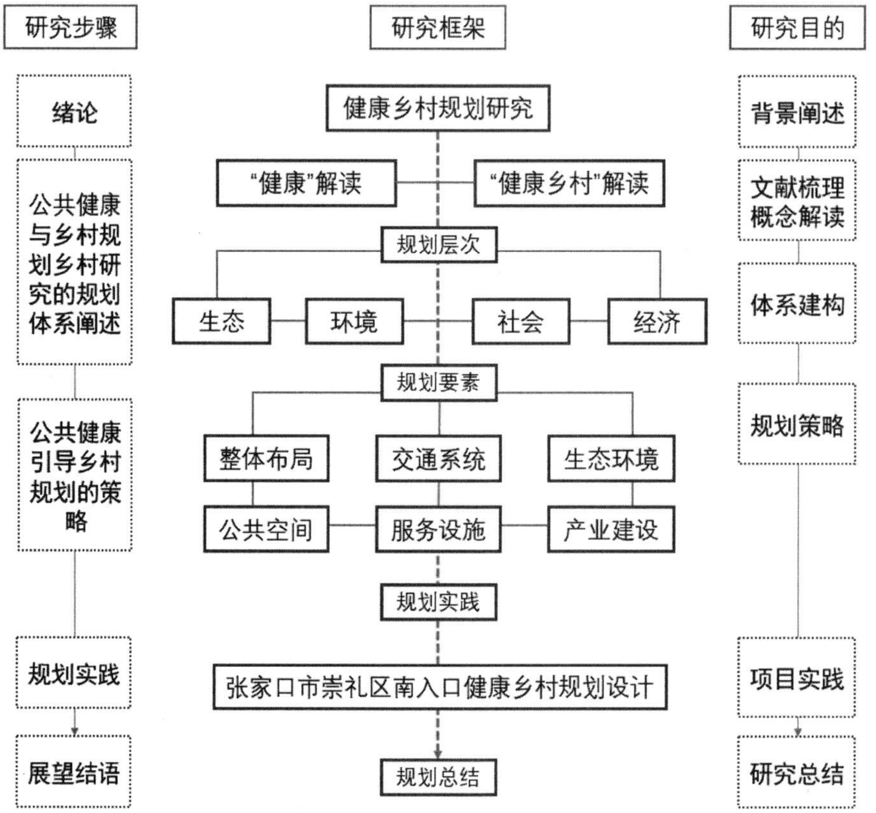

2.3 设计方案构思

以健康乡村为环境基础和规划主体，设计健康乡村的规划体系设计：从“人居环境—生态环境—人文环境—产业环境”四个维度进行“健康”的诠释，即整体上以健康人居环境建设、生态健康建设、健康社区建设、健康产业建设四个层次出发构建健康乡村；在健康人居环境规划中，整体布局上运用“三生空间”规划结构保障生态先行，利用交通网络串联“三生空间”，并依据用地实际条件对生态、生活、生产空间进行详细规划设计，结合生态学、社会学、经济学研究，将生态健康建设、健康社区建设和健康产业建设嵌入生态、生活和生产空间当中；在健康环境的基础上利用新技术锦上添花，利用物联网等信息化技术为文化展示、社区管理添加亮点，最终形成新的健康乡村生活模式。

协调融合三生空间的布局，形成自然宜居的空间环境：

（1）生态先行，承接原有景观格局的同时，向外连接生态基底；

（2）由于省道北部的建成区域保留较多，主要作为生活空间，南部的部分生产空间可作为生产与生活用地的结合；

（3）生活与生产空间的组团大小尽量控制在 2 公里范围内，不大于 4.2 公里，符合适宜自行车与步行出行的距离；

（4）生态空间兼有保护与景观的功能，与生活与生产空间相结合，形成景观网络，构筑宜居环境。

建设设施完整且具有特色的慢行系统，增加组团间的互动：

（1）加宽人行道与非机动车道，并用绿化进行适度分离，增加照明设施、自行车架、休憩座椅等服务设施，建设设施优良的慢行系统；

（2）按人步行（散步休闲）10 分钟（约 400m）易产生疲劳构建休憩节点，并设置休憩凉亭、健身器材、社区家具等，布局多功能与类型的休憩节点，在休息的同时提高空间与人的互动性；

（3）将组团内部的慢行系统结合组团绿地，营造组团中心开放空间，提高慢行系统的可达性；

（4）沿主要景观带结合慢行系统设计健康运动道，供人们进行户外运动，配合设置健康地图与亲水平台等特色设施。

最大化地净化空气，形成景观与功能层次丰富的生态空间，提升生态价值的同时美化环境：

（1）在主要的公共空间配合种植乔灌草的景观，乔木比例控制在 50% ~ 40%；

（2）用于防护边界的植物墙高度最好在 50 厘米以上；

（3）保留原有的农田为主要绿地景观，构建山水田林共生的生态网络系统。

在传承本土建筑传统的同时，融入现代化的使用需求：

（1）对建成保留区民居的形制与组织方式进行分析与总结；

（2）依据新建区不同的居住人群需求，融合本土原有的建筑特色形制，制定模块化建筑类型。

使服务设施同时满足人们的生活需求与社会需求，搭建高效、信息化的公共服务设施体系：

（1）依据人群的生活轨迹，将服务设施作为公共空间与开放空间相耦合；

（2）以时间与空间轨迹重合的服务设施为主要功能，复合与之相联系的服务设施，建设服务中心；

（3）建立“健康智慧＋”智慧社区系统，从公共健康管理出发尝试运用智慧系统优化社区管理；

（4）拓展规划建设中的村民参与途径，完善村规民约与议事制度，帮助实现村民自组织能力，并采取社会多方合作共商的形式，制定村民的健康安全守则，通过健康的行为规划进一步确保规划效力。

构建自然健康的产业发展，发挥文化产业之于社会的宣传教育功能：

（1）围绕地区生态结构的主体——艺术家来进行，让艺术家在更好更自然的艺术群落当中创作与生活，而不是随着商业化的进程把他们挤出艺术区，依据当地实际条件，发展至初级艺术区模式群落即可，这样的艺术群落发展是自然的、健康的，当其一旦发展到成熟、健全的阶段时，再扶植相适应的产业，自然就会快速振兴当地经济与文化建设；

（2）优化基础建设，配套艺术与生活链条的基建水准和程度，决定了艺术村落生态状况的健全程度；

（3）设立本地（冰雪）艺术促进会，规划管理本地文化艺术产业发展的同时，为入驻艺术家提供饮食起居等社会化服务；

（4）依据主要的景观步行带，打造产业中心发展带，一些小尺度开放空间可作为临时展览区，沿河岸空间设置灵活开放的展览及活动空间，将室内空间延伸到室外，将美术馆作为亮点空间进行打造；

（5）融入先进的虚拟现实（VR）体验展示技术，为展区赋能；

（6）在重要传统节日与现代节日，策划开展大型的文化展览活动。

3. 设计方案图纸

1.设计背景　1.社会背景

环境问题与社会问题对人们的健康造成了日趋严重的影响

我国城市区域的空气污染受到广泛关注，上海、北京等大城市的雾霾问题严峻。2010—2014 年，上海市PM10 年均浓度值都超过二级标准，2013 年达到82 μg/m3；2015 年，北京PM2.5 年均浓度为80.6 μg/m3，污染天数为179 天，其中重度污染46 天。国际癌症研究机构（IARC: International Agency for Research on Cancer）已确认室外空气污染为一级致癌物。

我国癌症发病率和死亡率均呈明显上升趋势，2011 年全国新增癌症病例337 万例，较2010 年增加28 万例，其中肺癌的发病率最高。疾病的成因在于个体基础和生活方式与外部要素之间的互动。《自然》（*Nature*）上的最新研究指出，肠癌、肺癌、膀胱癌等疾病的患病原因中外部风险因素占主导，随机突变或内部因素约占10%~30%。

大量研究证明某些建成环境空间要素对特定患病风险（肥胖、心脏病、哮喘和肺癌等）具有显著影响。由于建成环境一方面对致病因素有影响，一方面对人群行为有影响，因此，城市居民的身心健康与建成环境存在相关性。

古有《桃花源记》里的世外桃源引人入胜，现有李子柒镜头下田园生活的火爆……人们对于美好生活的追求似乎永不停息，规划学科的诞生便蕴含着建设更加美好人居环境的使命。

健康环境的式微进一步引发了人们对健康生活的向往

图 2-2-1

1.设计背景　1.社会背景

健康与医疗　健康与体育　健康与科技

2020年新冠疫情

2020年1月30日晚，世界卫生组织（WHO）宣布，将新型冠状病毒疫情列为国际关注的突发公共卫生事件（PHEIC）。世界卫生组织3月11日表示，新冠肺炎疫情的爆发已经构成一次全球性“大流行”。截至3月18日，全球已有38个国家宣布进入紧急状态。

如何将公共健康落实到规划层面，形成示范

迎接冬奥会

2015年7月31日，国际奥委会主席巴赫先生宣布第24届冬季奥运会将在2022年2月4日至2022年2月20日在北京市和河北省张家口市联合举行。这是中国历史上第一次举办冬季奥运会，北京、张家口（主要比赛地为崇礼区）同为主办城市。

需要与冬奥会紧密结合扩大地区的开放优势

34万亿新基建

2020年3月，受疫情影响的特殊时刻，34万亿“新基建”一锤定音。“新基建”与传统基建不同，它更强调5G、物联网、人工智能、工业互联网等信息化技术，赋予传统交通和城市等基础设施科技内涵的信息化建设，兼具科技与基建的双重属性。

将“新基建”融合到乡村振兴中走到建设浪潮的前端

图 2-2-2

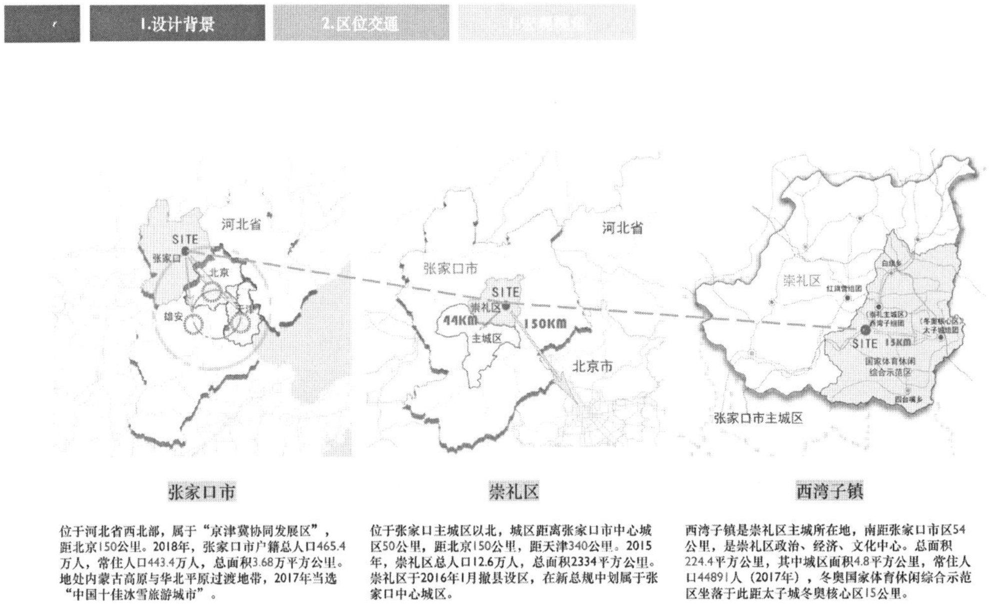
1.设计背景
2.区位交通
河北省
SITE
张家口
北京
天津
雄安
张家口市
崇礼区
44KM
150KM
主城区
北京市
崇礼区
白旗乡
红旗营组团
SITE 15KM
国家体育休闲
综合示范区
四台嘴乡
张家口市主城区
张家口市
崇礼区
西湾子镇
位于河北省西北部，属于“京津冀协同发展区”，距北京150公里。2018年，张家口市户籍总人口465.4万人，常住人口443.4万人，总面积3.68万平方公里。地处内蒙古高原与华北平原过渡地带，2017年当选“中国十佳冰雪旅游城市”。
位于张家口主城区以北，城区距离张家口市中心城区50公里，距北京150公里，距天津340公里。2015年，崇礼区总人口12.6万人，总面积2334平方公里。崇礼区于2016年1月撤县设区，在新总规中划属于张家口中心城区。
西湾子镇是崇礼区主城所在地，南距张家口市区54公里，是崇礼区政治、经济、文化中心。总面积224.4平方公里，其中城区面积4.8平方公里，常住人口44891人（2017年），冬奥国家体育休闲综合示范区坐落于此距太子城冬奥核心区15公里。

图 2-2-3

1.设计背景
2.区位交通
西湾子镇组团发展研判
● 交通：京礼高速与张承高速交汇于西湾子镇北部的白旗乡，通往北京和太子城组团（冬奥核心区）的高铁将停靠于新建成的崇礼北高铁站，
● 用地：商业用地主要布局在靠近高铁站的镇北部，
● 产业：主要滑雪场均围绕着京礼高速和崇礼铁路分布于长城岭沟和万龙沟，
西湾子镇主城区的城镇开发仍将主要向北拓展。
基地位于主城区南入口，靠近主城区但不处于未来主要发展方向。
狮子沟镇
驿马图乡
赤城县
白旗乡
崇礼北高铁站
红旗营组团
红旗营客运站
长城岭沟
西湾子组团主城区
崇礼北交通枢纽
万龙沟
崇礼南交通枢纽
基地
马丈子沟
太子城组团冬奥核心区
太子城高铁站（客运枢纽）
张承高速
京礼高速
国家体育休闲综合示范区
四台嘴乡
崇礼铁路
宣化区
至北京
崇礼高铁站
银河滑雪场
西湾子镇组团
至万龙滑雪场
富龙滑雪场
直升机停机坪
SITE
崇礼南交通枢纽
黑山湾湿地公园
至太子城组团
张承高速

图 2-2-4

1.设计背景 | 2.区位交通

崇礼南交通枢纽

张承高速、张榆线旧线（通往太子城组团）、崇红线在此交汇，张承高速收费站及服务区坐落于此，靠近黑山湾湿地公园，近崇礼唯一直升机停机坪。距最近的滑雪场6~8公里，距崇礼高铁站9.5公里。

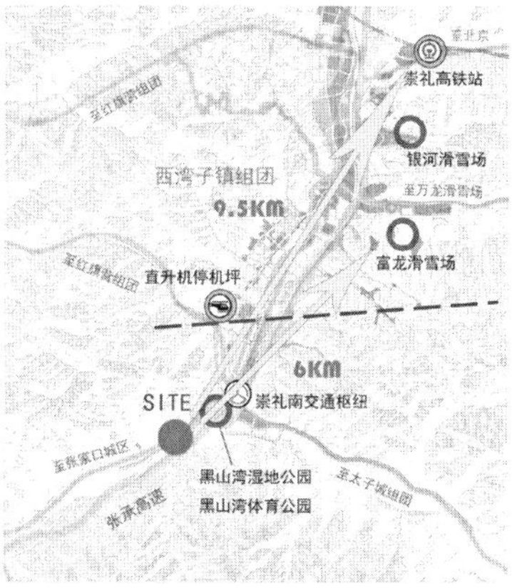

规划用地

规划场地处崇礼城区南端，西湾子镇干沟村、上下两间房村区域，场地距崇城区中心区约4公里，南倚张承高速入口，且拥有张承高速在崇礼主城区的一个高速公路出入口（另一个出入口在主城区北侧），S242省道与清水河从规划场地中部穿过。三村总户籍人口为1948人，757户。

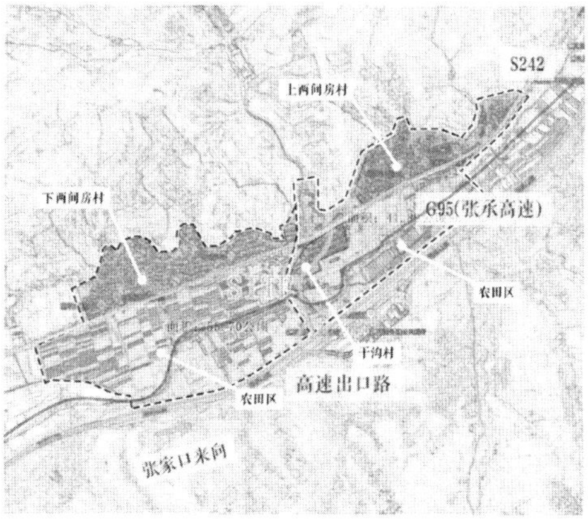

区位交通

劣势：处于城镇主要发展范围之外，距离现有核心产业开发区较远，无法得到直接的带动作用；
优势：距离主城区较近，出行服务便利，邻黑山湾湿地公园和黑山湾体育公园，居住条件优越。

图 2-2-5

1.设计背景 | 3.上位规划

规划名称	规划内容	参考要点
《京津冀协同发展规划纲要》	河北省发展定位："全国现代商贸物流重要基地、产业转型升级试验区、新型城镇化与城乡统筹示范区、京津冀生态环境支撑区"。	生态
《张家口市城市总体规划（2016—2030年）》	张家口中心城区定位：以提升综合承载力、增强辐射带动力、服务奥运、塑造特色为核心，强化面向奥运和区域的城镇综合服务能力，打造独具魅力的生态宜居组团型城市，建成国际奥运名城、国家可再生能源新城和休闲运动旅游胜地。	奥运服务 旅游商业
《崇礼县城乡总体规划（2014—2030）》	崇礼区目标定位：面向国际——国际滑雪赛事与旅游胜地；面向区域——首都经济圈重要的休闲度假目的地；以旅游滑雪产品为核心，同时依托生态优势，深度开发山地森林草原特有的夏季休闲度假型旅游产品；	休闲运动
《冬奥会与崇礼空间发展战略研究（2017—2030）》	崇礼主城区的三个核心功能组团：西湾子组团是旅游商业综合服务基地；太子城组团为冬奥核心区，国际冰雪赛事和国家冰雪运动推广基地，具有中国北方山地风格的旅游小镇；红旗营组团作为城乡公共服务和冰雪旅游相关产业基地。	旅游滑雪 休闲度假

上位规划

以生态为本底，优先考虑发展旅游业，尽量与冬奥、冰雪相呼应，但用地暂不具备主要打造冰雪运动项目的条件，需要进一步挖掘特色

图 2-2-6

1.设计背景　4.设计背景小结

可否成为健康生活的试验田?
从区位交通来看，用地处于城市发展的主轴之外，邻近主城区，交通服务便利，靠近黑山湾湿地公园与体育公园，居住环境优越；
从区位规划来看，用地将以生态为本底，发展以旅游业为主的第三产业，需要营造良好的设施环境；
发展条件与要求符合建设健康生活空间的愿景；
如何建设成为健康生活的试验田，需要对用地的发展资源进一步分析

图 2-2-7

2.用地基础　1.交通条件

用地现状及道路系统

- S242省道：将用地划分为南北两区，同时又作为崇礼主城区的主干道延续着城市发展的主轴线，沿线布置有主城区重要的公共服务和商业设施，极大地便利了基地居民的出行服务。
- 张承高速：由于主城区北侧同样拥有收费口，是从崇礼区至张家口的主要交通要道，所以本地不完全承担去往主城区的交通人流，更为“闹中取静”。

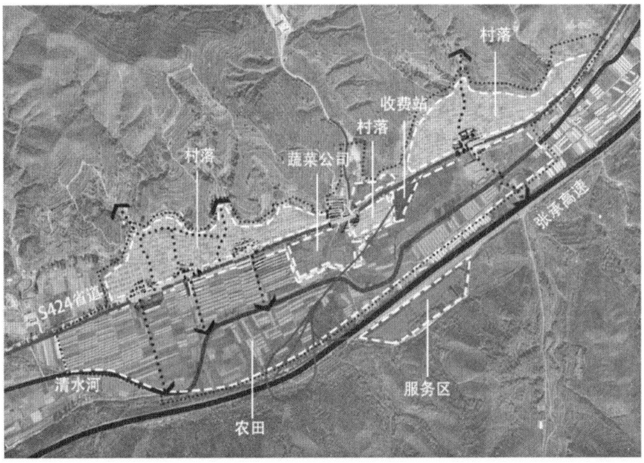

对外交通要道及节点

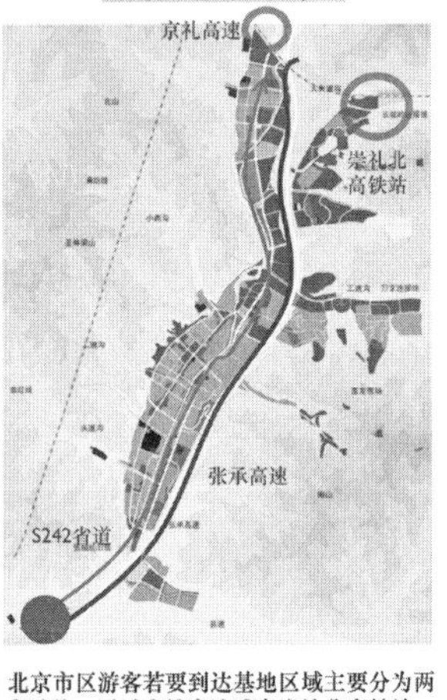

北京市区游客若要到达基地区域主要分为两条路线：通过京礼高速或者崇礼北高铁站，张家口市区游客则通过张承高速到达；
太子城至崇礼北高铁站区域具有丰富的滑雪资源，用地可考虑主要承载西湾子镇主城区的服务需求，设置全季性旅游产品。

交通条件

基地内部交通可达性较好，去往崇礼主城区主要公共服务于商业设施十分方便，外部可达性相较于主城区北部较弱，市外游客主要经由北侧高速公路及高铁到达，张家口市内客源主要经过此地。

图 2-2-8

2.用地基础 **2.服务设施**

用地现状及服务设施

基地功能分区较简单，以S242省道为界，北部为村民生活区，南部为农田区。可从卫图中辨认的有少量的公共设施（小学、村委、卫生所），南部分布有两座对外工业建筑（钰琪蔬菜公司、祥和农产品有限公司）。

2016 年张家口地区人口与卫生机构资源配置

区域	常住人口（万人）	百分比	累计百分比	卫生机构数	百分比	累计百分比	千人口卫生机构数	基尼系数
桥东区	286 339	0.06	0.06	113.00	0.02	0.02	0.39	0.00
万全区	225 946	0.05	0.11	92.00	0.02	0.04	0.41	0.00
桥西区	242 558	0.05	0.16	137.00	0.05	0.06	0.56	0.00
怀来县	364 787	0.08	0.24	314.00	0.06	0.11	0.86	0.01
阳原县	275 871	0.06	0.30	316.00	0.01	0.17	1.15	0.00
下花园	66 480	0.01	0.31	77.00	0.08	0.18	1.16	0.01
张北县	385 468	0.08	0.39	452.00	0.04	0.26	1.17	0.01
尚义县	190 330	0.04	0.43	243.00	0.08	0.30	1.28	0.01
涿鹿县	353 313	0.08	0.51	465.00	0.06	0.38	1.32	0.01
怀安县	245 798	0.05	0.56	329.00	0.06	0.44	1.34	0.01
康保县	272 966	0.06	0.62	372.00	0.06	0.50	1.36	0.01
沽源县	231 492	0.05	0.67	324.00	0.16	0.56	1.40	0.03
宣化区	625 720	0.13	0.80	919.00	0.08	0.72	1.47	0.02
赤城县	299 176	0.06	0.87	462.00	0.15	0.80	1.54	0.04
蔚县	502 471	0.11	0.97	851.00	0.05	0.95	1.69	0.02
崇礼区	127 283	0.03	1.00	260.00	0.02	1.00	2.04	0.00
合计	4 695 998			5726.00			1.22	0.19

服务设施

据资料，上下两间房村的服务设施拥有幸福院、剧场礼堂、活动广场、体育设施等注重村民身心健康的服务设施。

医疗资源配置均处于较不公平的状态，医疗资源的补充完善迫在眉睫。

图 2-2-9

2.用地基础 **3.历史文化**

物质文化

- 长城遗址
- 宗教建筑
- 墓葬遗址
- 古村遗址

非物质文化

民间文学	大水泉的传说、康熙收妃
民间舞蹈	崇礼打溜子
民间美术	根雕、篆刻
民间艺术	泥塑、绒绣、剪纸
民间信仰	太平庄奶奶庙会

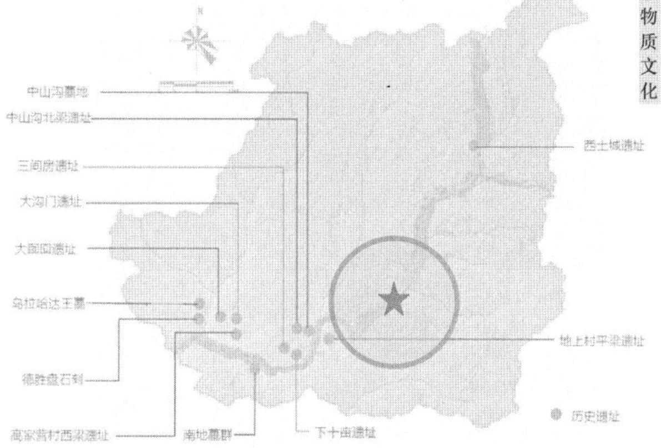

省道S242沿途文化遗址分布

崇礼地域历史人文资源丰富，其中物质文化资源包括大量遗址、墓葬和宗教建筑，主要分布在S242省道两侧，但用地周边文化资源较少。

历史文化资源

用地本身历史文化资源较缺乏，可以考虑植入新文化（如冰雪、奥运）

图 2-2-10

自然资源——环境风貌

山 水 林 田

- **山水格局——**一水（清水河）、多山、多台地（上下两间区域、滨河区）、多农田。
- **基地内部拥有**良好的自然山水景观，**打造良好的自然生态、健康社区，构建山水城市具有得天独道的优势。**
- **中观上北近**黑山湿地公园，**周围山体围绕，清水河道从中穿越。**
- **微观上，绿道纵横交错与省道S242、清水河、山谷联系**绿块穿插其间。

绿化分析

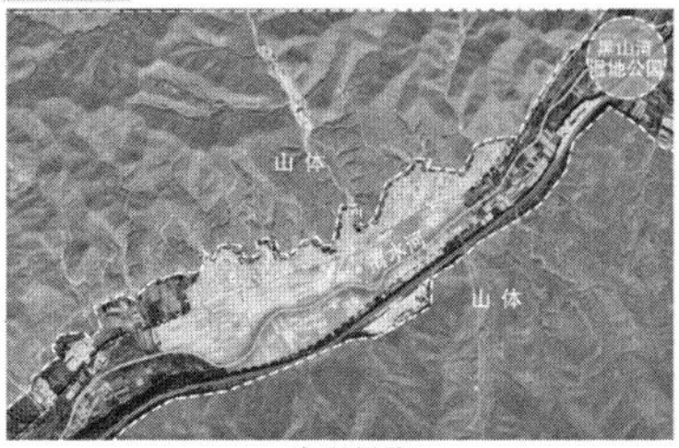

中观绿化

微观绿化

自然资源

基地东南与西南两侧为山地，贯穿崇礼区的清水河从中部穿过，东北临黑山湾湿地公园，在地保留有大量农田，构成“山、水、林、田”的良好生态基底。

图 2-2-11

崇礼区产业发展现状

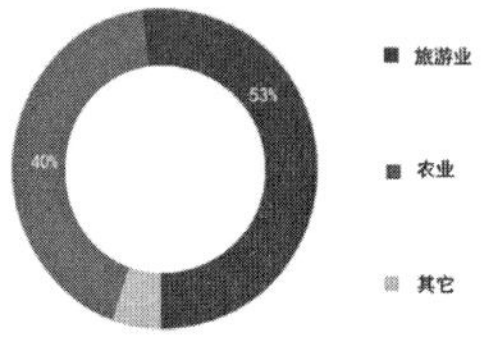

崇礼各类型产业年收入比重

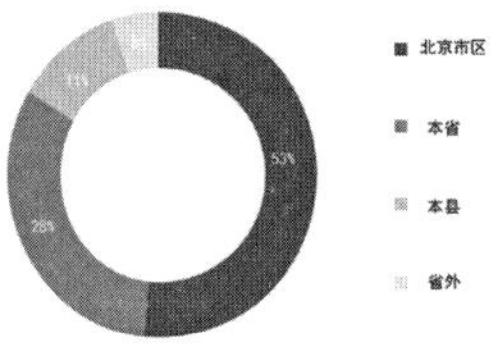

崇礼区主要客流来源地

崇礼区旅游产业分析

崇礼区近年来旅游项目接待人数

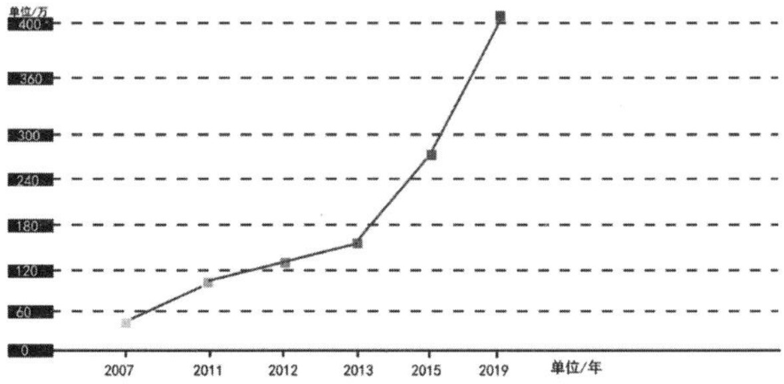

旅游主题归类

旅游餐饮	餐饮设施+特色饮食
旅游住宿	各大宾馆、酒店、农家旅店及蒙古部落
旅游交通	张承高速公路及其连接线（分别连接塞北滑雪场、万龙滑雪场和长城岭滑雪场
旅游购物	富有地方特色的高、精、特旅游商品
旅游娱乐	室内娱乐设施+室外娱乐设施

- **崇礼的旅游业产业收入在近年来占据越来越大的比重，收纳人数也是越来越多。**
- **崇礼旅游的客源市场主要来自于北京，而且旅客出游的时间主要集中在冬、春两季一般是从11月份持续到次年的4月份，历时约5个月。游客出行的时间以节假日为多，尤其是春节黄金周。**

产业结构基础

在收入占比中以第三产业（旅游业）为主，旅游接待人数逐年攀升，是未来的主要发展领域。主要客流来源于北京市区，其次是本省，大多集中在春冬两季。需要突出其**冬奥会举办地**的优势，发展**全季旅游**项目。

图 2-2-12

2.用地基础 6.资源评价小结

优势健康环境的利用策略
地块现状资源
应对策略
交通位置“闹中取静”
文化资源较为缺乏
自然山水条件优良
服务设施体系较好
腹地主要为村庄和山地
以旅游业为主导产业
利用其便利性的同时减少交通对生活环境的影响
植入新兴文化，如冬奥冰雪文化
建设生态组团与自然融合，打造低碳健康的生活方式
建设健康宜居示范乡村
发展全季性健康旅游项目，强调其自然生态
补充崇礼现有冰雪旅游产业链，增强文化影响力

图 2-2-13

3.规划内容 1.规划定位

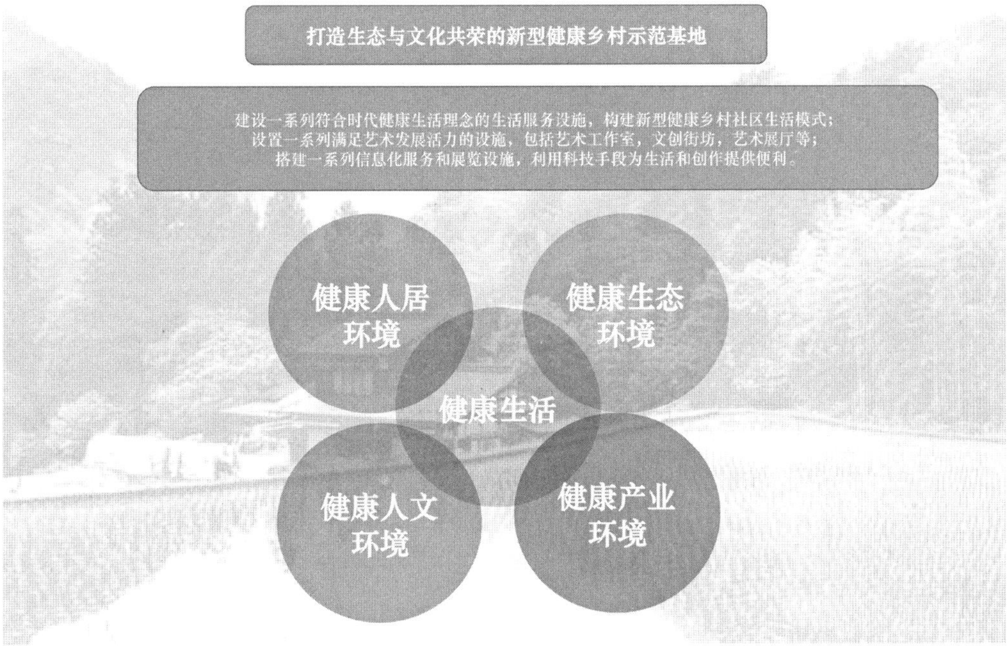
打造生态与文化共荣的新型健康乡村示范基地
建设一系列符合时代健康生活理念的生活服务设施，构建新型健康乡村社区生活模式；
设置一系列满足艺术发展活力的设施，包括艺术工作室，文创街坊，艺术展厅等；
搭建一系列信息化服务和展览设施，利用科技手段为生活和创作提供便利。
健康人居环境
健康生态环境
健康生活
健康人文环境
健康产业环境

图 2-2-14

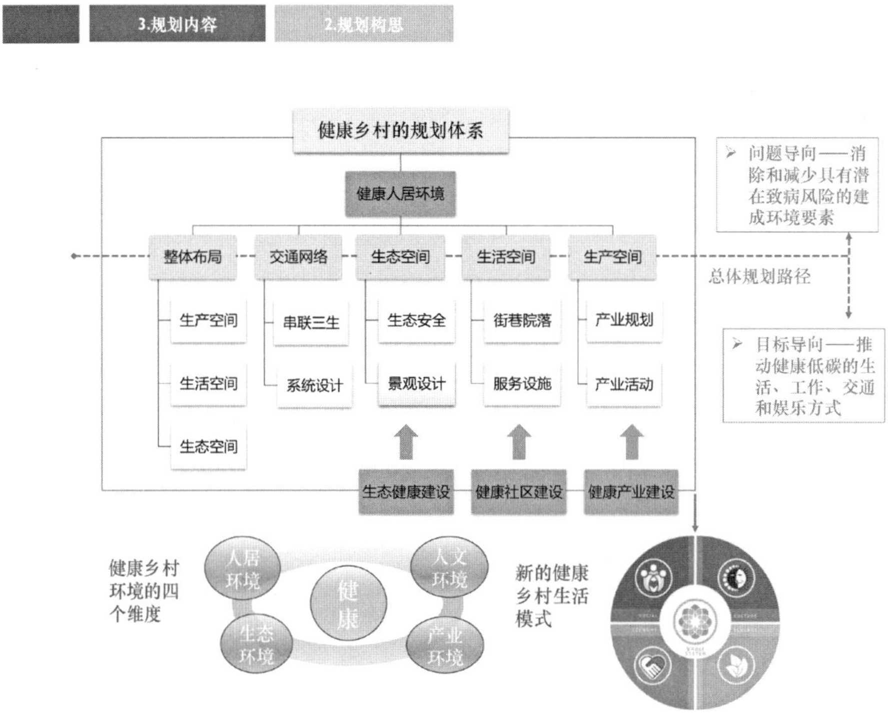

3.规划内容
2.规划构思
健康乡村的规划体系
健康人居环境
整体布局
交通网络
生态空间
生活空间
生产空间
生产空间
生活空间
生态空间
串联三生
系统设计
生态安全
景观设计
街巷院落
服务设施
产业规划
产业活动
生态健康建设
健康社区建设
健康产业建设
问题导向——消除和减少具有潜在致病风险的建成环境要素
总体规划路径
目标导向——推动健康低碳的生活、工作、交通和娱乐方式
健康乡村环境的四个维度
人居环境
人文环境
健康
生态环境
产业环境
新的健康乡村生活模式

图 2-2-15

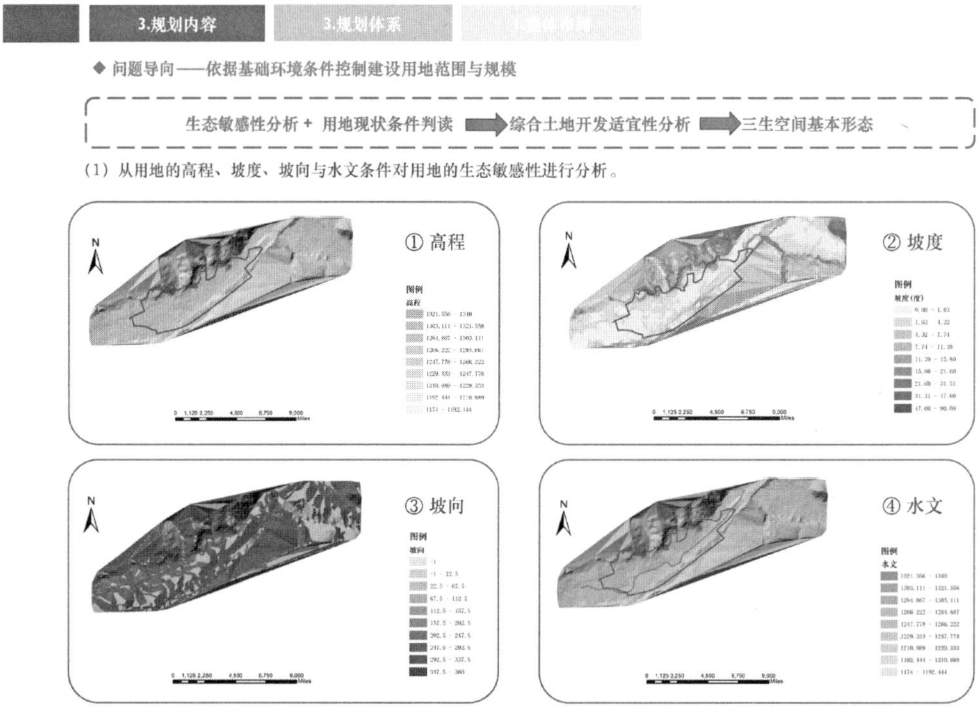

3.规划内容
3.规划体系
◆ 问题导向——依据基础环境条件控制建设用地范围与规模
生态敏感性分析 + 用地现状条件判读
综合土地开发适宜性分析
三生空间基本形态
（1）从用地的高程、坡度、坡向与水文条件对用地的生态敏感性进行分析。
① 高程
② 坡度
③ 坡向
④ 水文

图 2-2-16

◆ 问题导向——依据基础环境条件控制建设用地范围与规模

（2）对用地的现状条件进行判读，得出保留建成区、建议改造修复用地、已批项目用地。

保留建成用地

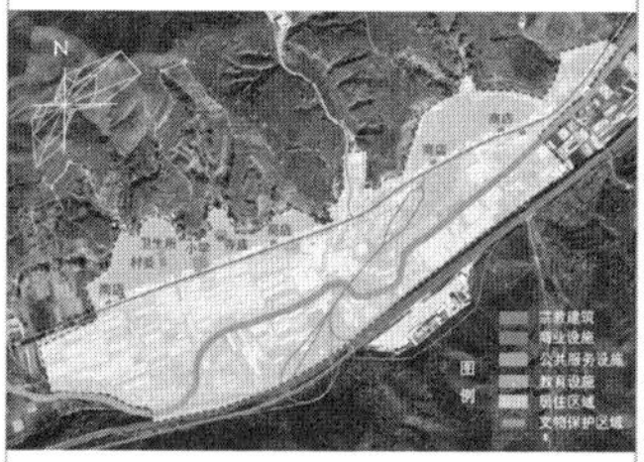

由于建成环境较好，保留大部分省道以北上下两间房村落原址

用地类型	面积（ha）	名称
公共服务设施用地	0.6	村委，小学，卫生所
商业设施	0.24	商超 6 个
宗教建筑	0.05	下两间房村寺庙
居住用地	40.2	上下两间房村落原址

建议改造修复用地

由于离高速与省道过近，生活环境较差，迁出部分干沟村原址，同时迁出较为落后的产业

用地类型	面积（ha）	名称
建设用地	6	钰琪蔬菜公司，祥和农产品有限公司
防护绿地	0.1	沿S242省道
居住用地	0.8	干沟村原址

已批项目用地

《张家口市崇礼区土地利用总体规划（2010—2020年）修改方案》

将下两间房村0.23公顷限制建设区域作为其他独立建设用地，可选择部分农田区域进行利用开发

四台嘴乡二道营村西部	18.5453	18.0851	15.4328	0	0.4602	14	其他独立建设用地
西湾子镇窑沟村东部	7.5269	7.402	6.9037	0	0.1249	14	其他独立建设用地
西湾子镇下二间房村中部	0.2342	0.2342	0.2342	0	0	14	其他独立建设用地
四台嘴乡横盘梁村西南部	0.8961	0.8961	0.7886	0	0	14	城镇用地

图 2-2-17

3.规划内容 3.规划体系

◆ 问题导向——依据基础环境条件控制建设用地范围与规模

（3）综合生态敏感性与土地开发适宜性分析，优先选择适宜建设区进行建设，对限制建设区进行保留，划定禁止建设区设为生态空间，建设基础三生空间布局。

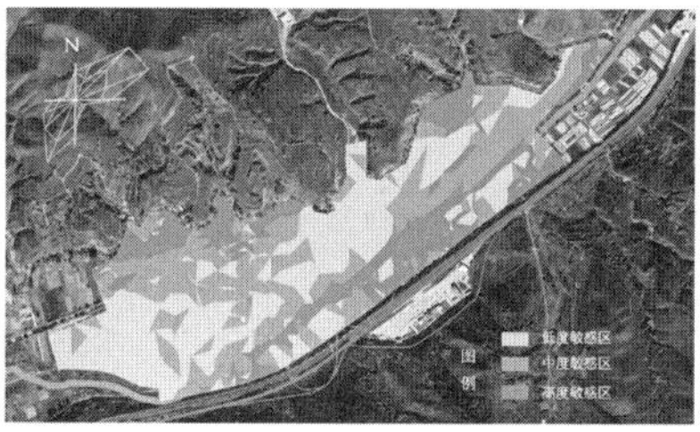

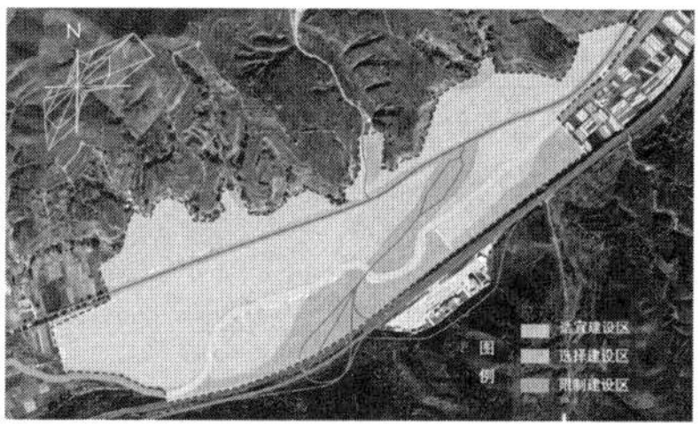

图 2-2-18

3.规划内容　3.规划体系

◆ 目标导向——协调融合三生空间的布局，形成自然宜居的空间环境

三生空间相互融合，将生产空间结合生活空间，将生态空间融入生产与生活空间，环境宜人，功能集约

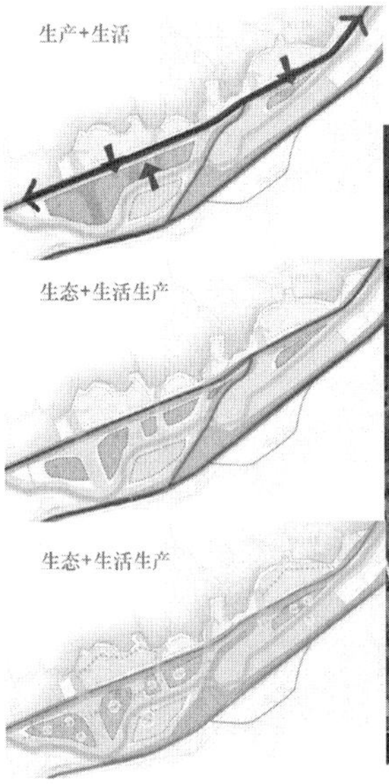

（4）在三生空间基本格局的基础上，使三生空间相互融合与交织，省道南部生产空间中设置部分商住融合，生态空间在向外部基底链接与延伸的同时，与生产和生活空间进一步交织，形成景观网络，构筑宜居环境。

图 2-2-19

3.规划内容　3.规划体系

◆ 问题导向——减少机动车的使用及对环境的影响

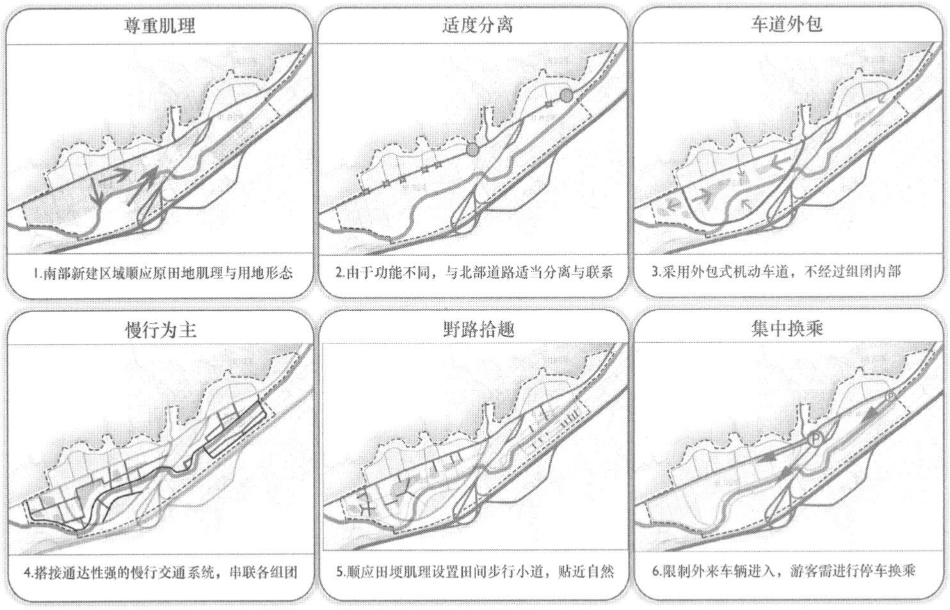

尊重肌理
1.南部新建区域顺应原田地肌理与用地形态
适度分离
2.由于功能不同，与北部道路适当分离与联系
车道外包
3.采用外包式机动车道，不经过组团内部
慢行为主
4.搭接通达性强的慢行交通系统，串联各组团
野路拾趣
5.顺应田埂肌理设置田间步行小道，贴近自然
集中换乘
6.限制外来车辆进入，游客需进行停车换乘

图 2-2-20

3.规划内容 3.规划体系

◆ 问题导向——减少机动车的使用及对环境的影响

机动车道外包并利用绿带进行隔离，地块内部主要交通方式为慢行交通系统

（1）尊重原有的道路肌理；

（2）适度连接省道南北生产与生活区域；

（3）主要重新设计南部的交通系统，将机动车道置与组团外围，结合绿带进行隔离，作为运输与抢险功能，不经过组团内部；

（4）实施人车分流，将慢行交通系统与机动车系统利用绿带分离，组团内部通过慢行交通进行组织；

（5）设置部分田间小道，保留原有的田野趣味；

（6）对外来人员车辆进行限制，需要在集中换乘点进行停车换乘。

图 2-2-21

3.规划内容 3.规划体系

◆ 目标导向：建设设施完整且具有特色的健康慢行体系，增加组团间的互动

补充特色设施，结合开放空间，营造良好景观，吸引人群活动

怡情·健康步道——按人步行（散步休闲）10分钟（约400米）产生疲劳、构建休憩节点，沿线放置有服务装置以及冰雪文化艺术品展示点，配合有健康地图标注到最近的或下一个交通站点的距离、时间、路线和热量消耗，依据主要的休憩与文化两大功能分为绿色休闲节点与文化广场节点。

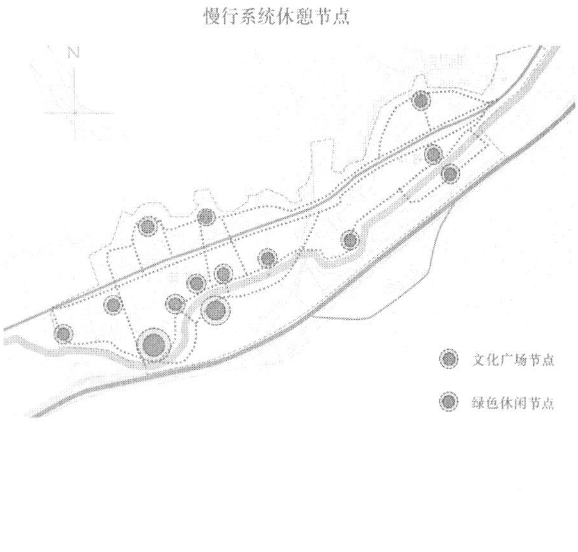

图 2-2-22

3.规划内容　3.规划体系

◆ 问题导向——修补构建景观生态安全格局，减少公路扬尘对环境的影响

厘清重点防护功能，乔灌草搭配优化效果，实现中观视角生态延续

(1) 从潜山区固植、道路防护、河岸湿地修复、生态连廊四大重点功能出发建立基础景观生态安全格局，实施整体性生态管控。

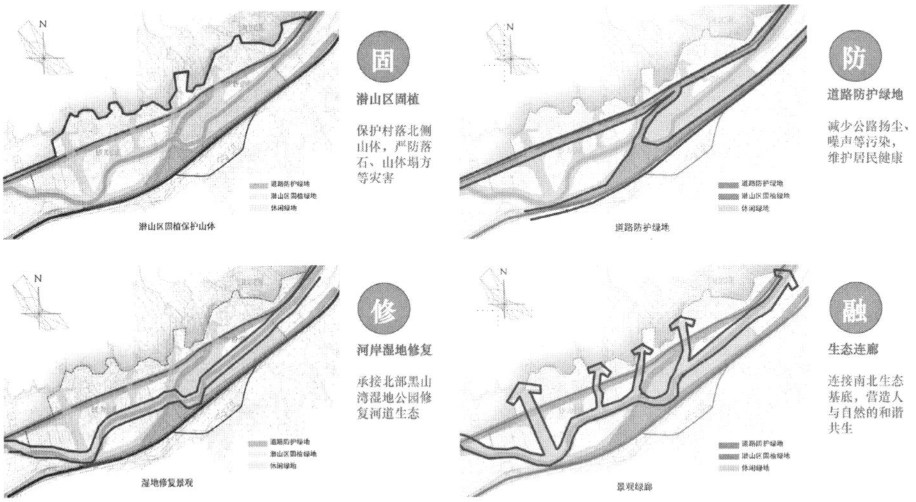

图 2-2-23

3.规划内容　3.规划体系

◆ 问题导向——修补构建景观生态安全格局，减少公路扬尘对环境的影响

乔灌草的良好搭配有助于空气净化、隔离降噪、景观优良的效果

(2) 尽量使用乔灌草复合搭配的绿地，和以乔木为主的复层结构绿地，其净化空气、固碳释氧、降噪、改善小气候及产生空气负离子等功能更为突出；用于防护边界的植物最好使用高度在50厘米以上的乔木或灌木，可显著降低污染物向人行道的扩散。

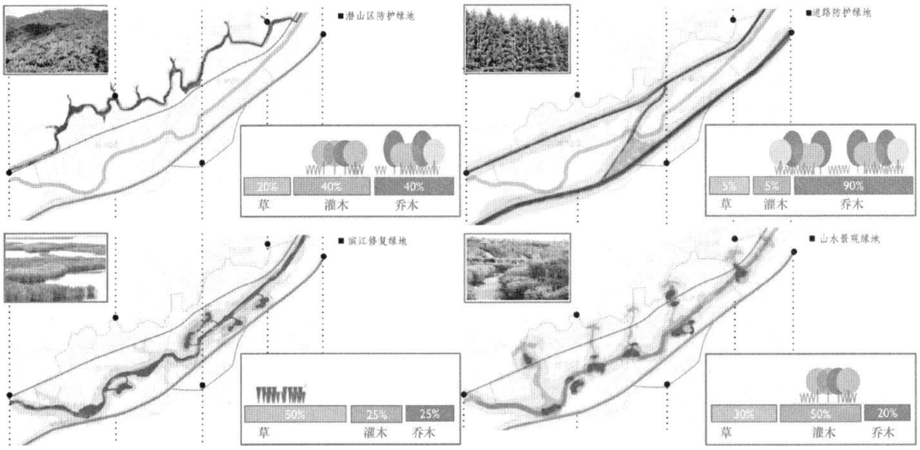

图 2-2-24

◆ 问题导向——修补构建景观生态安全格局，减少公路扬尘对环境的影响

河岸湿地修复类型

农田滨水区

硬软结合区

植被涵养区

（3）从中观角度出发，连接村落南北两侧的山林（生态基底）形成生态廊道与生态斑块，向北承接黑山湾湿地公园的湿地生态系统，向南连接众多村落的农田景观生态系统。

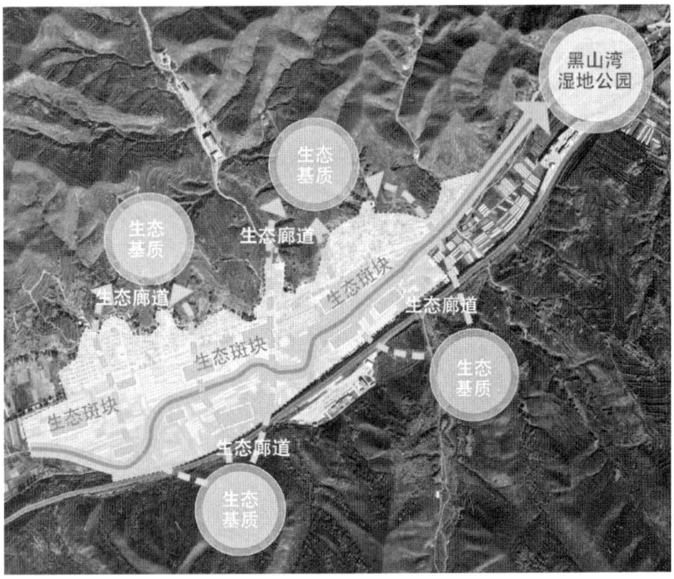

图 2-2-25

◆ 目标导向——形成景观与功能层次丰富的生态空间，提升生态价值的同时美化环境

保护与修复重点景观要素，营造山水林田交织共生的优美生态环境

山

承载生态基底，营造生态底色，涵养林木，严格保护开发，是最主要的视线标识。

水

贯穿崇礼主城区，连接太子城沟，延续黑山湾湿地景观，是用地最主要的景观特色

林

山体保护与道路防护的主力军，承载着吸收污染物隔离噪声净化空气的重要职责

田

保护用地原有农田生态景观，延续用地肌理与大地景观，延续南部村落主要景观

图 2-2-26

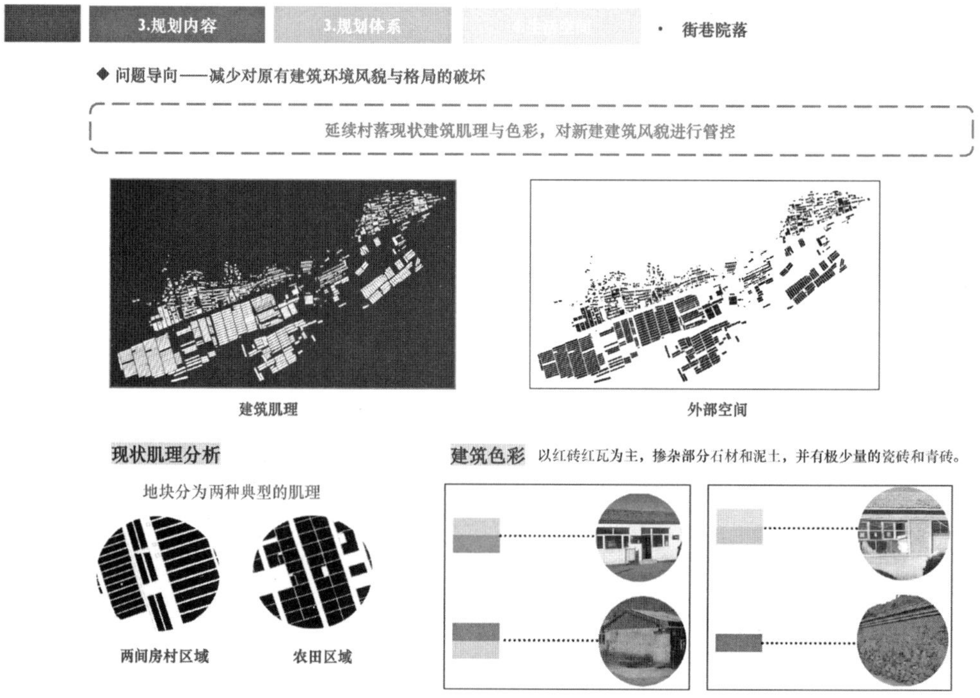
3.规划内容
3.规划体系
· 街巷院落
◆ 问题导向——减少对原有建筑环境风貌与格局的破坏
延续村落现状建筑肌理与色彩，对新建建筑风貌进行管控
建筑肌理
外部空间
现状肌理分析
地块分为两种典型的肌理
两间房村区域
农田区域
建筑色彩 以红砖红瓦为主，掺杂部分石材和泥土，并有极少量的瓷砖和青砖。

图 2-2-27

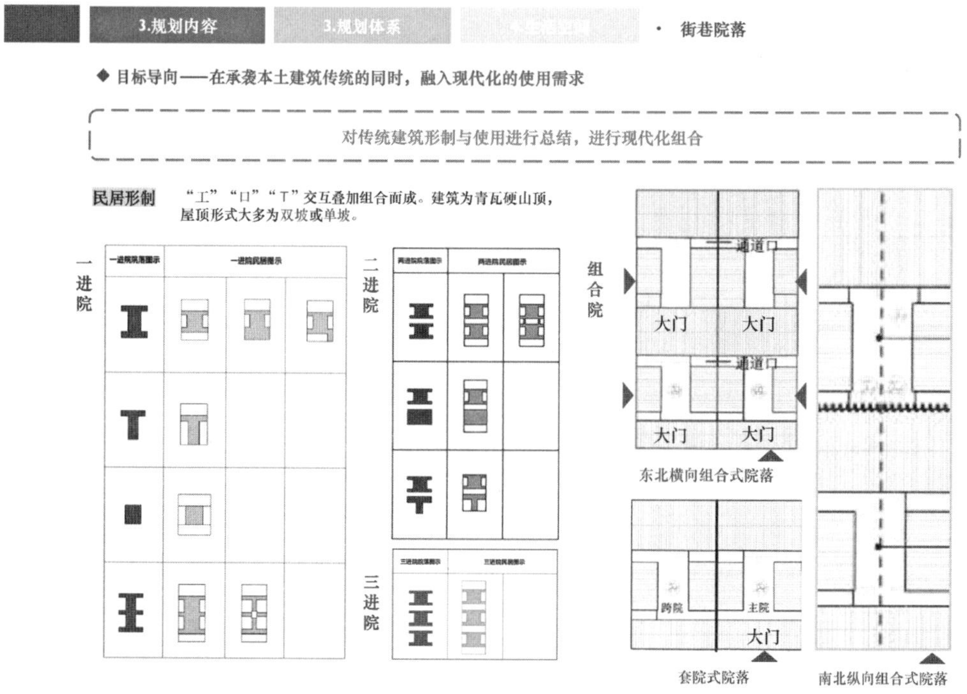
3.规划内容
3.规划体系
· 街巷院落
◆ 目标导向——在承袭本土建筑传统的同时，融入现代化的使用需求
对传统建筑形制与使用进行总结，进行现代化组合
民居形制 "工""口""T"交互叠加组合而成。建筑为青瓦硬山顶，屋顶形式大多为双坡或单坡。
一进院
二进院
三进院
组合院
通道口
大门
东北横向组合式院落
跨院
主院
套院式院落
南北纵向组合式院落

图 2-2-28

◆ 目标导向——在承袭本土建筑传统的同时，融入现代化的使用需求

对传统建筑形制与使用进行总结，进行现代化组合

建筑选型（延续本地建筑形制、植入部分现代建筑）

人群	艺术家	商贩	普通人群
居住模式	独院居住	下商上居	现代居住+本地独院
形制			

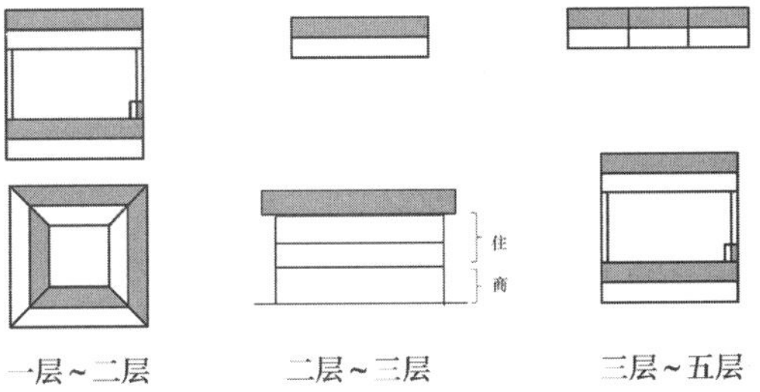

图 2-2-29

◆ 问题导向——补充现有的公共服务设施，注重医疗卫生设施的建设

引入社区生活圈模式生活服务设施 + 建设应对日常与紧急卫生事件的医疗设施体系

(1) 依据居住人口与空间距离，选取五分钟生活圈为标准搭配相应的服务设施，并针对老人和儿童比例较高的现状补充养老驿站（幸福院）、日托所等服务设施。

依据五分钟生活圈制定相应标准

人口 5000人-12000人	住宅数量 1500套-4000套
用地面积 总用地面积：8公顷~10公顷 配套：1710米~2210米	容积率 考虑本地特色民居为低层住宅.平均层数：1层-3层 容积率：1.0
配套设施 社区服务服务站、文化活动站、小型多功能运动场地、健身运动场地、幼儿园、托老所、商业网点（超市、药店等）等	住宅高度： ≤18米

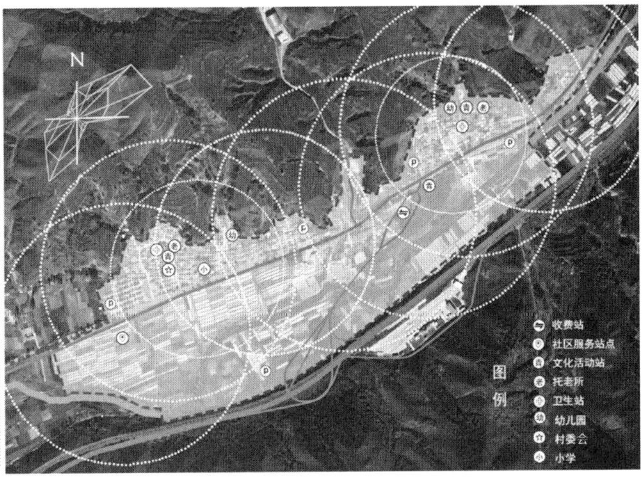

图 2-2-30

3.规划内容 3.规划体系 · 服务设施

◆ 问题导向——补充现有的公共服务设施，注重医疗卫生设施的建设

(2) 卫生服务设施的功能划分为常态化服务与紧急事件响应，一方面以预防为主，注重常态化的村民健康检查与养护；另一方面建设完备的紧急卫生事件应对机制。在紧急响应的情况下，征用原有的公共服务设施空间，保证空间使用的高效与集约。

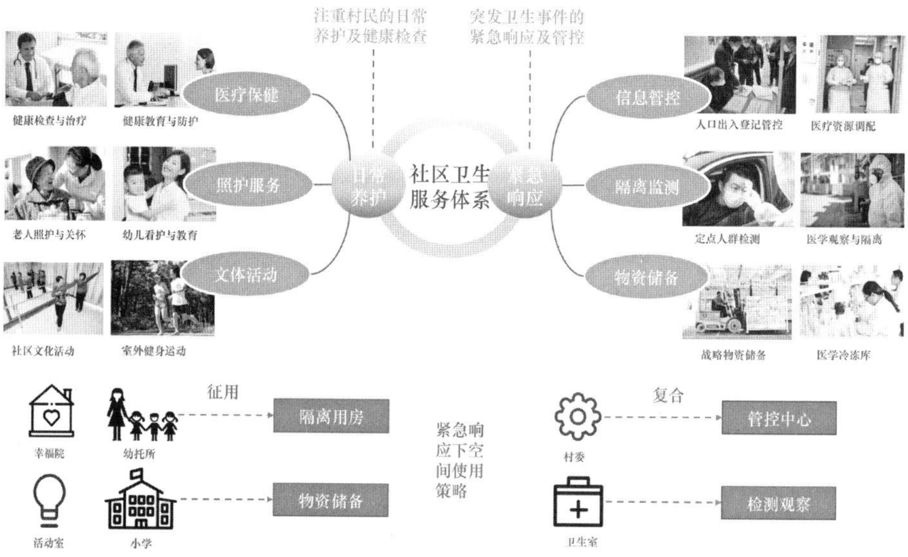

图 2-2-31

3.规划内容 3.规划体系 · 服务设施

◆ 目标导向——使服务设施同时满足人们的生活需求与社会需求，搭建高效、信息化的公共服务设施体系

对公共服务设施实行集约放置，结合形成公共空间，尝试搭载智慧信息系统

(3) 依据不同人群的生活轨迹与公共服务设施使用情况，将主要的公共服务设施结合绿地进行集约放置，营造出满足人们生活与生活与社会需求的公共空间，亲近社区氛围。

(4) 选择以健康技术为出发点搭载“健康智慧+”智能社区系统，便于农村社区居民进行自主化的健康管理，尤其是对于有养老需求的居民，便于社区辅助对其进行健康管理。

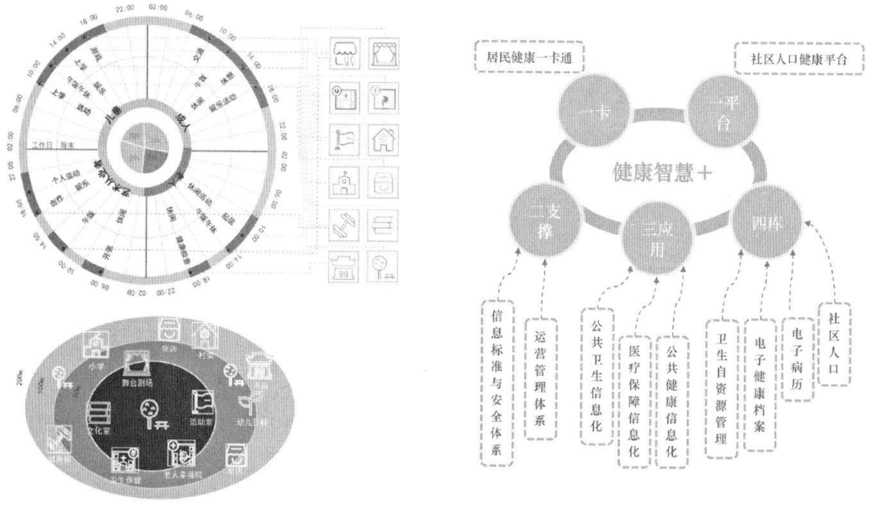

图 2-2-32

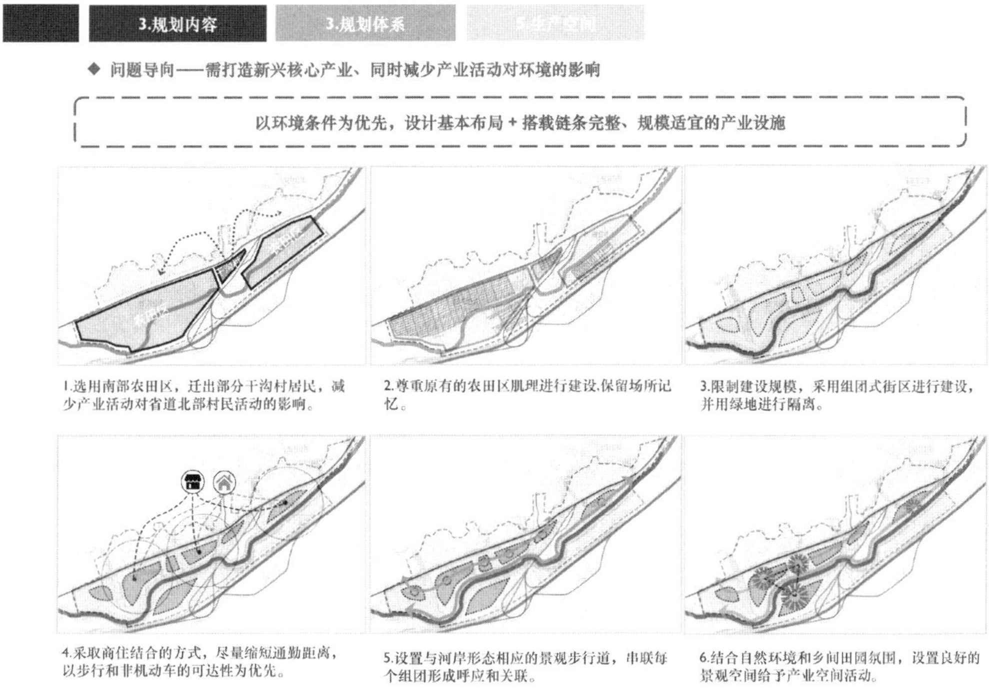
3.规划内容
3.规划体系
◆ 问题导向——需打造新兴核心产业、同时减少产业活动对环境的影响
以环境条件为优先，设计基本布局 + 搭载链条完整、规模适宜的产业设施
1.选用南部农田区，迁出部分干沟村居民，减少产业活动对省道北部村民活动的影响。
2.尊重原有的农田区肌理进行建设,保留场所记忆。
3.限制建设规模，采用组团式街区进行建设，并用绿地进行隔离。
4.采取商住结合的方式，尽量缩短通勤距离，以步行和非机动车的可达性为优先。
5.设置与河岸形态相应的景观步行道，串联每个组团形成呼应和关联。
6.结合自然环境和乡间田园氛围，设置良好的景观空间给予产业空间活动。

图 2-2-33

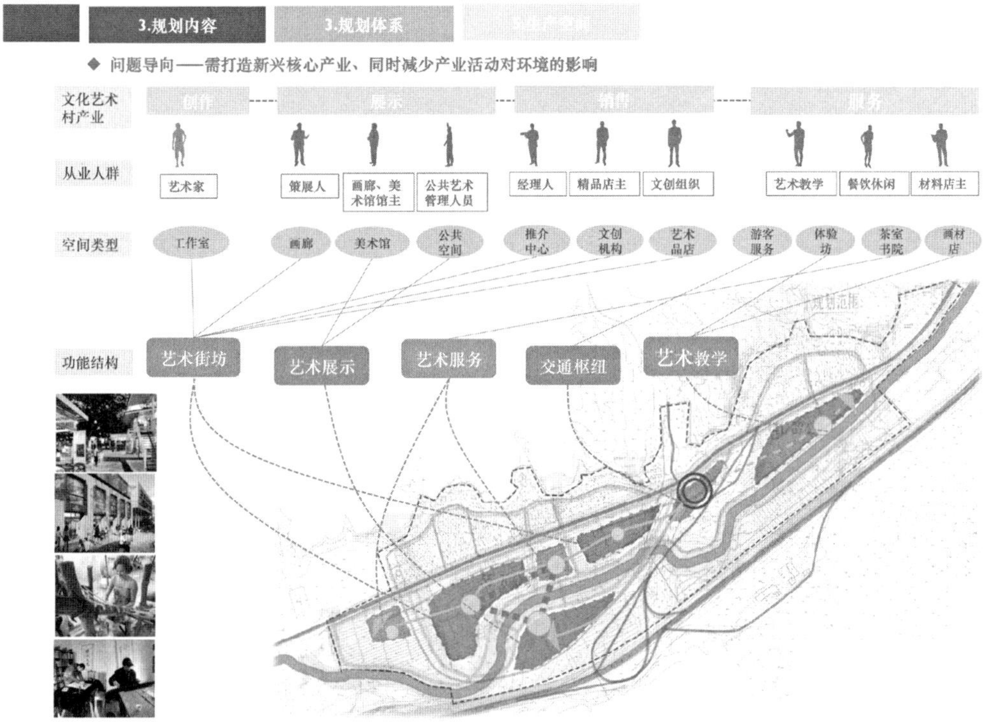
3.规划内容
3.规划体系
◆ 问题导向——需打造新兴核心产业、同时减少产业活动对环境的影响
文化艺术村产业
创作
展示
销售
服务
从业人群
艺术家
策展人
画廊、美术馆馆主
公共艺术管理人员
经理人
精品店主
文创组织
艺术教学
餐饮休闲
材料店主
空间类型
工作室
画廊
美术馆
公共空间
推介中心
文创机构
艺术品店
游客服务
体验坊
茶室书院
画材店
功能结构
艺术街坊
艺术展示
艺术服务
交通枢纽
艺术教学

图 2-2-34

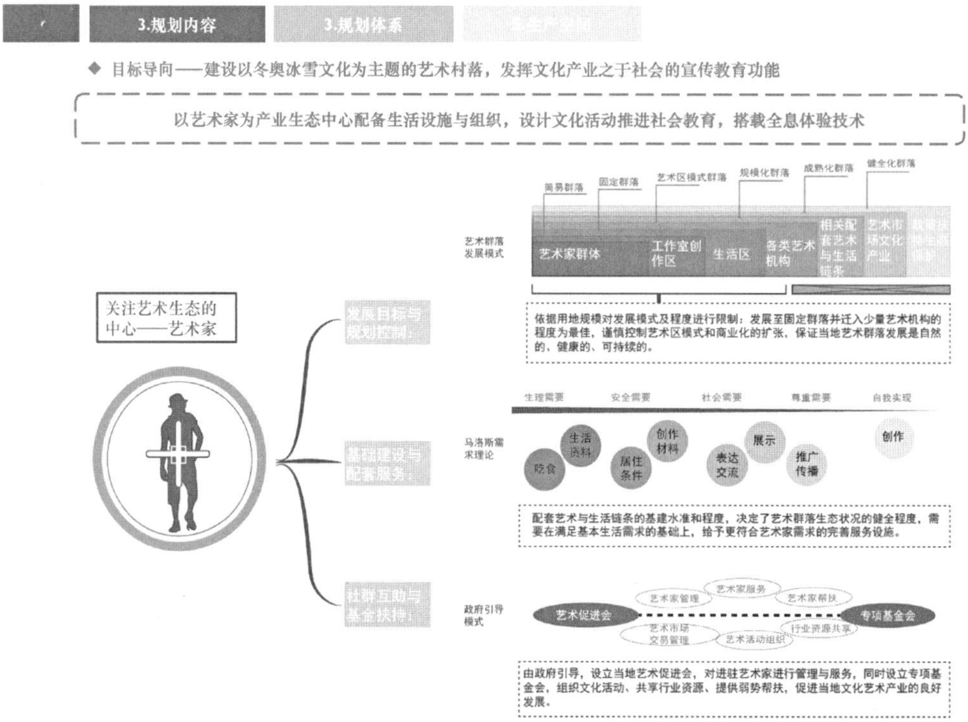
3.规划内容
3.规划体系
◆ 目标导向——建设以冬奥冰雪文化为主题的艺术村落，发挥文化产业之于社会的宣传教育功能
以艺术家为产业生态中心配备生活设施与组织，设计文化活动推进社会教育，搭载全息体验技术
关注艺术生态的中心——艺术家
发展目标与规划控制：
基础建设与配套服务：
社群互助与基金扶持：
艺术群落发展模式
简易群落
固定群落
艺术区模式群落
规模化群落
成熟化群落
健全化群落
艺术家群体
工作室创作区
生活区
各类艺术机构
相关配套艺术与生活链条
艺术市场文化产业
依据用地规模对发展模式及程度进行限制：发展至固定群落并迁入少量艺术机构的程度为最佳，谨慎控制艺术区模式和商业化的扩张，保证当地艺术群落发展是自然的、健康的、可持续的。
马洛斯需求理论
生理需要
安全需要
社会需要
尊重需要
自我实现
吃食
生活资料
居住条件
创作材料
表达交流
展示
推广传播
创作
配套艺术与生活链条的基建水准和程度，决定了艺术群落生态状况的健全程度，需要在满足基本生活需求的基础上，给予更符合艺术家需求的完善服务设施。
政府引导模式
艺术促进会
专项基金会
艺术家管理
艺术家服务
艺术家帮扶
艺术市场交易管理
艺术活动组织
行业资源共享
由政府引导，设立当地艺术促进会，对进驻艺术家进行管理与服务，同时设立专项基金会，组织文化活动、共享行业资源、提供弱势帮扶，促进当地文化艺术产业的良好发展。

图 2-2-35

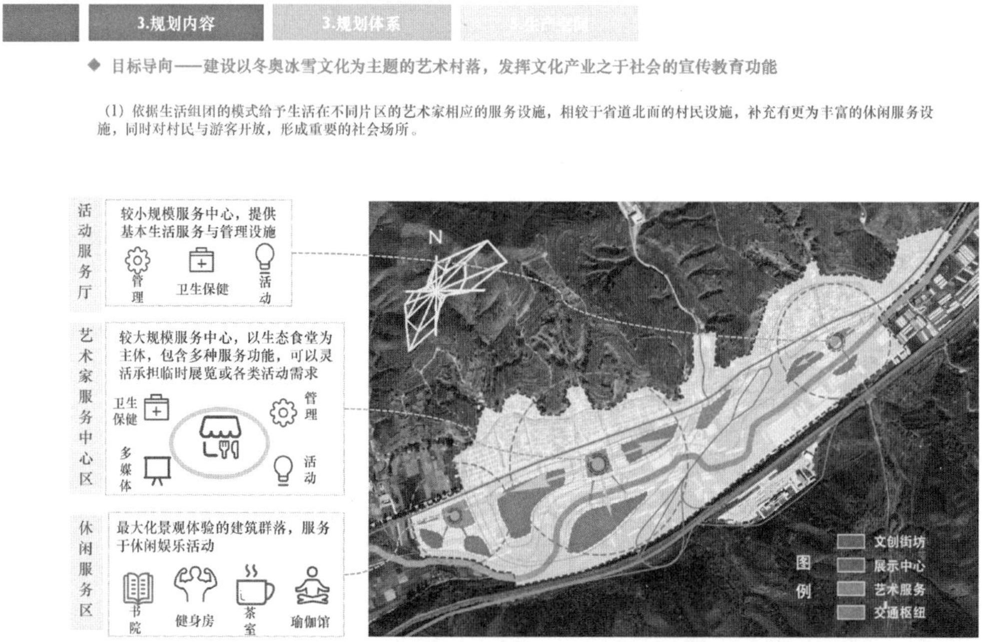
3.规划内容
3.规划体系
◆ 目标导向——建设以冬奥冰雪文化为主题的艺术村落，发挥文化产业之于社会的宣传教育功能
（1）依据生活组团的模式给予生活在不同片区的艺术家相应的服务设施，相较于省道北面的村民设施，补充有更为丰富的休闲服务设施，同时对村民与游客开放，形成重要的社会场所。
活动服务厅
较小规模服务中心，提供基本生活服务与管理设施
管理
卫生保健
活动
艺术家服务中心区
较大规模服务中心，以生态食堂为主体，包含多种服务功能，可以灵活承担临时展览或各类活动需求
卫生保健
管理
多媒体
活动
休闲服务区
最大化景观体验的建筑群落，服务于休闲娱乐活动
书院
健身房
茶室
瑜伽馆
N
图例
文创街坊
展示中心
艺术服务
交通枢纽

图 2-2-36

3.规划内容 3.规划体系

◆ 目标导向——建设以冬奥冰雪文化为主题的艺术村落，发挥文化产业之于社会的宣传教育功能

（2）积极利用现有资源开展艺术类活动，带动村民与游客的艺术审美，在重要传统节日与现代节日，策划开展各类文化展览活动，逐步扩大文化影响力，随后可考虑作为崇礼国际滑雪节设立展览分会场。

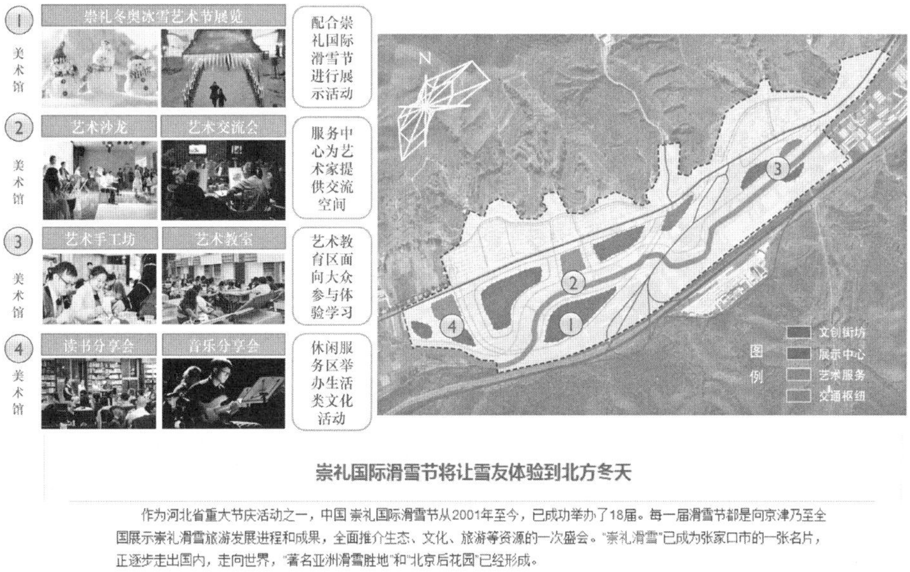

图 2-2-37

3.规划内容 3.规划体系

◆ 目标导向——建设以冬奥冰雪文化为主题的艺术村落，发挥文化产业之于社会的宣传教育功能

（3）利用全息技术为艺术展示、教育体验与娱乐体验赋能，在提供更加多维的展示方式为展览、教育与娱乐的效果添彩的同时，为基地打造引爆式亮点。

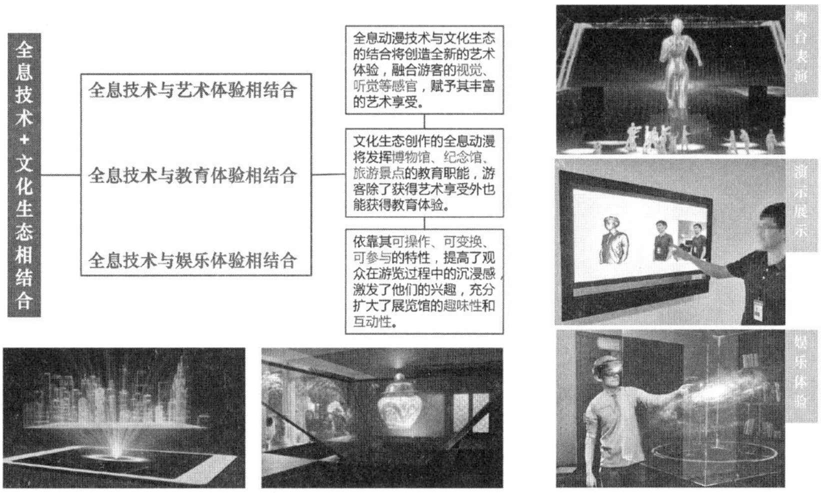

图 2-2-38

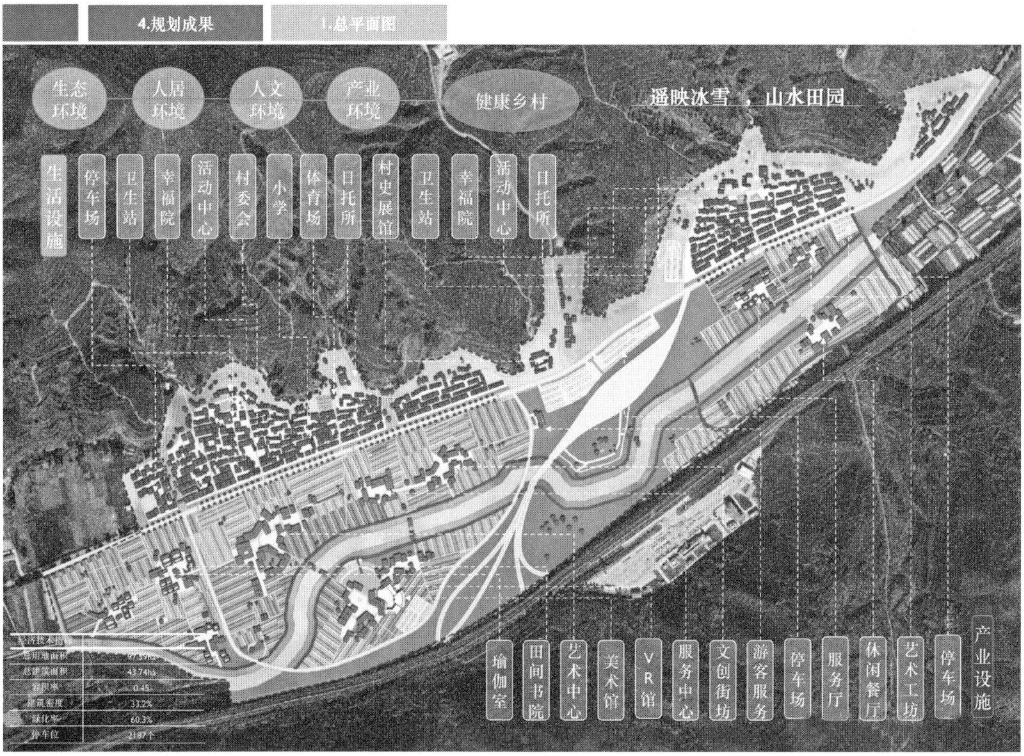
4.规划成果
1.总平面图
生态环境
人居环境
人文环境
产业环境
健康乡村
遥映冰雪 ，山水田园
生活设施
停车场
卫生站
幸福院
活动中心
村委会
小学
体育场
日托所
村史展馆
卫生站
幸福院
活动中心
日托所
经济技术指标
总用地面积 97.59ha
总建筑面积 43.74ha
容积率 0.45
建筑密度 33.2%
绿化率 60.3%
停车位 2187个
瑜伽室
田间书院
艺术中心
美术馆
VR馆
服务中心
文创街坊
游客服务
停车场
服务厅
休闲餐厅
艺术工坊
停车场
产业设施

图 2-2-39

4.规划成果
2.鸟瞰图
张承高速入口西侧鸟瞰
张承高速入口东侧鸟瞰

图 2-2-40

4.规划成果　2.鸟瞰图

图 2-2-41

4.规划成果　3.详细规划

选择张承高速出入口西侧，即下两间房村与其南侧农田区域进行详细规划设计。

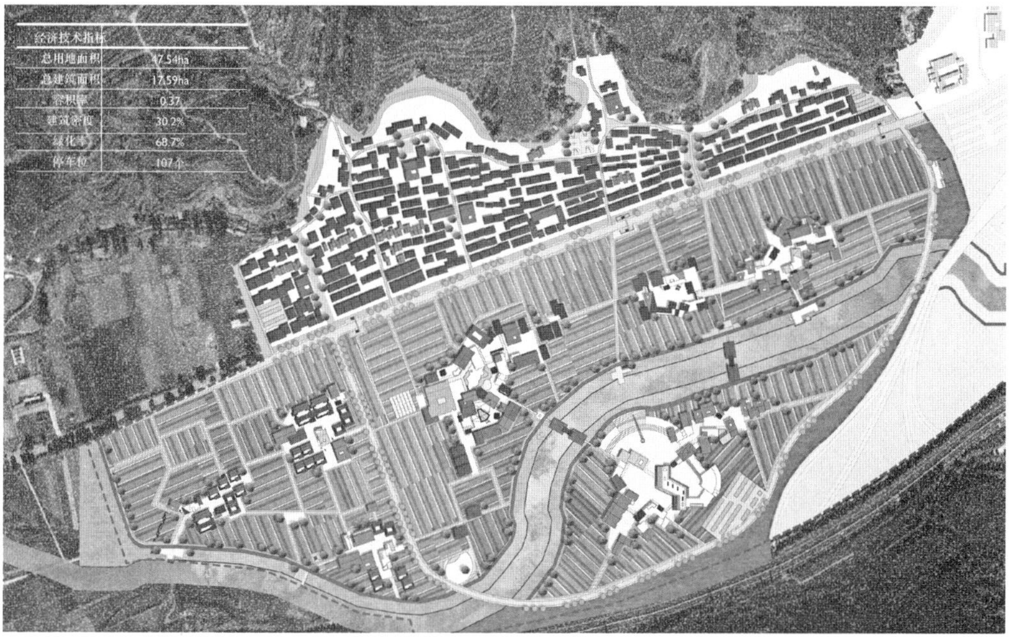

图 2-2-42

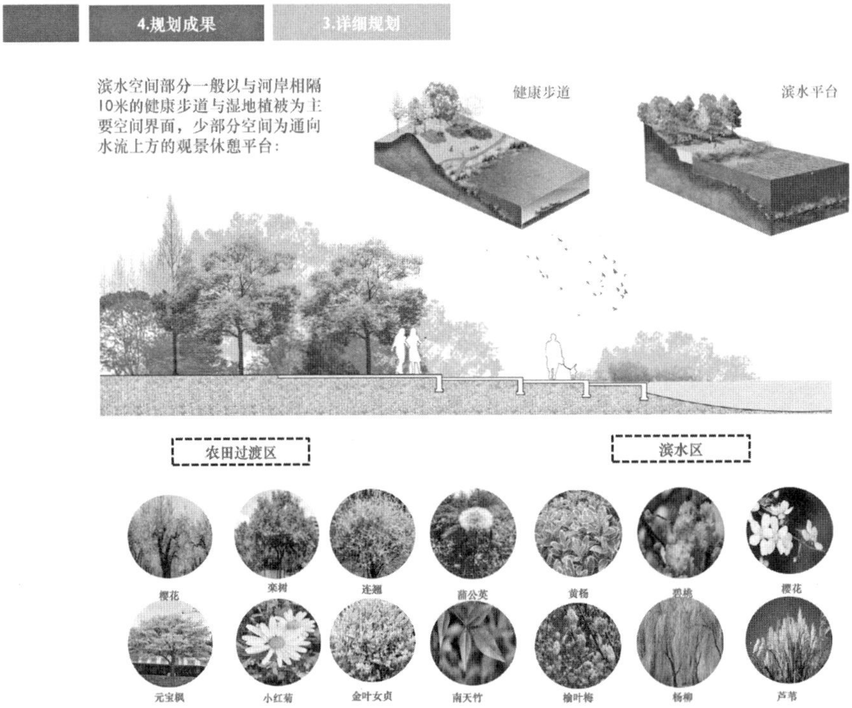
4.规划成果
3.详细规划
滨水空间部分一般以与河岸相隔10米的健康步道与湿地植被为主要空间界面，少部分空间为通向水流上方的观景休憩平台：
健康步道
滨水平台
农田过渡区
滨水区
樱花
栾树
连翘
蒲公英
黄杨
碧桃
樱花
元宝枫
小红菊
金叶女贞
南天竹
榆叶梅
杨柳
芦苇

图 2-2-43

4.规划成果
4.生活展示
村民
赵阿姨 57岁
下两间房村幸福院志愿者
：上午8点； ：下两间房村养老院前广场
：中午11点； ：下两间房村卫生室
：下午1点； ：文创街坊组团艺术中心区
：下午2点； ：艺术教育组团艺术工坊

图 2-2-44

4.规划成果
4.生活展示
艺术工作者
：上午9点；：文创街坊组团服务区
：上午10点 ；：清水河沿岸健康步道
：下午2点；：文创街坊艺术中心区
：下午4点；：艺术休闲服务区书院

图 2-2-45

4.规划成果
4.生活展示
：上午10点；：文创街坊展示片区
：上午11点；：文创街坊艺术家工作室
：下午1点；：文创街坊艺术中心外展区
：下午2点；：艺术展示区美术馆

图 2-2-46

第 3 章 工业遗产更新

随着我国工业化进程的改变及城市产业的转型升级，曾经位于城市中的大量工业区面临转型。工业自身的产业更新迭代也促使大量工厂由于工艺落后而逐步被时代淘汰，这些被淘汰的工业建筑逐渐闲置，在城市中形成了数量较多的工业遗产。工业的大规模快速发展主要集中在近百年，这些工业遗存作为城市发展过程中重要的历史物证具有特色的风貌价值和时代记忆，不仅记录了曾经的城市建设，也记录了我国工业发展的历程，具有深远的保护意义。同时由于我国建设特色，我国的工厂都建设在距离城区较近的区域内，在城市扩张过程中，工业遗产的区位逐步变成了城内的工业区。这些工业区数量多、占地广，面临着与城市发展巨大矛盾，是城市更新的重要内容。

北方工业大学位于北京城西，紧邻首钢工业区。首钢工业区是北京城市转型的重要见证者，从首钢搬迁开始，北方工业大学就一直关注首钢工业区的改造和更新，长期坚持做了一些研究和设计，对工业遗产的更新和改造有一定的研究基础。

根据《下塔吉尔宪章》中的阐述，工业遗产是“凡为工业活动所造的建筑与结构、此类建筑与结构中所含的工艺和工具、这类建筑与结构所处的城镇与景观，以及其所有其他的物质和非物质表现”。在物质文化层面，工业遗产是包含具有历史价值、技术价值、社会意义、建筑或科研价值的工业文化遗存及与工业生产相关的其他社会活动场所；在非物质文化层面，工业遗产还包含工艺流程、生产技能以及其他相关的文化表现形式。同时，宪章还确定了工业遗产的研究时段，不仅研究工业革命之后的工业遗产，还包含早期工业及原始工业。综上所述，工业遗产无论在时间、范围还是内容方面，都具有丰富的内涵和外延。

在城镇化、工业化转型过程中，如何使更多的工业遗产得到妥善的保护、保留城市发展的印迹、延续城市发展的文脉，又如何再利用工业遗产、创造城市高品质空间、缔造新的活力发展引擎已成为具有重要性和紧迫性的研究课题。功能转化是工业遗产区活化的重要基础，随着城市产业的发展转型和工业化进程的转变，早先低质量、高污染的生产功能显然既成为落后的生产力，同时也不符合城市发展需求，引入新的功能才是转型发展的关键。

当前工业遗产的文化价值引发了诸多关注，并作为特殊流量，对片区发展具有重要的推动作用。工业遗产的文化价值一方面可以传承文明、保留记忆、形成象征、增添软实力；另一方面还能活化区域，带来巨大的商业利益。同时，由于工业建筑自身的建筑特点和景观特色，更容易通过改造成为城市新产业和新人群的聚集地，成为艺术家和文创产业的重要发展地。例如，全球知名的鲁尔工业区改造已经成为工业遗产更新改造的范本，其中北杜伊斯堡景观公园完整保留了工业文化的物质及非物质要素，形成巨型博物馆群，同时还将工业遗产改造为世界驰名的红点博物馆，成为工业遗产改造的先驱和示范；北京 798 艺术区和 751 艺术区则结合工业文化，在艺术家的聚集和逐步发展下，成为文化艺术聚集地，形成城市文化品牌，文化的保留与注入提升了区域的内涵，延续了历史文脉，同时自身也成为城市新文化的重要片区。多种城市公共功能的融入也让工业遗产的改造成为城市更新的重要闪光点：比如，北杜伊斯堡景观公园引入了休闲、娱乐、体育运动、科教等多种功能，首钢工业园区配合冬奥会引入了多种体育休闲功能，798 艺术区则引进了艺术、文化、休闲餐饮等功能，均对城市成功转型做出了巨大贡献。

工业遗产因其特殊的建筑体量、独特的建筑风貌而具有重要的空间环境价值，工业特色空间环境的保留是构建区域特色和提升区域吸引力的重要内容。保留具有价值的特异性空间环境要素，并进行整合改造，易于产生独特的空间效果。工业遗产与城市文化的共生是工业遗产更新的内涵要求。工业遗产空间作为人的活动载体，是重要的规划设计内容。重构厂区布局结构、建立厂区个体空间与城市整体空间的联系，并入城市道路系统、增添厂区的可达性与可用性，重塑空间要素、配合城市形成独特的城市空间意象，塑造开放空间、构建城市空间活力点，以实现工业遗产与城市空间共生，具有重要意义。

工业遗产近年来成为城市更新的明星产品，推动各类城市更新的进展，比如景德镇“陶溪川”工业遗产展示区的保护与更新从空间更新到城市运营，拓展了工业遗产更新的新内涵。工业遗产作为城市重要的文化资产，在未来的城市更新中，承担了历史的、科技的、社会的、建筑的多重社会价值，其建筑形式、空间组织乃至街区形态能够为当代人带来不同的空间体验和文化感知。如何利用工业遗产，寻求和构建更多的符合当代城市生产生活要求并具有柔性、混合、特色、多样特点的空间，成为后工业化时代老工业城市更新的一个重要任务，也成为未来工业遗产更新教学课题的重要研究内容。

作业 1：共生视角下的工业遗产保护与再利用——保定市恒天纤维厂更新设计

本作业为 2019 年京津冀规划院校联合毕业设计

作者：彭竞仪
指导教师：李婧

1. 设计任务书

1.1 时代背景

近年来，随着土地资源的日益紧张、城市发展理念的转变、人民对生活品质要求的逐步提高，我国的城市发展模式已逐渐从粗放型、数量扩张型发展模式逐步向精细化、以人为本的可持续发展模式。同时，随着我国工业化进程的改变及城市产业的转型升级，原位于城市中的大量工业区面临转型，大量工厂被迫闲置，从而产生数量较多的工业遗产。

1.2 设计选址

以保定市恒天纤维片区为研究对象。保定市恒天纤维片区北至复兴西路，东通乐凯北大街，南邻盛兴西路，西至专用铁路，总用地面积约为 130 公顷。规划范围内现状为城市建设用地，以工业用地为主。

1.3 规划重点及内容

文化内涵：恒天纤维厂具有一定的历史文化价值，并在老工业区搬迁改造实施方案中主要承载文化博览功能，文化内涵的提炼具有重要意义。

功能定位：老工业区搬迁改造实施方案对于基地的功能定位为工业旅游。但保定市虽旅游业呈发展态势，但旅游业整体占比少、收入低，工业旅游需求低。单纯的工业旅游功能建设难以维系，应当结合基地的功能及产业发展区位，引入多种城市功能，确保单独开发的可行性，兼顾未来协同八大厂的旅游开发和其他开发。

1.4 成果要求

规划文本表达要求：文本内容主要包括前期研究、功能定位、设计构思、功能分区、空间组织、总体布局、交通组织、环境设计、建筑意向、经济技术指标控制等内容。

图纸表达应包括但不限于：区位图及相关规划图、现状分析图、方案构思相关分析图、城市设计总平面图、整体设计鸟瞰图、结构分析图、功能分区图、建筑高度控制图、交通系统规划图、绿地景观系统规划图、重要节点意向设计图、相关经济技术指标和设计说明。

2. 设计说明

2.1 设计思路

基地所在的恒天纤维厂承担两园中“工业文化博览园”功能，因地制宜导入新的城市功能与活力，发展可观赏、可游玩、可体验、可互动的旅游目的地。充分利用、适度改造原有厂房、建筑、场地等，体现浓郁的地方特色和鲜明的工业主题。通过对保定工业文化底蕴的传承、挖掘与再开发，打造保定工业主题鲜明的文化博览园。

2.2 技术路线

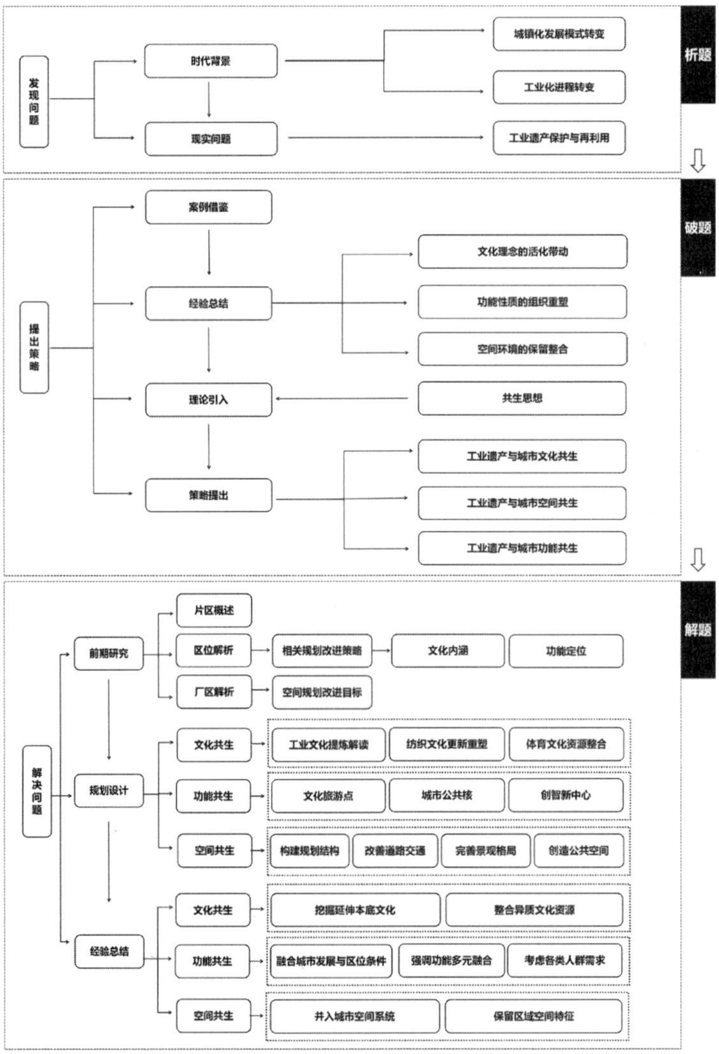

2.3 设计方案构思

方案基于文化共生、功能共生、空间共生三大工业遗产保护与再利用策略，通过区位研究，对相关规划中文化、功能定位进行适当调整，并结合厂区空间分析，确定改进目标方向，最终形成保定市恒天纤维片区规划设计方案。

工业遗产是城市重要的文化遗迹，工业遗产与城市文化的共生是工业遗产更新的内涵要求。规划挖掘厂区文化，并扩充其他的文化概念，以实现与城市文化、城市文脉的共生。规划一方面深入挖掘厂区文化，提炼出工业文化、纺织文化两大文化内涵；另一方面规划引入体育文化概念，实现多种文化和谐共生。

工业遗产区域作为城市的有机组成部分，需要承担一定的城市功能，配合城市发展，工业遗产与城市功能共生是工业遗产更新的成功关键。在保定市恒天纤维片区城市设计的片区功能定位上，考虑区域的区位综合优势，结合城市的发展方向和切实需求，引入工业旅游、科技创新、综合服务多种功能，打造活力综合的城市功能片区。基地形成六大功能区域，即科研办公区、体育休闲区、文化博览区、科技体验区、文化创意区、商业服务区。

遵循保定市老工业区搬迁改造实施方案、市域产业发展规划等相关规划，对接雄安，发展高端现代服务业，协同其余七厂，形成主要对标京津冀的八大厂工业旅游特色带，并充当主要节点，加入保定市旅游功能网络，与其他旅游片区共生，促进保定市旅游业发展。基地配合保定其他景区告别门票经济的旅游发展模式，构建全产业链的消费、体验型旅游产品体系，形成集工业体验、文化体验、文创体验、休闲商业消费为一体的旅游片区。基地旅游核心片区为文化博览区和体育休闲区，文化创意区、科技体验区承担一定的外溢，配合旅游业发展。基地的具体旅游产品包含工业文化展览馆、纺织文化博览馆、工艺流程体验馆、工业特色体育公园、体育工厂、科研体验博览馆、艺术家工作室等。

基地对接雄安新区，基于上位规划，结合功能区位，发展新材料、文化创意等科技创新产业。规划形成科技体验区，利用工业片区特异性展示优势，承担恒天集团新材料产业园部分下游行销功能，即产品体验、会议会展、科研教育等，形成互利共生的产业发展形势。另外，基地北侧衔接北部高新技术产业区，规划科研办公区，承接外溢，协同共生，发展新材料等高新技术产业，形成商务办公、科研办公、企业公寓等配套产品。同时，利用纺织业与文化创意产业的易结合性，在西南侧规划文化创意区，形成艺术家工作室、文创企业孵化器、文创商店等功能产品。

3. 设计方案图纸

片区概述

项目背景

保定恒天纤维厂始建于1957年，是我国“一五”计划156个重大项目之一。2015年，2.2万吨/年的粘胶长丝生产线全部政策性关停。项目将立足保定、服务新区，依托生产性服务业相关政策，通过产业聚集，创产值、增税收，打造新的经济增长点，促进地方经济发展。

“四项第一“重要历史价值

我国建设的第一座大型纤维联合企业：前身为保定化学纤维联合厂，始建于1957 年，是我国“一五”计划156个重大项目之一，为我国兴建的第一座大型纤维联合企业。

中国黏胶长丝工业发源地：区内纺丝一分厂1957年由民主德国援建而成，是国内第一条粘胶长丝生产线，被市政府列为不可移动文物。

国内黏胶行业第一股、保定第一家上市公司：1997 年 2 月在深圳证券交易所上市，成为国内粘胶行业第一股，保定市第一家上市公司。

化纤厂昔日景象

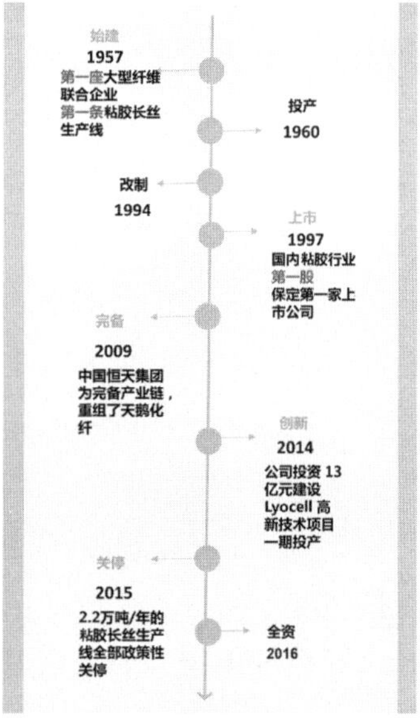

图 3-1-1

区位分析——地理区位

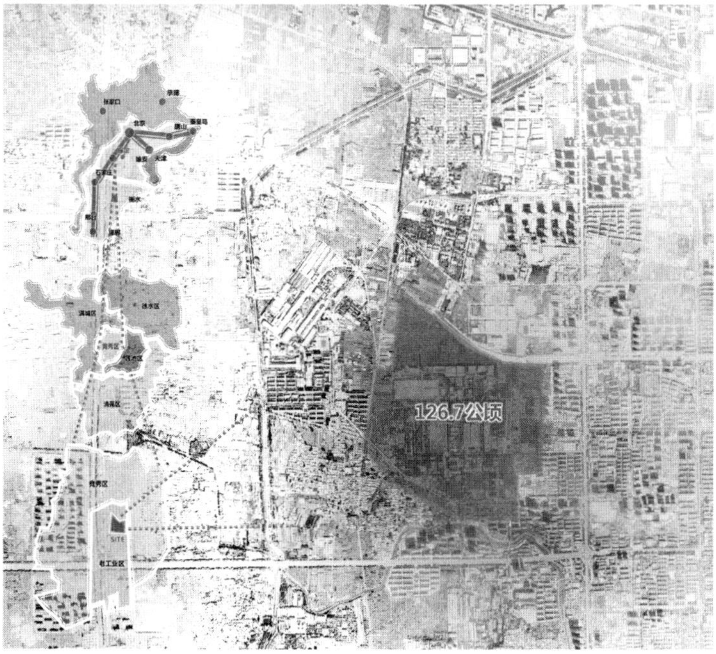

京津冀区域核心

与北京、天津构成黄金三角，京津冀区域中心城市，地处京保石重要发展轴线，主要城区位于中部核心功能区。同时，作为保定腹地的国家级新区雄安的建设，将为保定带来新的发展机遇。

保定市城市核心

竞秀区是保定市核心区域，与北京、天津、石家庄构成一小时经济圈。近年来，竞秀区紧紧抓住发展机遇，拉动市区向西发展，进一步拉开城市框架，做大城市规模，完善城市功能，全面建设宜居、宜业、宜游的美丽竞秀。

竞秀区城区核心

老工业区是竞秀区的地理核心区域及核心转型发展区域，是配合竞秀区“四化联动”战略的核心承载地，具有重要的区位意义。

图 3-1-2

区位分析——产业发展区位

文创旅游、现代服务、科技创新、新材料产业的优势发展地

地处商贸文化服务集聚带,连接天津、雄县、白洋淀核心承载服务区，位于都市区高端产业核心区和文创旅游片区交界处，恒天集团新材料产业园对接雄安重要产业。

图 3-1-3

区位分析——交通区位

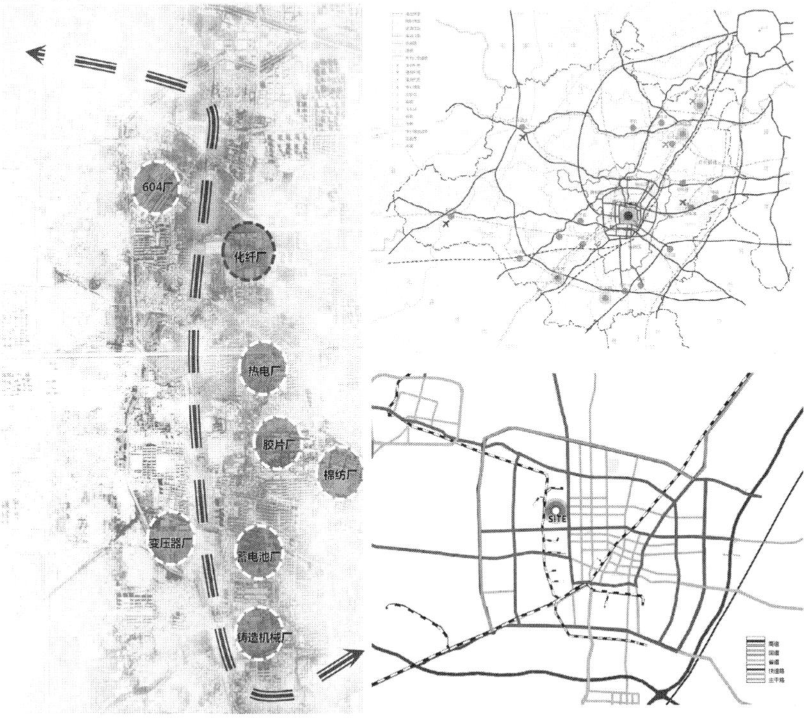

区域交通联系便捷

与城市四条主要快速路,有利于搭建与主城区及京津冀其他城市的交通联系。片区与保定东站、保定站距离较远，但保定西站、保定西客运站的建设将为区域交通带来巨大机遇。

区块交通架构不足

基地虽距离快速路距离较近，但由于缺乏主次干道和城市支路网络的建设，使得厂区外部联系较弱。但根据城市控制性详细规划，区块将构建系统的主次支城市道路网络。

特色铁路链接协同

西郊八大厂作为保定重要的老工业区，由保满铁路支线进行串联，并与京广铁路搭接，为老工业区协同发展及对外旅游提供了重要机遇。

图 3-1-4

区位分析——景观生态区位

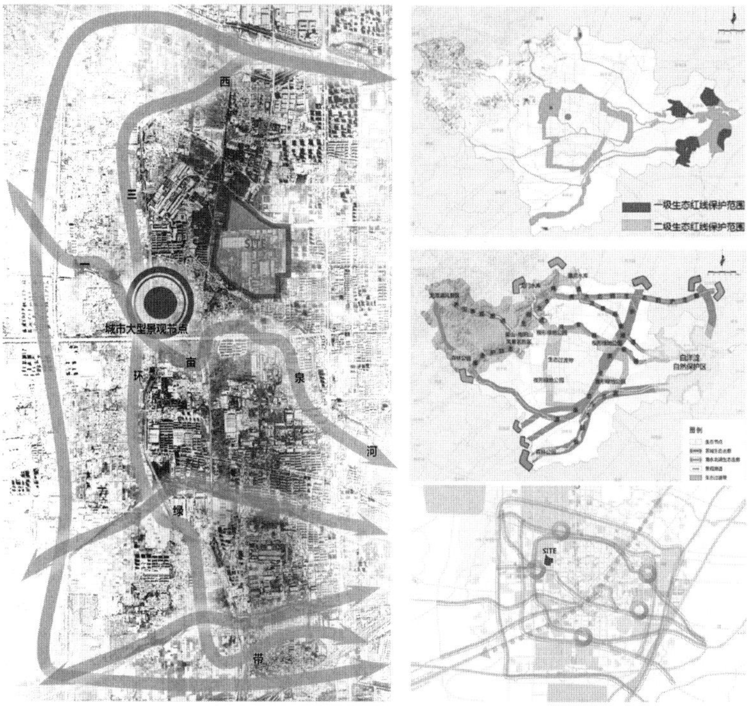

保定市生态景观建设

近年来，在生态文明建设和京津冀生态发展建设的需要下，保定市采取了生态保定建设策略。集中入力、物力、财力推进绿色攻坚，全力打造京津冀生态环境支撑区，加快推进“绿美保定”建设，并作为低碳城市建设试点之一，把“低碳”写入发展目标。

濒临城市蓝绿网络

西接城市大型景观节点

基地在保定市生态景观格局中具有重要的区位意义。基地南部临近城市重要的水系资源——保定母亲河一亩泉河，基地西、北部临近西三环绿带。同时，厂区西接城市大型景观绿化节点，生态景观资源良好。

图 3-1-5

区位分析——历史文化区位

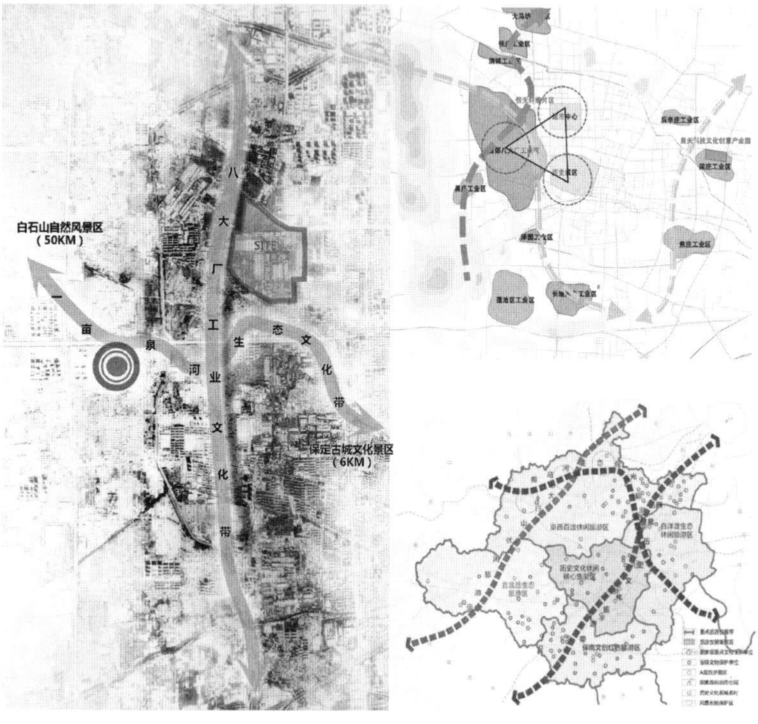

历史文化休闲核心集聚区

西郊八大厂文化带

根据保定市域文化旅游空间布局，基地地处保定历史休闲核心集聚区，周边文化资源较多。而保定工业文化源远流长，基地所在的西郊八大厂作为新中国成立后重要的工业基地，具有重要的历史文化价值。西郊八大厂将与长城汽车、英利集团、徐水创意基地等工业文化区域共同组成保定工业文化体验地。

临近体育文化核心

一亩泉河生态文化带

保定市具有丰厚的体育文化，被称为“冠军摇篮”，培养了郭晶晶等20位世界冠军。而基地临近市级体育中心，有发展体育文化的潜质。一亩泉河临近基地南部，为保定的母亲河，是重要的生态文化带，基地通过一亩泉河西街白石山自然风景区，东接保定古城文化景区。

图 3-1-6

区位分析——历史文化区位

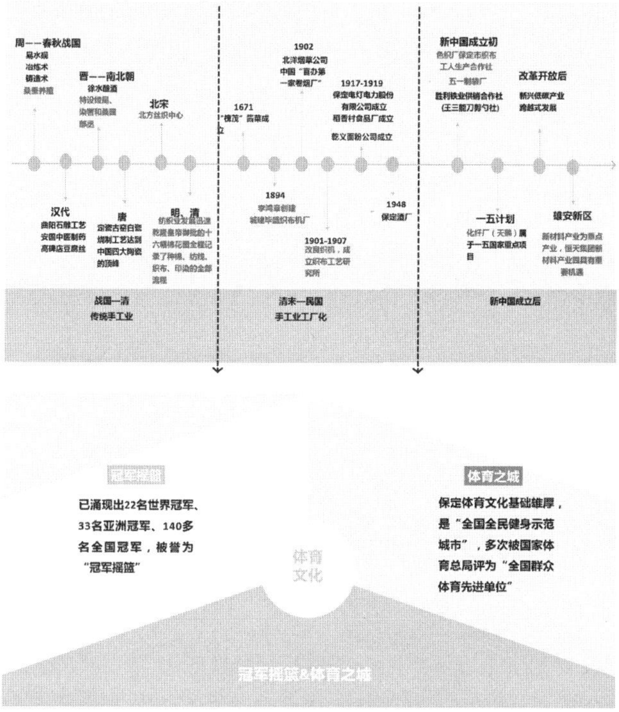

工业文化：

保定市具有悠久的工业发展历史。其包含三个历史发展阶段：

一是自战国以来至清代的传统手工业，包含春秋战国的易水砚、汉代曲阳石雕工艺、安国中医制药等；

二是近现代的工厂化手工业，包含“槐茂”号酱菜、北洋烟草公司等；

三是中华人民共和国成立后，保定市的传统工业进入了崭新的发展阶段。“一五”时期国家投资的156个重点项目，其中8个建在保定。而近年来，全市乃至全国新兴低碳产业的跨越式发展，发展了新材料等新兴产业。

纺织文化：

保定纺织业具有悠久的历史，实现了从原始的桑蚕养殖到传统手工艺到工业化的发展，有着连续的发展文脉。

中华人民共和国成立后，恒天纤维厂作为我国建设的第一座大型纤维联合企业建立。如今，随着恒天纤维集团发展转型并成立恒天集团新材料产业园，纺织文化有了全新的拓展定义。

体育文化：

保定体育文化基础雄厚，是“全国全民健身示范城市”，多次被国家体育总局评为“全国群众体育先进单位”，优秀体育后备人才不断涌现，至今已涌现出22名世界冠军、33名亚洲冠军、140多名全国冠军，被誉为“冠军摇篮”“体育之城”。

图 3-1-7

相关规划解析

保定市城区老工业区搬迁实施改造方案——工业旅游、工业文化博览园

老工业区域打造城市西部工业旅游走廊，基地承担 “工业文化博览园” 功能，因地制宜导入新的城市功能与活力，发展可观赏、可游玩、可体验、可互动的旅游目的地。充分利用、适度改造原有厂房、建筑、场地等，体现浓郁的地方特色和鲜明的工业主题，通过对保定工业文化底蕴的传承、挖掘与再开发，打造保定工业主题鲜明的文化博览园。

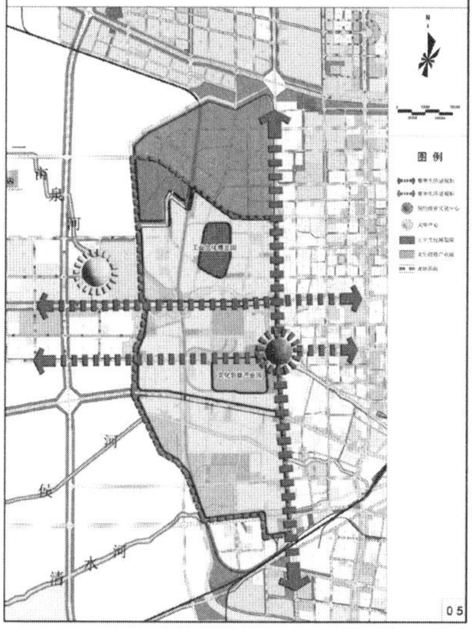

全市有A级旅游景区：40个　　全市4A级以上景区：15个

2017年国内游客：9490.8万人次，比上年增长18.9%

2017年国内旅游创收：954.0亿元，比上年增长26.5%

2017年国际游客：17.3万人次，比上年增长8.8%

2017年旅游外汇收入：0.7亿美元，比上年增长30.7%

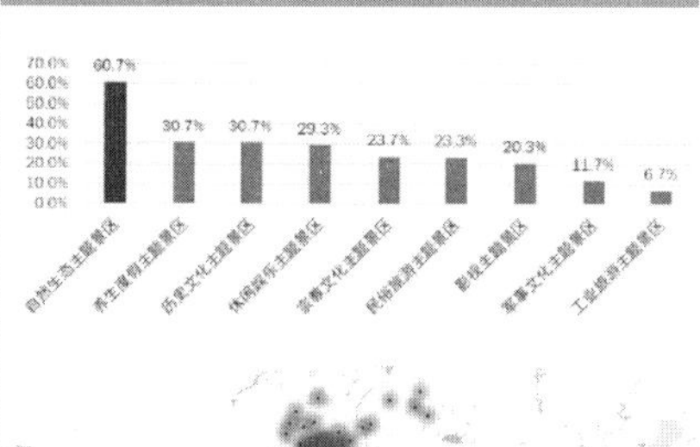

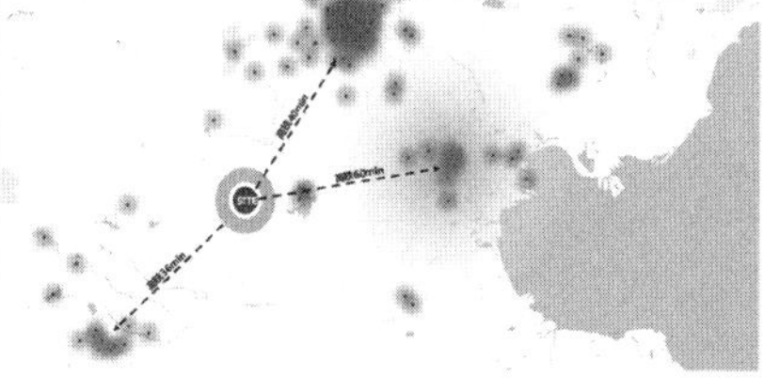

发展优势

保定旅游业发展呈增长态势：
旅游人数、旅游收入增长

独特的历史风貌和文化价值：
工业文化在保定历史文化历程中具有较重的地位，厂区具有一定的历史风貌价值。

工业带状集聚片区具有一定的特殊性：
西郊八大厂基本构成保定中心城区西边界，由铁路串联各个厂区，具有协同旅游开发的价值。

存在问题

客源地工业旅游文化价值低：
保定主游客来源地为京津冀，但地块工业文化价值在京津冀片区相对较低。

工业景区需求相对较低：
基于游客对未来保定需要增加的主题景区偏好分析，工业旅游主题景区需求量最低，单纯的工业旅游开发较不成熟。

西郊八大厂协同开发难度大，时间久：西郊八大厂改造涉及的企业,部门众多，协同开发难度大，且部分企业短期内仍将保留提升，开发时间较长，不确定性大。

图 3-1-8

相关规划改进策略
功能共生
科技
办公
商业
设施
文化
教育
城市功能
体育
活动
研发
孵化
文化
博览
休闲
体育
旅游功能
工业
观光
文化
创意
综合
服务
现实需求：西部缺乏商业、文化、综合服务配套
地块区位：北部科技资源，西部体育中心，新材料产业优势
规划要求：旅游体验，工业博览，文化创意

图 3-1-9

相关规划改进策略
厂区文脉延续
工业文化
文脉
纺织文化
体育文化
产业文脉延续
城市文脉延续
文化共生，片区共荣
14

图 3-1-10

厂区分析——建筑设施

厂区分析——建筑设施概况

建筑设施概况

厂内主要建筑有纺丝一分厂、南修机械厂、原液车间、抄浆车间、水热站和办公楼等。厂区现存四个烟囱、多个化水池、多段铁轨、多条管道等多种设施。厂区建筑风貌鲜明，极具改造潜力；厂区设施特色丰富，极具利用价值。

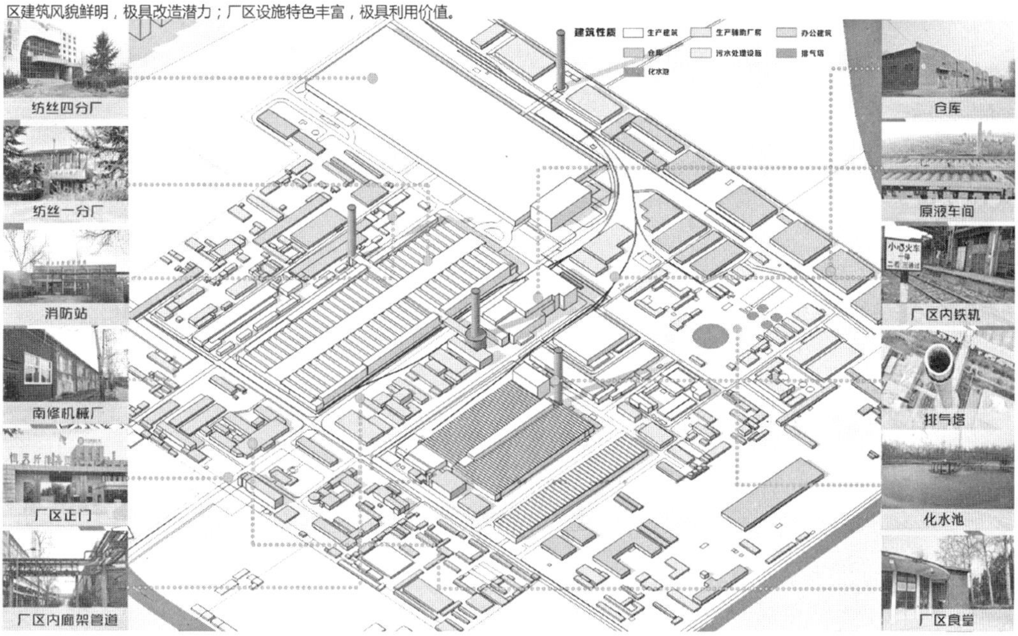

图 3-1-11

厂区分析——建筑设施

建筑设施综合评价

对建筑质量、建筑风貌、建筑高度、建筑年代进行评定，并进行综合评价，划分“必须保留、考虑保留、拆除重建”三级系统，以确定固定建筑设施的去留，并结合空间规划设计要求确定最终去留。

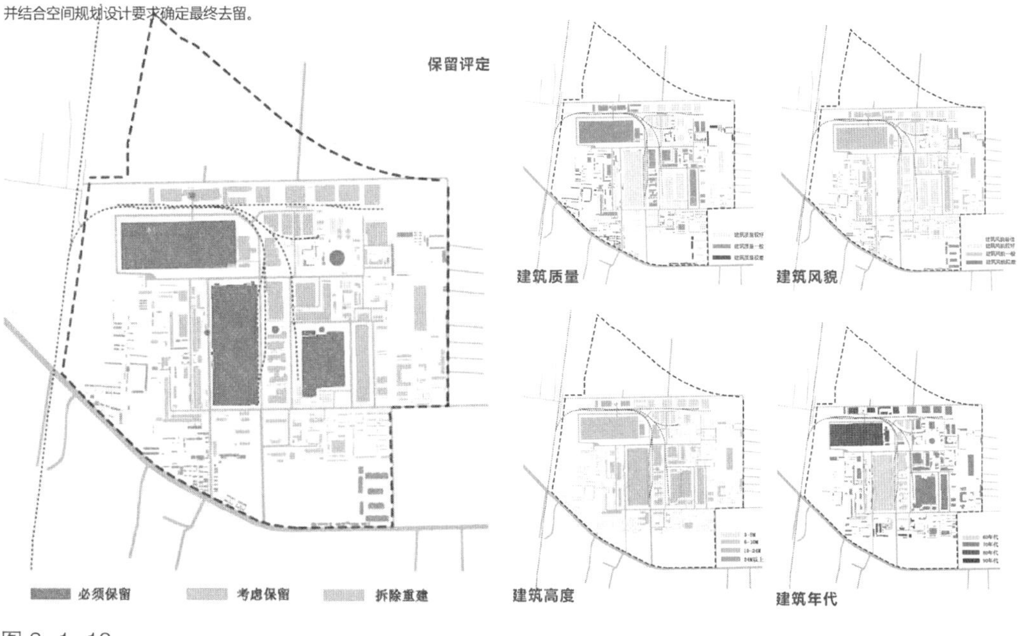

图 3-1-12

厂区分析——道路交通与景观绿化

道路交通

道路路面为水泥浇筑，路面情况较为良好。目前基地道路交通存在路网混乱、断头路较多的问题，交通网络系统层次不够鲜明，人行与车行路面划分不明确。基地还保有铁路交通，铁路沿工艺流程路线分布、四条铁路交汇于场地西侧。

景观绿化

区内拥有不同层次的绿化，绿化布置良好。地块内有厂房周边绿化、道路沿线绿化和集中绿化，营造出宜人的绿色空间环境。但是基地缺乏足够的开敞空间，绿化不够丰富，不成体系。

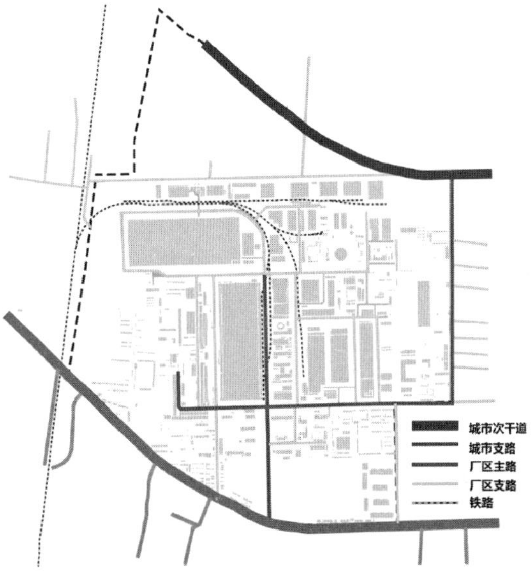

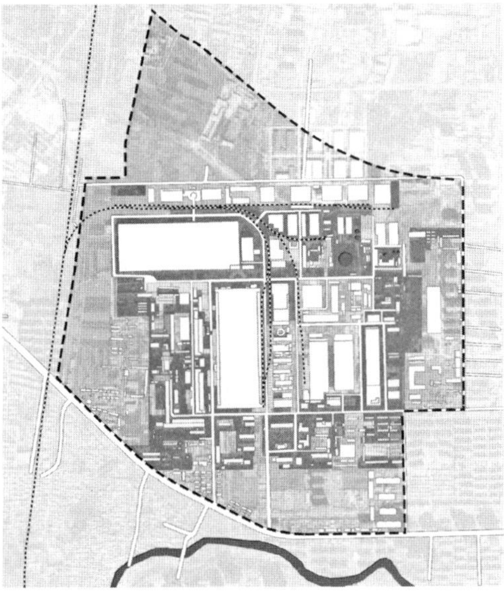

图 3-1-13

空间规划改进策略

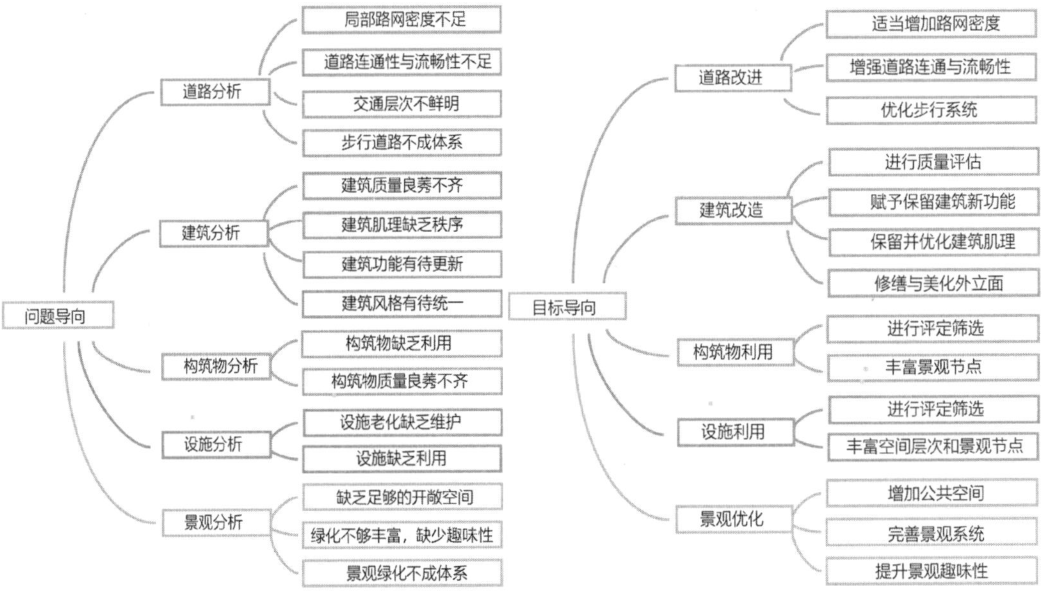

图 3-1-14

总平面图

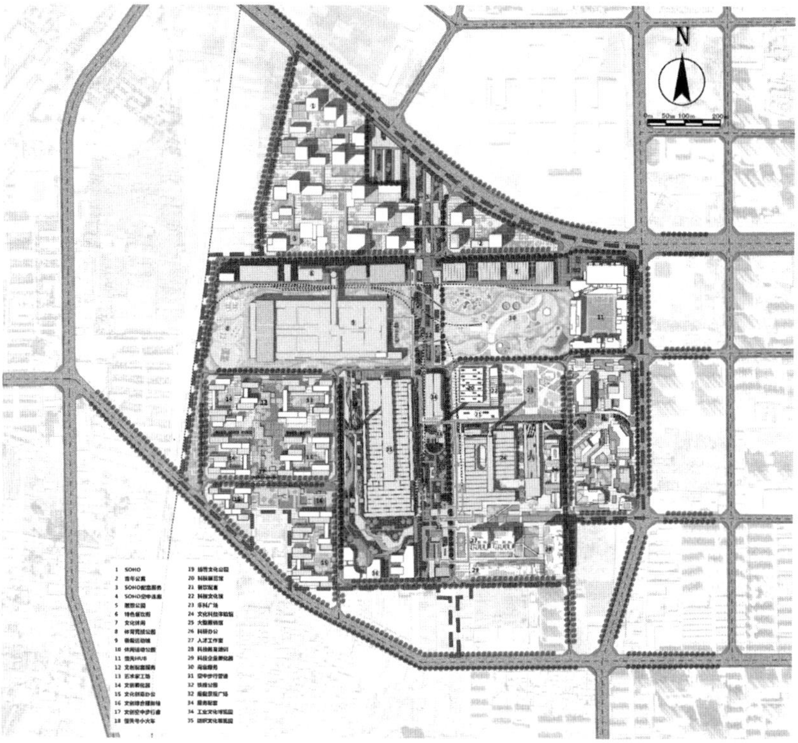

图 3-1-15

鸟瞰图

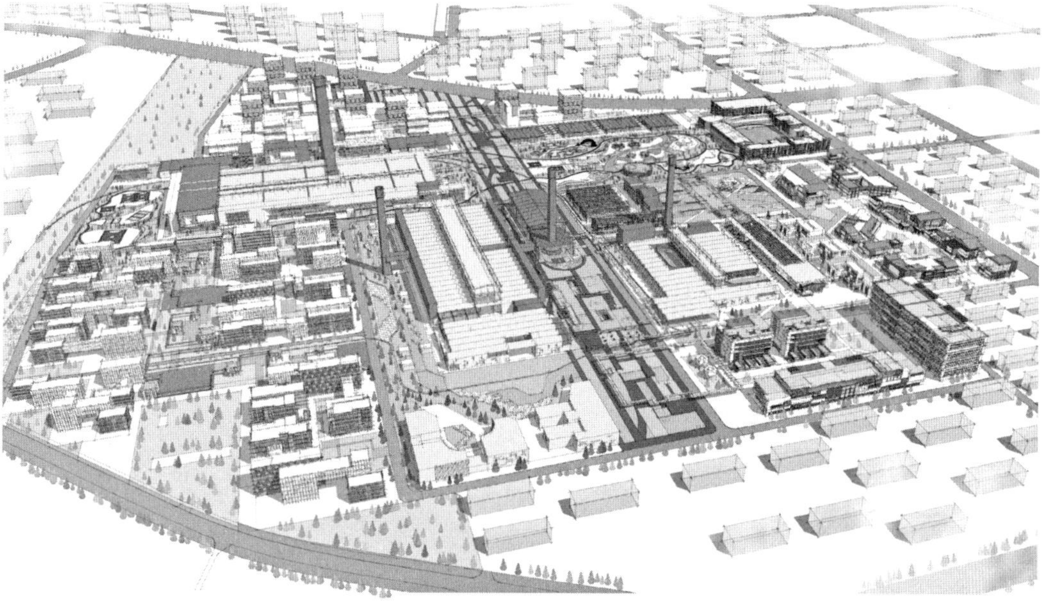

图 3-1-16

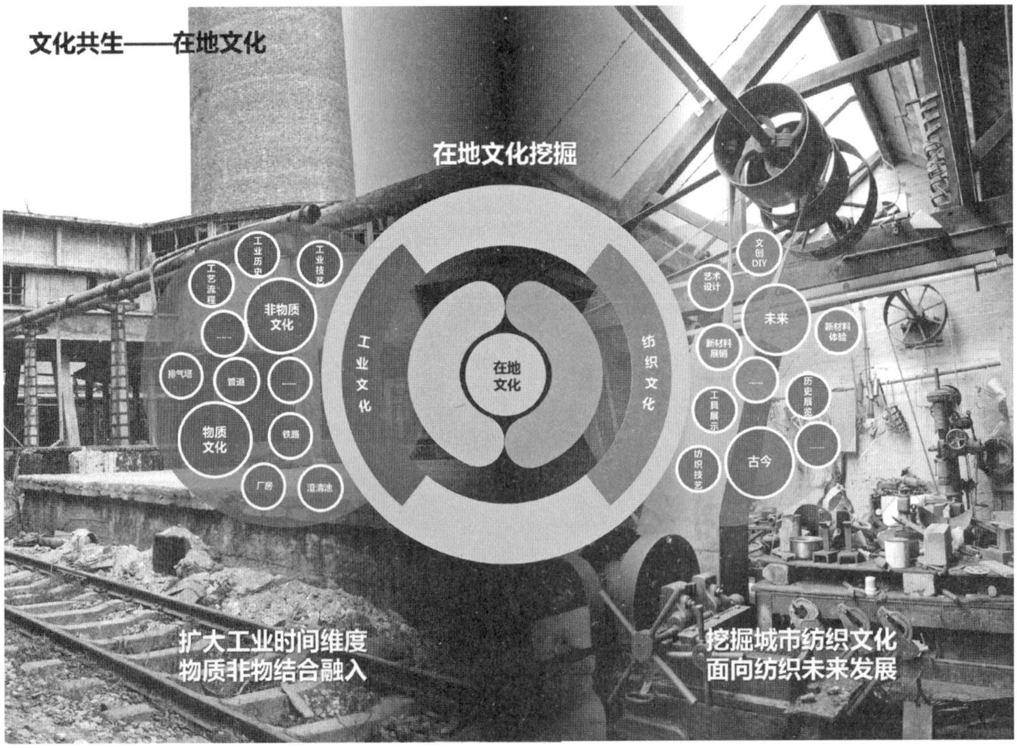
文化共生——在地文化
在地文化挖掘
工艺流程
工业历史
工业技艺
非物质文化
……
排气塔
管道
……
物质文化
铁路
厂房
澄清池
工业文化
在地文化
纺织文化
文创DIY
艺术设计
未来
新材料体验
新材料展销
……
工具展示
历史展览
……
纺织技艺
古今
扩大工业时间维度
物质非物结合融入
挖掘城市纺织文化
面向纺织未来发展

图 3-1-17

文化共生——异质文化
异质文化融入
体育宣传
赛事场馆
体育培训
冠军摇篮
在地文化
体育之城
休闲体育
社区场馆
体育健身
特色风貌联合带动，开放综合共享健康

图 3-1-18

功能共生——多元综合

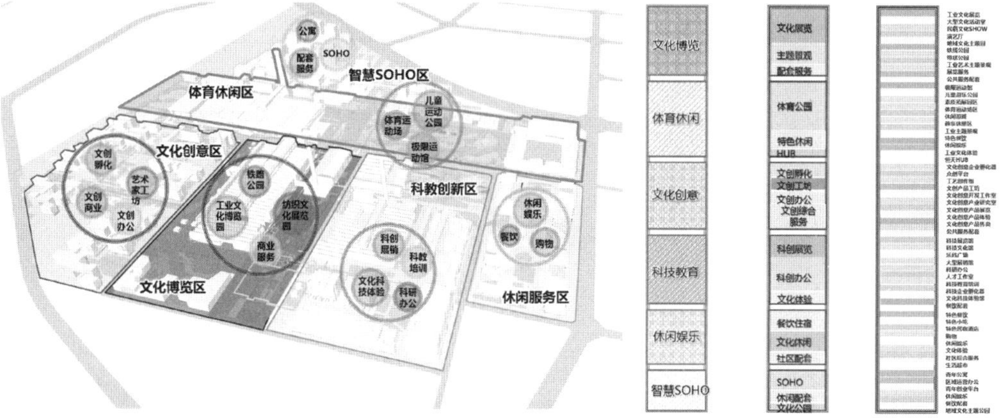

功能定位：文化旅游点、城市公共核、创智新中心

功能分区：T区为核心，四区辅助

建设六个功能的分区，强调功能多元综合

核心T区——体育休闲区、文化博览区

四区——智慧SOHO区、文化创意区、科技创新区、休闲服务区

片区内部高度复合

在创造多元综合的功能分区基础上，在各个片区内部功能并非单一，二是打造高度混合、高度复合的功能，提升片区活力。一方面能够带来更多的人群活动，提高各区域的吸引力和可利用性，增添区域活力；另一方面避免功能研判错误造成的经济损失，提升工业遗产改造的成功概率。

图 3-1-19

功能共生——人群需求

满足各年龄、各身份的人群需求

为老职工留下记忆和价值：保留改造工业建筑，并举办活动，以老厂工传递非物质文化，并延续其价值。

为老手艺人延续技艺脉络：在厂区文化空间的资源优势上形成文化创意街区，传承并发展纺织技艺，置入新的文化创意功能要素。

为白领提供高效高品质的服务：置入功能生活服务一体的SOHO区，并在体育区配备以体育为核心的社区综合服务中心HUB，另外形成商业服务街区提供高效高品质服务。

厂工宋——记忆还在，我们的价值还在

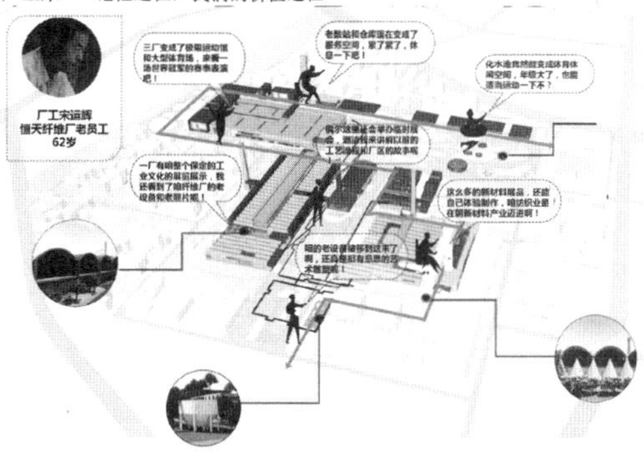

商务宋——繁忙工作后也能畅享便捷高品质生活

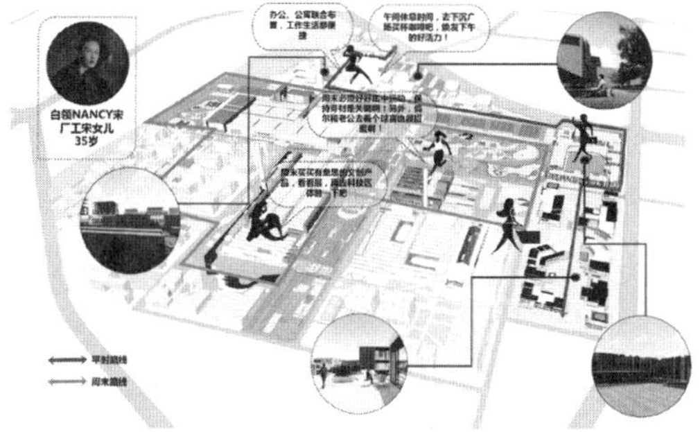

老手艺人宋——我的老手艺也能重获新生

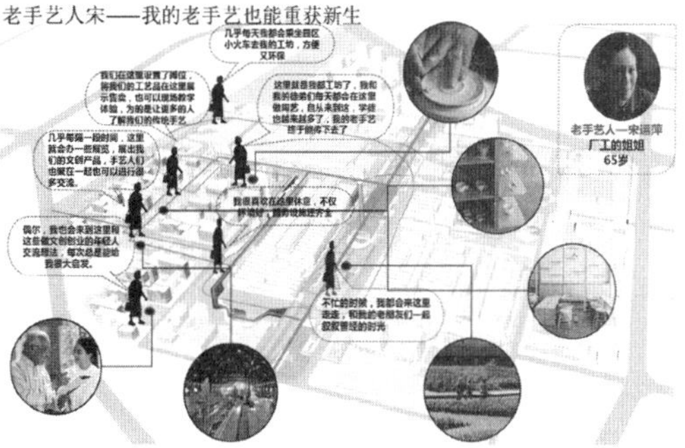

图 3-1-20

功能共生——人群需求

满足各年龄、各身份的人群需求

为创业者提供学习环境和创业平台：结合工厂文化置入科技创新区，置入科技创业、科技体验、科技展览等功能，满足创业者需求。

为学生提供学习休闲空间：在HUB、体育休闲区为学生提供多种休闲服务，并以片区各类展览的形式为儿童提供学习空间。

为游客提供趣味化游乐空间：利用原厂房空间要素，打造文化、体育为主的体验式旅游空间。

学生宋——趣味学习平台和丰富活动空间

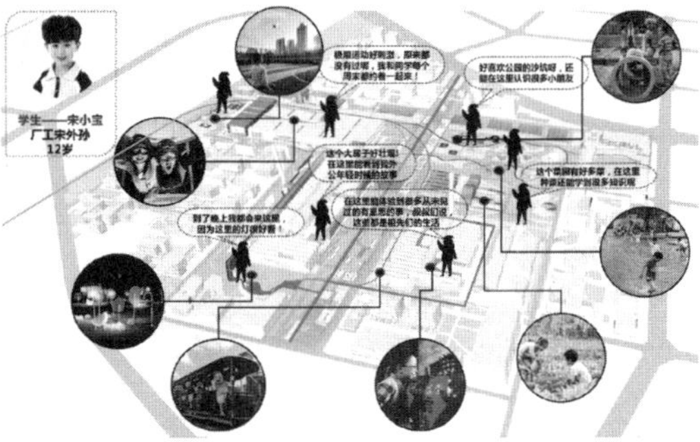

创业宋——丰富的灵感及优质的资源平台　　游客怡——个性化、情感化、休闲化的旅游体验

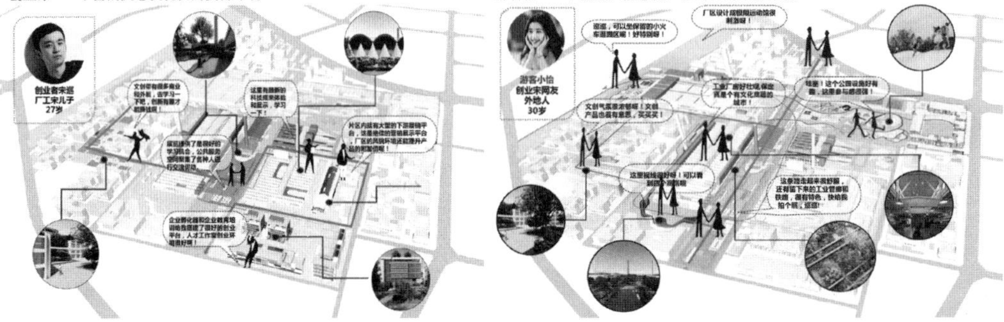

图 3-1-21

空间共生——空间结构

空间结构——双带双廊

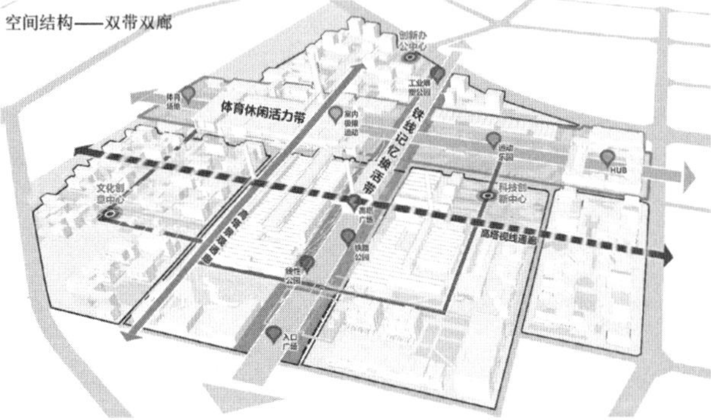

空间结构：双带双廊

双带——链接城市空间：铁线记忆焕活带、体育休闲活力带

双廊——突出重要风貌：高塔视线通廊、高塔景观通廊

延续原厂区的空间结构，通过铁线记忆焕活带和体育休闲活力带链接城市空间，引进人流。

通过高塔视线通廊和高塔景观通廊突出厂区至高点排气塔，形成特色的景观风貌，形成对景。

空间结构：厂房工业要素运用

利用厂房、排气塔、原液车间、仓库等保留完好、风貌较好的要素构成主要的空间结构。

空间结构——以工业要素搭建主要空间网络

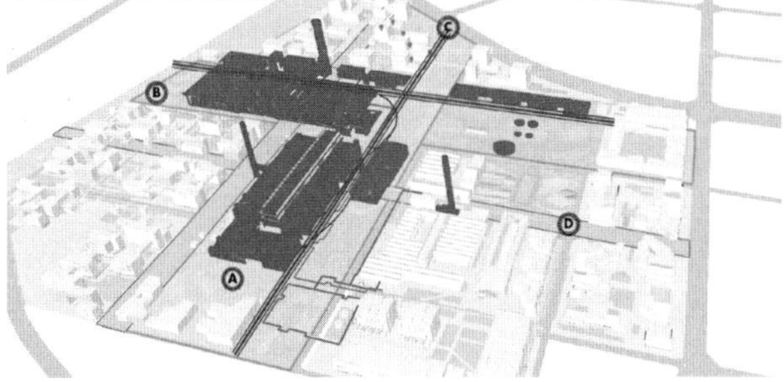

图 3-1-22

空间共生——道路交通

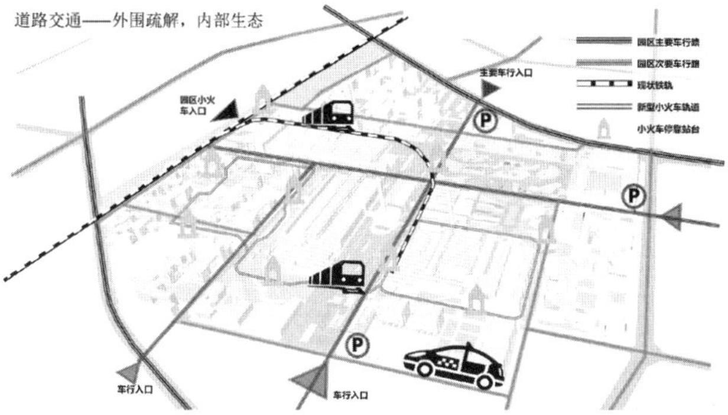

道路交通：外围疏解，内部生态

打造良好的片区环境，在满足城市道路交通需求的同时，最大化地打造内部绿色生态的道路交通体系。

外围疏解——车行道尽量布置在各分区外围，并配备停车场，满足城市车行需求。

内部生态——内部以生态交通为主，在保留的现有铁轨基础上打造小火车交通，并建设新型小火车轨道，链接核心区与文化创意区及科技创新区。

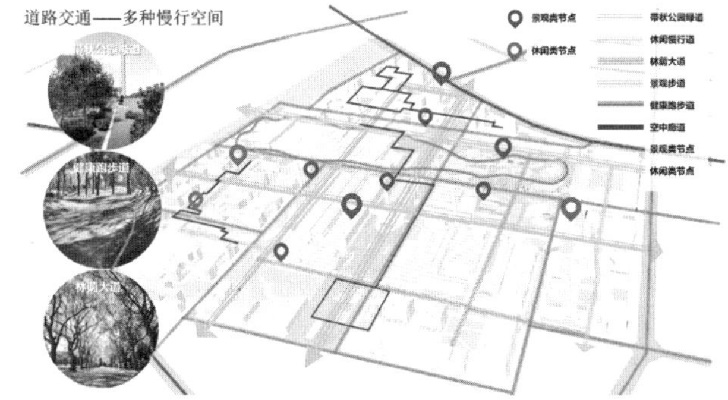

道路交通：多种慢行空间

基地内部创造多种慢行空间，为城市居民及游客提供丰富的、体验式的步行环境。

多种慢行空间：配置带状公园绿道、休闲慢行道、林荫大道、景观步道、健康跑步道、空中廊道等多种慢行空间。

沿路各类节点：在慢行空间之间配备多类景观、休闲类节点，在享受舒适步行环境的过程中，体验各类景观和休闲活动。

图 3-1-23

空间共生——景观绿化

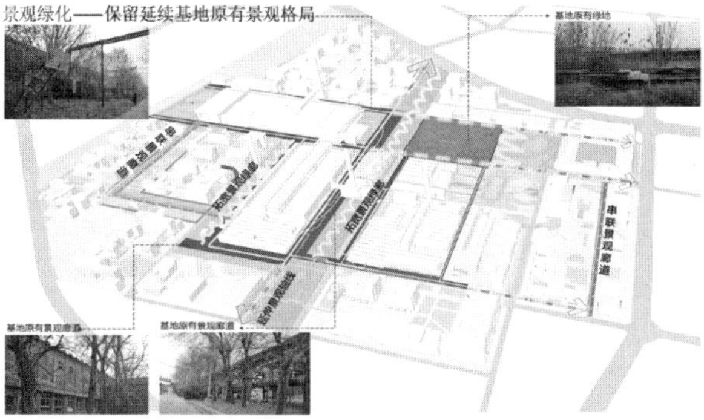

景观绿化：保留延续原有景观格局

对原有景观绿化质量较好的区域进行保留，并采用串联景观廊道、延伸景观轴线、拓宽景观绿廊的方式，重构厂区绿化景观系统，在最大化利用厂区绿化景观的基础上，形成景观绿化格局，服务城市空间，与城市共生。

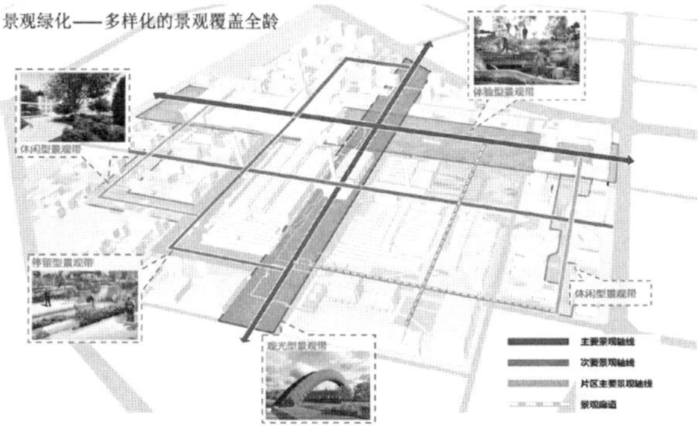

景观绿化：多样化景观覆盖全龄

为景观带置入多种功能，形成包括休闲型景观带、停留型景观带、观光型景观带、体验性景观带等多种景观带类型，满足城市人群的各类需求，以多样化景观覆盖老人、青年、儿童等多种年龄段，实现多样化、全龄化发展。

图 3-1-24

空间共生——公共空间

特色廊道

特色空间
保留原有的铁路、廊架、管道，创建铁路公园、步行廊架以及管道景观。

景观空间
景观设计考虑复合的景观空间、空间对景，并在重要区域高塔处设置向心性广场，形成丰富的景观空间。

服务空间
铁带公园创建多样的休憩服务空间，并设计绿色服务建筑，提供多样化的商业、餐饮服务。

图 3-1-25

空间共生——公共空间

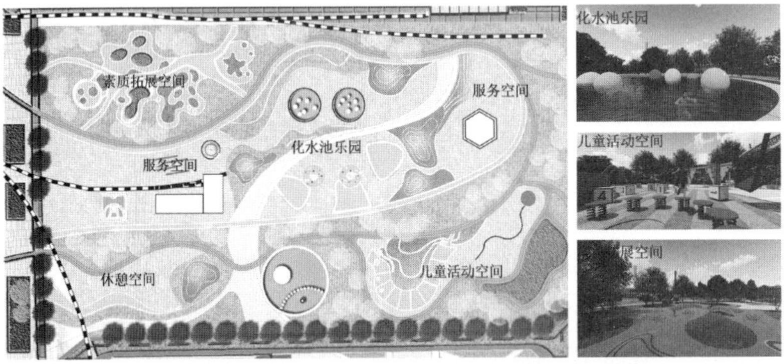

体育公园

化水池乐园：
改造现有的五个化水池，形成趣味的戏水空间和景观空间。

儿童活动空间：
供给跳板广场、儿童无动力设施、趣味墙等多种儿童体育休闲空间。

素质拓展空间：
以沙坑、景观地形构建素质拓展活动区，为各年龄阶段人群提供拓展运动空间。

图 3-1-26

空间共生——公共空间

休闲广场

乐科广场以可达、便捷为基础，链接科技创新区和体育休闲区，划分形成多种类型的丰富空间，并配置水池、草地、雕塑、服务空间，形成良好的城市游憩场所。

开放建筑

恒天HUB中庭空间构建形成开放运动场所，底层架空配备运动跑道，并包含公共服务中心、图书馆、家庭医疗中心、运动科技中心、乐龄活动中心、小贩中心等多种社区服务功能。

图 3-1-27

分区设计——商业休闲区

图 3-1-28

分区设计——商业休闲区

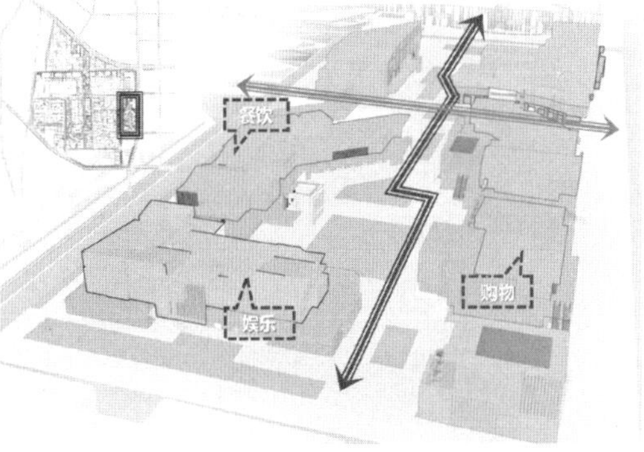

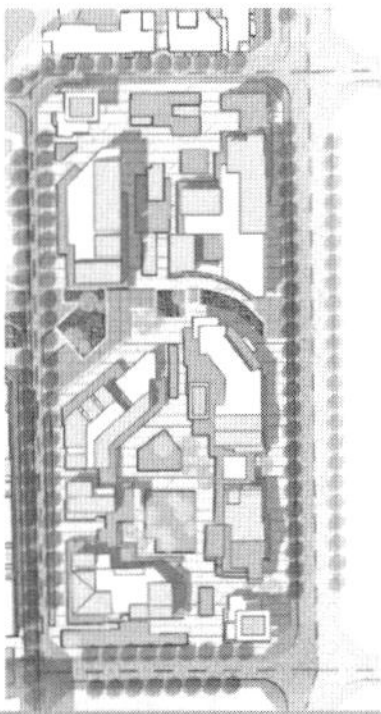

分区设计——商业休闲区

产业类型：配备商业服务业，为城市居民提供便利，并协同文化博览区、休闲体育区共同形成城市综合服务中心。

功能组成：商业休闲区主要配备餐饮、娱乐、购物等功能。

空间结构：结构上采取商业休闲街的方式串接基地南北，并在中央保留排气塔视廊。

建筑设计：建筑采取双层立体式可渗透的布局，并以灰空间、廊架空间创建丰富的空间层次。

活动空间：配备户外餐厅、对景公园等休憩活动空间，满足停留需求。

图 3-1-29

分区设计——科技创新区

图 3-1-30

分区设计——科技创新区

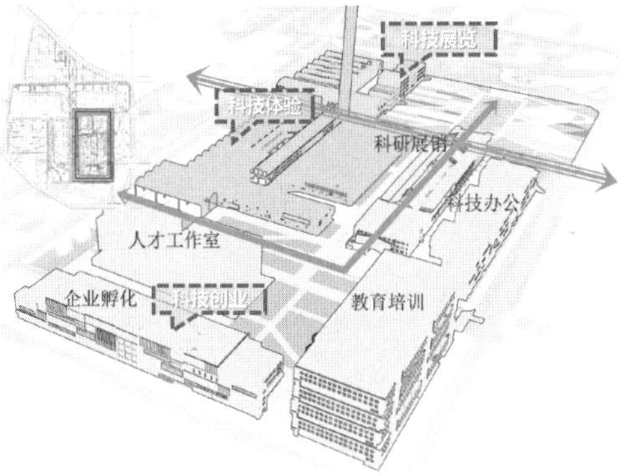

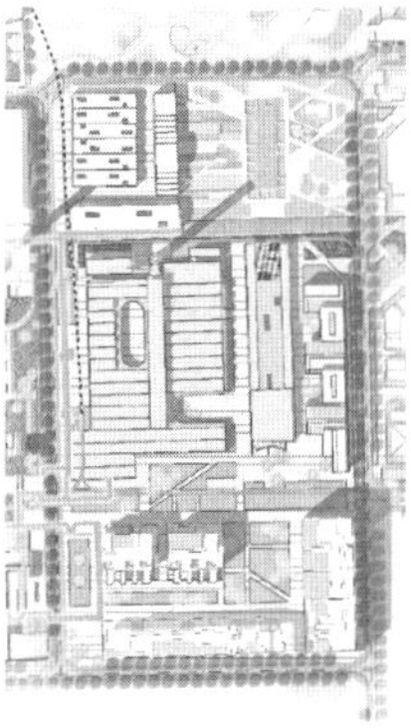

分区设计——科技创新区

产业类型：科技创新区主要发展新材料等高新技术产业，延续纺织文化文脉，并面向未来发展。

功能组成：科技创新区包含科技体验、科技展览、科技创业等多种功能，既为创业者提供办公空、创业平台以及学习平台，又为游览者提供体验、展览、购物的空间。

空间结构：以乐科广场吸引进入，链接体育休闲区，并保留排气塔视线廊道，连接文化博览区。

智慧区域：引用新兴科技，打造科技智慧片区。对游客进行行为分析，依托终端进行功能匹配，再通过终端筛选并为片区作出产品调整参考。对创业者进行行为分析，依托终端进行功能匹配，再通过终端筛选形成创新空间调整。

图 3-1-31

分区设计——科技创新区

科技创业ZONE

办公空间

功能：人才工作室、科技办公楼。

特色：屋顶花园、底层灰空间、顶层阳台等多种交流空间。

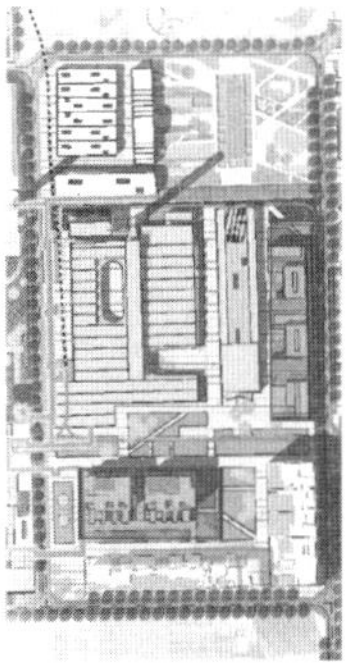

图 3-1-32

分区设计——科技创新区

科技创业ZONE

创业平台

功能：教育培训基地、创业孵化平台、产品展销中心。

特色：

多方位综合平台注入展销平台灰空间对景乐科广场，链接体育片区。

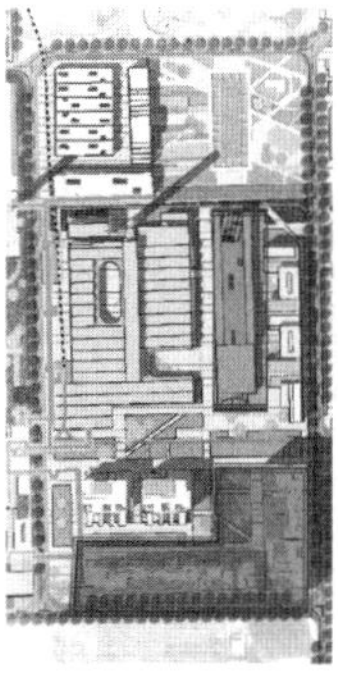

图 3-1-33

分区设计——科技创新区

科技体验ZONE

功能：新材料体验制作、新兴科技体验。

特色：厂房改造，保留原有结构，优化表皮外观，并局部挖空，创建公共活动空间。

科技展览ZONE

功能：展览展示、休闲餐饮服务。

特色：

厂房改造，排气塔对景。

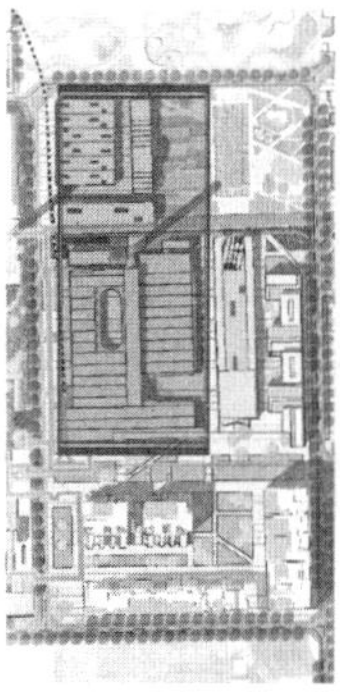

图 3-1-34

作业 2：昆山鑫源电厂城市更新设计

作者：刘思璐　周扬
指导教师：李婧

1. 设计任务书

1.1　时代背景

随着城市化进程的不断推进，城市中闲置腾退出的工业遗产也越来越多。早期，大量的工业遗存由于缺乏认识，均遭到了破坏，很多开发者认为寸土寸金的地方，拆除遗产新建商业体的经济价值会比改造更高。但是随着保护政策的变化以及人们对遗产保护认识的提高，不少工业遗产有了不错的可适性再利用的实践，这些保护案例在保护遗产的同时，也带来了一定的地区触媒效应，促进了区域的整体性发展。

1.2　设计选址

基地位于江苏省昆山市昆山鑫源热电厂，北邻张家港河流，南至萧林中路，西至江浦路。占地面积 20 公顷。

1.3　规划重点及内容

（1）城市空间的整体统筹：工业遗产作为城市空间重要的组成部分，工业遗产的规划也要和城市整体的空间规划相协调和统一，要在保护遗产的前提下进行改造利用，在整体性的视角下进行。

（2）城市生态的修复改善：要尊重场地的自然生态环境，对场地现存的设施进行再设计再利用，增设绿化景观要素，提升环境质量。

（3）传承历史文脉：深入挖掘基地内部工业遗产的历史元素的使用价值，将历史元素应用于规划设计之中，塑造特色的文化景观，增添空间的活力，以此来实现文化的传承和更新。

1.4　成果要求

图纸表达应包括但不限于：区位图及相关规划图、现状分析图、方案构思相关分析图、城市设计总平面图、整体设计鸟瞰图、结构分析图、功能分区图、建筑高度控制图、交通系统规划图、绿地景观系统规划图、重要节点意向设计图、相关经济技术指标和设计说明。

2. 设计方案图纸

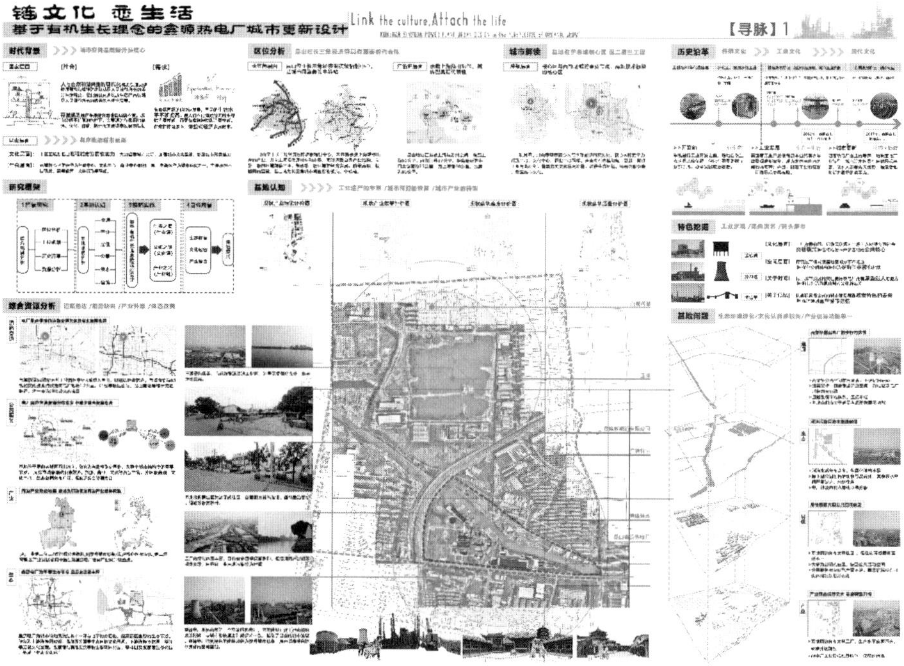

图 3-2-1

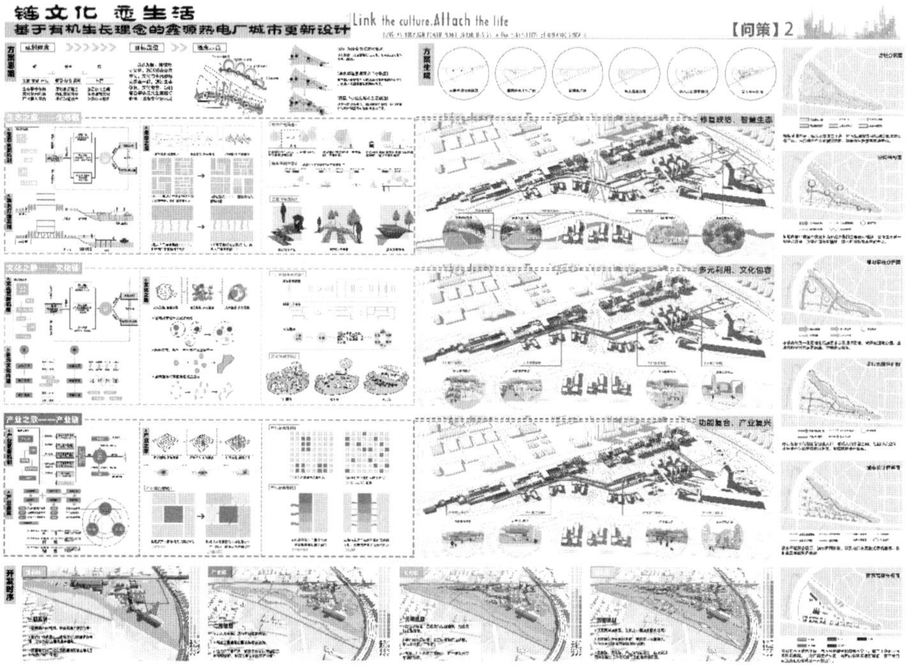

图 3-2-2

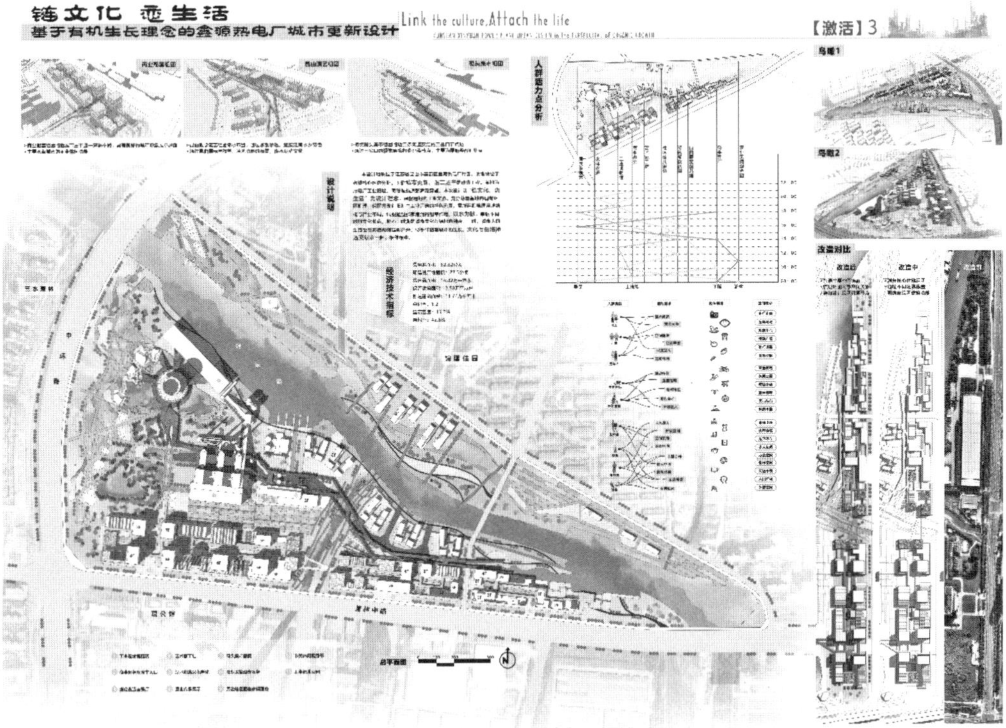
链文化 恋生活
基于有机生长理念的鑫源热电厂城市更新设计
Link the culture,Attach the life
【激活】3

图 3-2-3

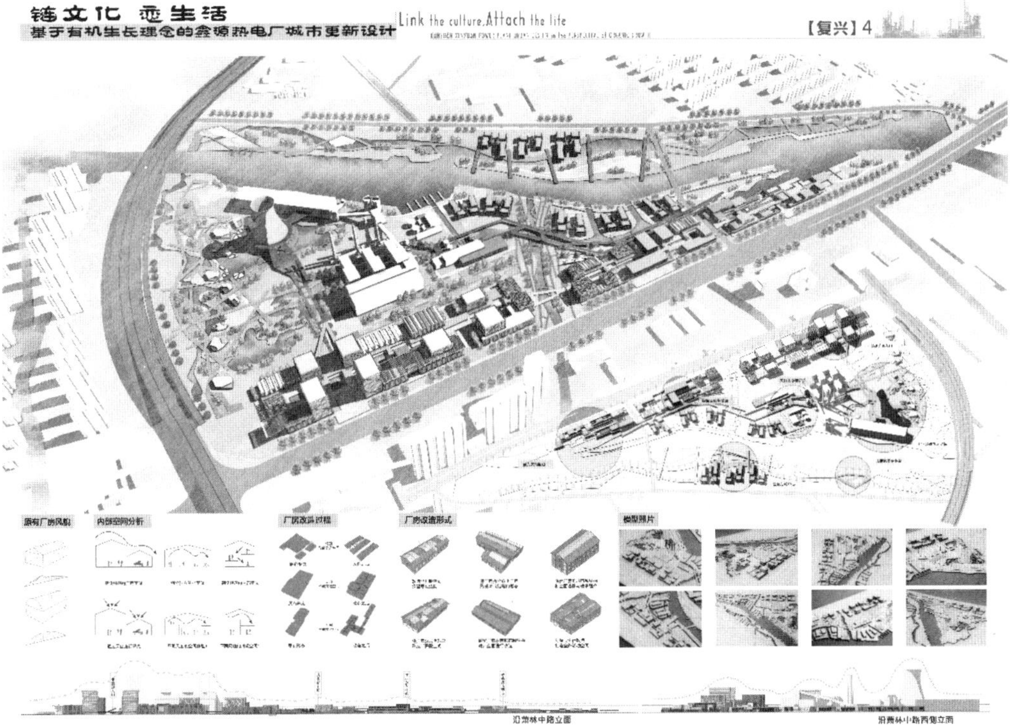
链文化 恋生活
基于有机生长理念的鑫源热电厂城市更新设计
Link the culture,Attach the life
【复兴】4

图 3-2-4

第 4 章 | 老城更新

中华民族悠悠五千年历史塑造了许多具有深厚历史的古城和名城。这些城市在漫长的发展历程中，由于地域、文化、建设背景等的差异，形成了很多具有特色的城市格局和城市文化。我国历史上有许多精彩的历史文化名城，从明清时期的北京到苏州、西安到洛阳，都是具有浓厚地域特色和文化特色的名城。由于中华文明的博大精深和幅员辽阔，从南到北，从大城到小城都形成了许多有特色的城市格局和文化，即使是小山村也都有悠久的文化和特色的肌理、特色的建造方式。

但是在大规模的城市扩张中，在快速城镇化发展的背景下，大量人口涌入城市，加上工业化高速发展，在相当一个历史时期中，物质空间的建设需求成为地方发展最迫切的渴求。在这个时期，由于建设周期、建设资金等多方面的限制，很多建设缺乏对当地城市历史文脉、文化传统、民族宗教、经济产业、资源环境等内容的深入探讨与发掘，结果导致了城市不分大小，地域不分南北，城市面貌都“似曾相识”，城市个性丧失，文化失语。城市作为最宝贵的物质文化遗产如何延续和保存，这个问题已经成为世界建筑界和规划界共同关注的热点问题。

1999 年北京召开的 UIA 大会公布了《北京宪章》，该宪章强调了文化多元性和建构“全球—地区建筑学”的重要意义，为城市和建筑的现代地域风格特色创造吹响了号角。我国的学者对城市的地域特色研究也从多角度、多层面展开，有从人文地理学角度对城市文化景观的探讨，有从宏观经济角度分析城市文化与城市经济、城市化的关系等。从城市规划角度对城市与地域文化的研究也逐渐受到重视，如探讨城市规划与城市文化的关系，把城市策划与城市设计作为整体来考虑；以探究城市文化的眼光审视城市设计，论述中国城市发展的具体文化环境，搭建我国地域聚居与文化研究的基本平台，探讨新时期我国城市和文化的发展规律、现实问题及未来发展道路。

但是在全球化和城市化这样的时代特征和背景下，我国的传统文化如何不被全球化的“文化趋同”大潮所淹没；如何在快速城镇化过程中保持和发展我国城市的地域特色；如何在全球共性与城市个性之间、发展的“速度”与“质量”之间寻找到营建的方式和方法，将是我国现在甚至是更长的一段时间内城市建设和发展面临的挑战与考验。

城市的建设和发展让城市的生活方式、交通出行、建设需求都发生了翻天覆地的变化。最早发展起来的城市中心区，随着时间的推移，都逐渐出现了功能缺失，设施老化，空间陈旧等问题，逐渐变成了“旧城”。随着城市环境的恶化，社会问题的不断出现和地域文化的失语，如何在这样的城市背景下进行旧城更新，无疑是城市规划与设计必须进行的积极反思，如何有意识地向注重人的精神生活需求，注重传统文化，注重地域环境特色的挖掘是旧城更新必须面对的问题。

地域视角是旧城更新最重要的视角，如何通过对地域文化的挖掘在旧城更新中，既实现物质空间品质的提升，又不会在时代的浪潮中丢失在地的特色文化是国内外学者都在思考和研究的问题。

国外学者在城市设计学、建筑学、景观生态学、地理学等多方面对地域文化方面均已进行了积极研究，美国建筑理论和批评家芒福德率先提出应该以当地的、本土的和人道的现代主义形式打破单一和贫乏的工业城市面貌，这是首次将地域文化研究引入现代文化语境中；赖特、阿尔托等建筑师积极探索建筑与地域文化之间的关系；美国建筑历史学家肯尼斯·弗兰普顿在20世纪80年代提出“批判的地域主义”，强调地区的地理、气候、材料、色彩、解决环境问题的方式,强调地方文化的意义。这些都强化了对地域文化研究的自觉与反思。同时，如意大利著名建筑师阿尔多罗西在他的《城市建筑学》提出了运用理性主义类型学和类似性城市的方法来分析城市特色；凯文·林奇的《城市意象》通过人的认知地图和环境意象来分析城市空间形式，强调城市结构和环境的可识别性及可意向性；麦克哈格的《设计结合自然》从生态的角度提供了一种塑造城市特色的方法等，这些理论从城市社会、人的认知、行为的观察与要求以及场所理论等方面进行的研究，对体现地域特色的现代城市设计理论与实践都具有重要的指导和借鉴意义。

路易斯・芒福德说:“未来城市的目标就是充分发展地域文化和个人的多样性与个性。”因此，对城市地域文化内涵的追求才是推动城市发展的内在动力，才能赋予城市独具一格的性格特征，并唤起市民的自豪感与归属感。

对旧城更新来说，如何延续文脉就是核心的问题和难点。延续文脉就是提倡在具体的区段设计中，通过对城市文脉的分析和研究，保持原有的空间、文化和生活的连续性，突出城市特色。在提取了当地的文脉要素，并完成了对其的移植工作后，便获得了城市设计的基本素材。通过明确重点片区、塑造新的空间结构体系、对各层面的要素进行梳理和布局，以及对原有要素的排列顺序加以优化，使新的空间既具有历史的连续性，又适应新时代的要求。在细节上，既要通过现代设计手法，将新功能、新材料和新技术引入，又需要通过特定手段和方法来诠释传统文化要素，使历史的与时间的沉淀得以在新的城市空间中展现出来。解决城市特色危机和文脉断裂的问题，重新建立人、城市与地域文化之间几千年的朴素关系，这是时代发展的需要，也是需要全世界共同反思的问题。

作业 1：基于地域特色营建的大都市边缘地带小城镇城市设计——以安新县白洋淀科技新城城市设计为例

作者：杨东

指导教师：李婧

1. 设计任务书

1.1 时代背景

经济全球化和快速城市化背景下，城市建设的模仿和“克隆”现象的增多，在全国范围内形成千城一面的城市面貌，越来越多的城市在发展过程中失去了自己本身的性格。本方案从探讨城市地域特色文化的本质问题入手，阐述了城市地域特色文化的内涵，分析了城市地域特色文化城市空间的营造方法，确立了研究地域特色文化的小城镇城市设计的必要性和紧迫性。

1.2 设计选址

基地地处北京、天津、石家庄为核心的京津冀城市群融接区间，背倚河北省第二大城市保定，交通便捷。西距保定 45 公里，北距北京 162 公里，东距天津 155 公里，南距石家庄 189 公里，通过高速公路网 2 小时直达北京、天津、石家庄市区。设计基地位于安新县南部，白洋淀科技新城东北角，上位规划以定位为城南国际休闲旅游度假区，功能以商业功能为主。城市设计用地面积约为 150 公顷。

1.3 规划重点及内容

城市要发展，必然伴随着空间的更新。文脉则让人们不时地从传统化、地方化的内容和形式中找到空间特色营造的依据。通过对当地文脉要素的提炼与撷取，总结其特有的排列方式，城市设计能够巧妙地在新的空间中注入强化环境历史和连续性的本土化气息，增强空间的场所感染力。

在城市设计过程中必然会考虑“立新”与“破旧”的问题。对于诸如在提炼出城市文脉要素之后，是否要原样保留，城市原有的空间是否不能与新的开发并存等诸多问题。笔者认为，关键在于能否在设计中将文脉要素转化为设计原则，将原有文脉要素复杂的“语义”转化为简约的空间“语言”，使城市设计融合并呈现出传统空间的结构关系与特色符号。

1.4 成果要求

规划文本表达要求：文本内容主要包括前期研究、功能定位、设计构思、功能分区、空间组织、总体布局、交通组织、环境设计、建筑意向、经济技术指标控制等内容。

图纸表达应包括但不限于：区位图及相关规划图、现状分析图、方案构思相关分析图、城市设计总平面图、整体设计鸟瞰图、结构分析图、功能分区图、建筑高度控制图、交通系统规划图、绿地景观系统规划图、重要节点意向设计图、相关经济技术指标和设计说明。

2. 设计说明

2.1 设计思路

首先，从探讨城市地域特色的本质问题入手，阐述了城市地域特色形成原因及其影响因素，使人们对城市的地域特色有个清楚的认识，然后分析了城市地域特色的现实问题及其形成的原因，确立了研究地域特色的现代城市设计的必要性和紧迫性。其次，结合自己参与的城市设计实践，和对体现地域特色的现代城市设计自身的理解与思考，继承与发展了前人的理论与方法，探索出体现地域特色的现代城市设计应该遵循以人为本的思想、传承文脉的思想、因地制宜的思想和可持续发展的思想。

2.2 技术路线

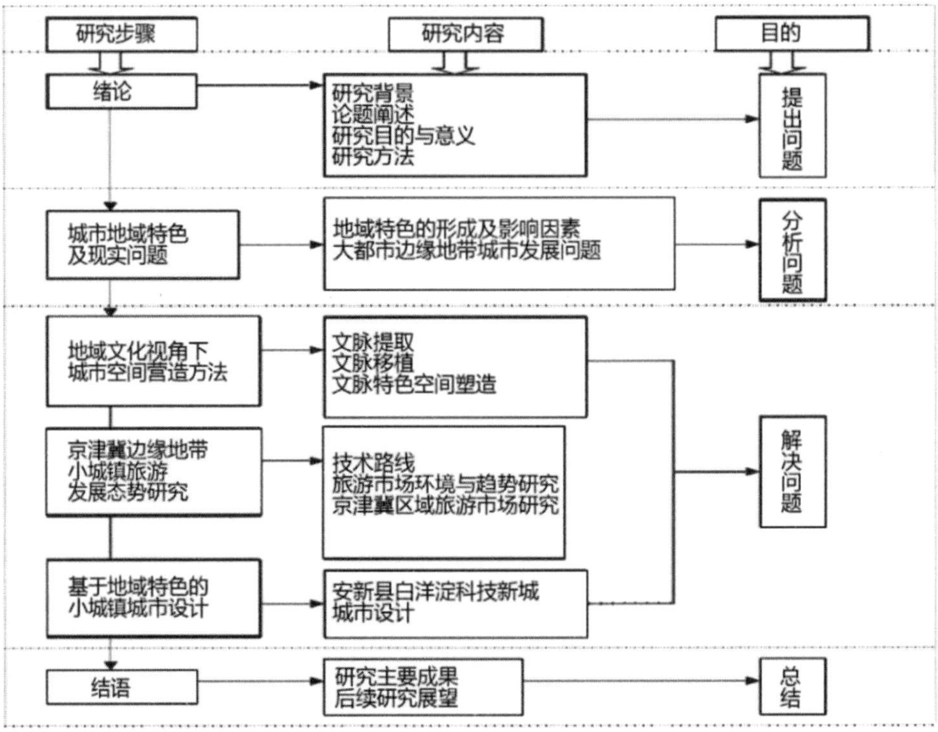

2.3 设计方案构思

对规划地块所在的城南国际休闲旅游度假区进行概念规划，海绵城市构建，实现宽敞的农村原野和紧凑的城镇和谐并存，并对其空间结构、功能定位、开放空间、绿地系统、土地利用进行深入研究，功能主要以旅游、商业服务、文化设施为主。

引入时间、生态、文化的概念，进行演绎，从聚点，到聚落，到村落。注入不同的功能活动，演绎其未来的发展趋势，塑造其合理的空间形态。

方案一：构建区域中心和中轴线，环中心依托水系布置各个功能片区（聚落），聚落呈细胞形式。

方案二：构建连接白洋淀大道和白洋淀淀区的中轴线，依托水系布置功能片区，各个功能片区与中轴线相互联系，形成多样化的空间组织方式和联系。

综合方案：对以上方案的综合处理，也是最接近成果的方案。方案保留了城市中轴线，沿现状水系体现了“梯度开发和生态保护”的总体构思，深化了“文化走廊”和中央绿带的概念。

整个城市空间在白洋淀大道与白洋淀淀区之间构建中轴线，并沿现状城市水系形成次要发展轴线，联系区内各个功能片区，并在每个功能片区形成开放空间节点。

主要的功能片区分为滨水文创特色商业街、特色小镇、民俗体验、文创中心、演艺中心等功能片区，结合整体规划结构形成具有独特气质的街区。

由于该街区为文化养生旅游街区，为游客和市民提供了安全且充满趣味性的步行者优先街区。有以休闲活动为主的人工岛屿，也有欣赏民俗表演的观演区等。行人畅行无阻，可以进行任何自己感兴趣的活动。在这里，人们能更多地感受到白洋淀特有的城市特色和人文精神。

沿中轴线（公共景观活动区）和河道景观轴线形成主要的景观系统，每个功能片区形成主要的景观节点。运用白洋淀水淀的空间特色形成独特的滨水景观和景观绿地系统。

城市开放空间是城市的灵魂所在，中轴线（公共景观活动区）沿线代表着白洋淀的自然景观特色，而河道景观轴线形成主要的开放空间，承载着白洋淀的人文精神，两种开放空间都是面向游人和市民的城市生活，一种更强烈、更多元的公共行为。河道和道路开放空间穿插其中，为公共行为的实现提供更多的角度和途径。

3. 设计方案图纸

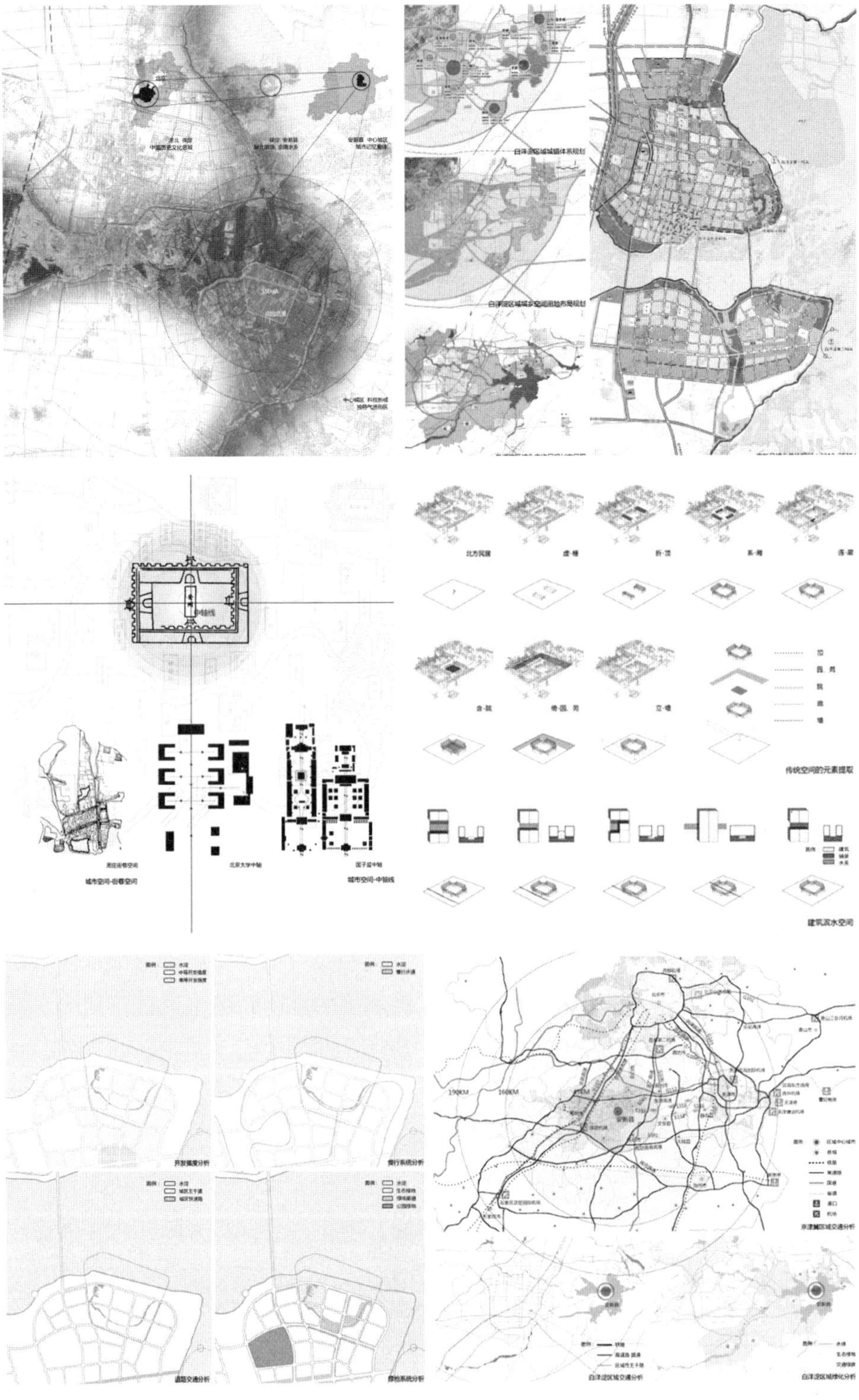

图 4-1-1

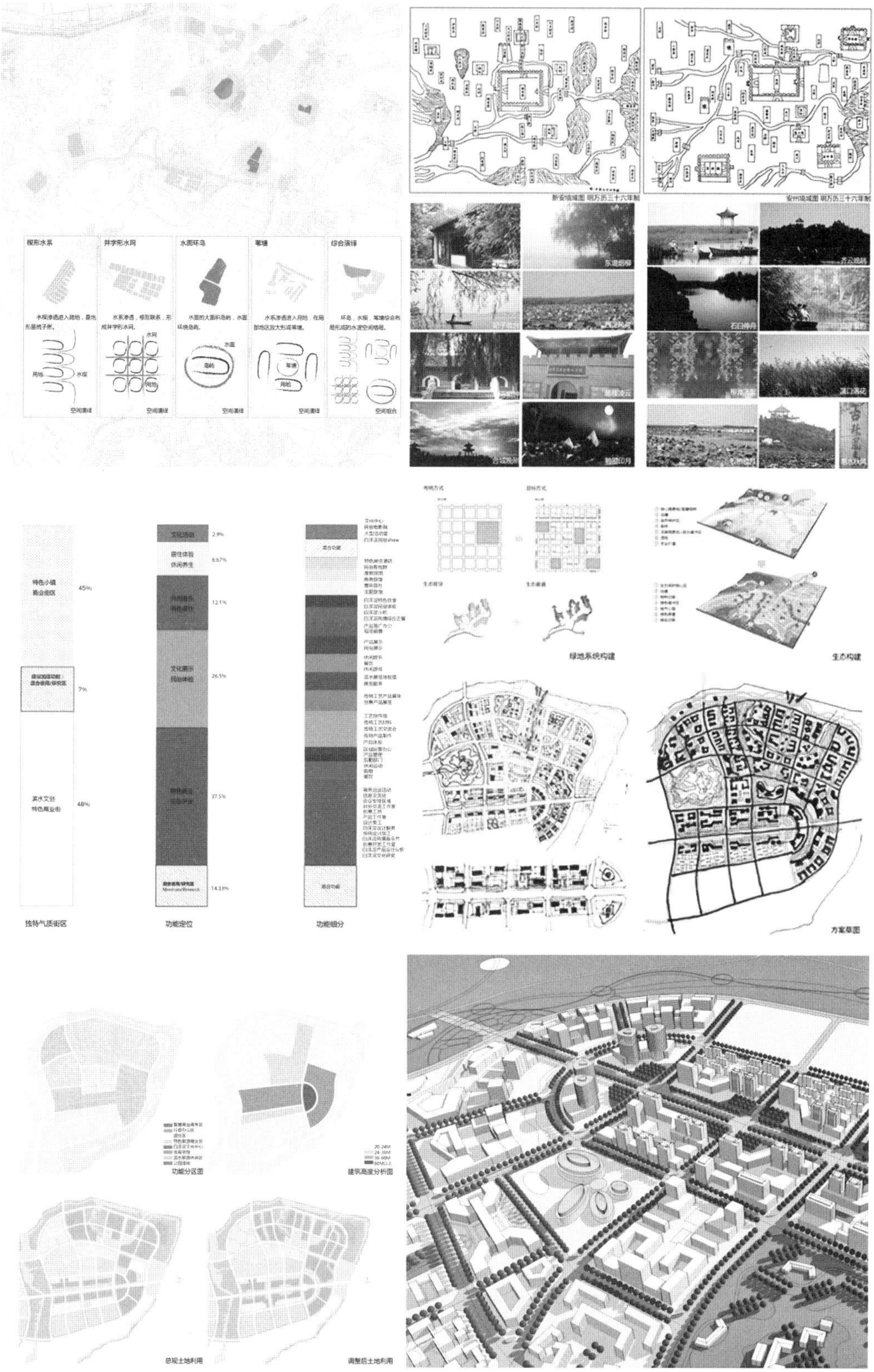
新安城域图 明万历三十六年制
安州城域图 明万历三十六年制
楔形水系
井字形水网
水面环岛
苇塘
综合演绎
空间演绎
空间组合
东堤烟柳
特色小镇
商业街区
45%
7%
美水文创
特色商业街
48%
文化活动
2.9%
居住体验
休闲养生
6.67%
12.1%
文化展示
民俗体验
26.5%
37.5%
14.33%
独特气质街区
功能定位
功能细分
绿地系统构建
生态构建
方案草图
功能分区图
建筑高度分析图
总规土地利用
调整后土地利用

图 4-1-2

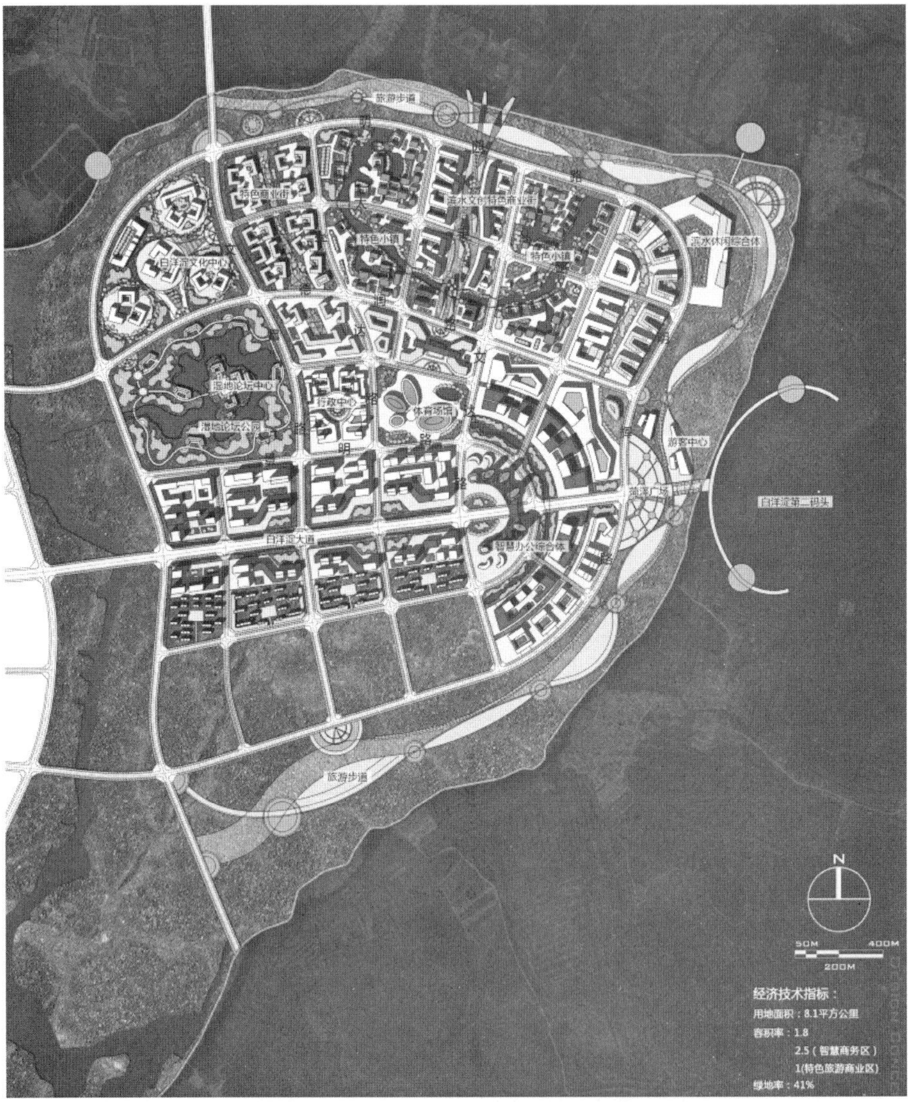
旅游步道
特色商业街
活水文创特色商业街
特色小镇
白洋淀文化中心
特色小镇
活水休闲综合体
湿地论坛中心
湿地论坛公园
行政中心
体育场馆
游客中心
白洋淀第二码头
白洋淀大道
智慧办公综合体
旅游步道
N
50M
400M
200M
经济技术指标：
用地面积：8.1平方公里
容积率：1.8
2.5（智慧商务区）
1(特色旅游商业区)
绿地率：41%

图 4-1-3

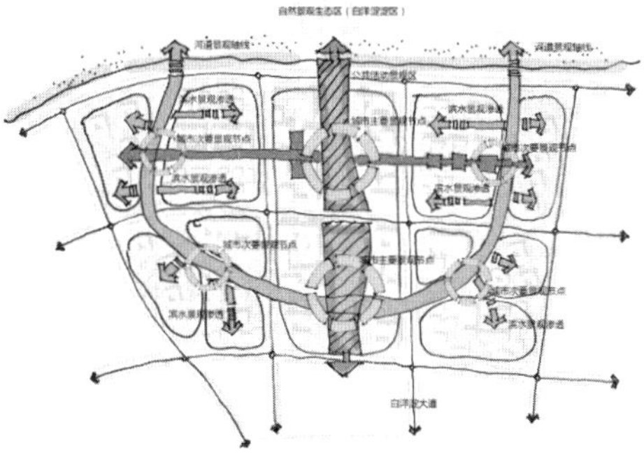

景观绿地分析图

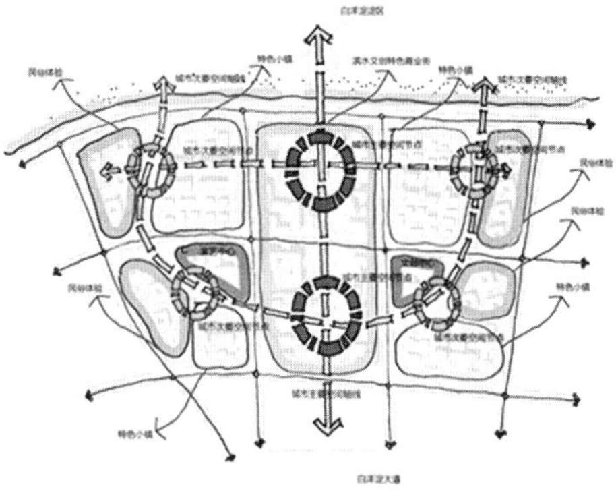

规划结构分析图

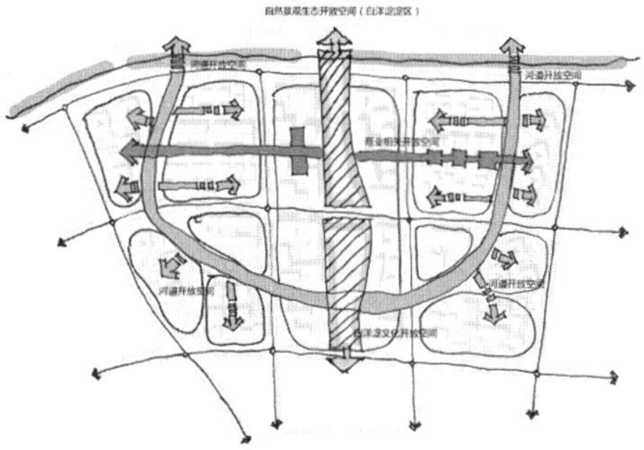

开放空间分析图

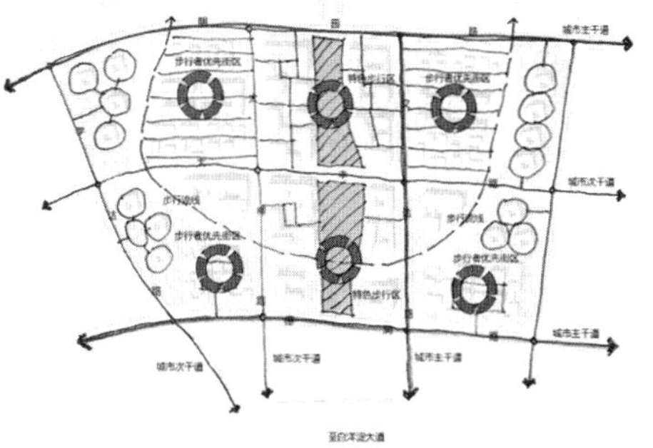

道路交通分析图

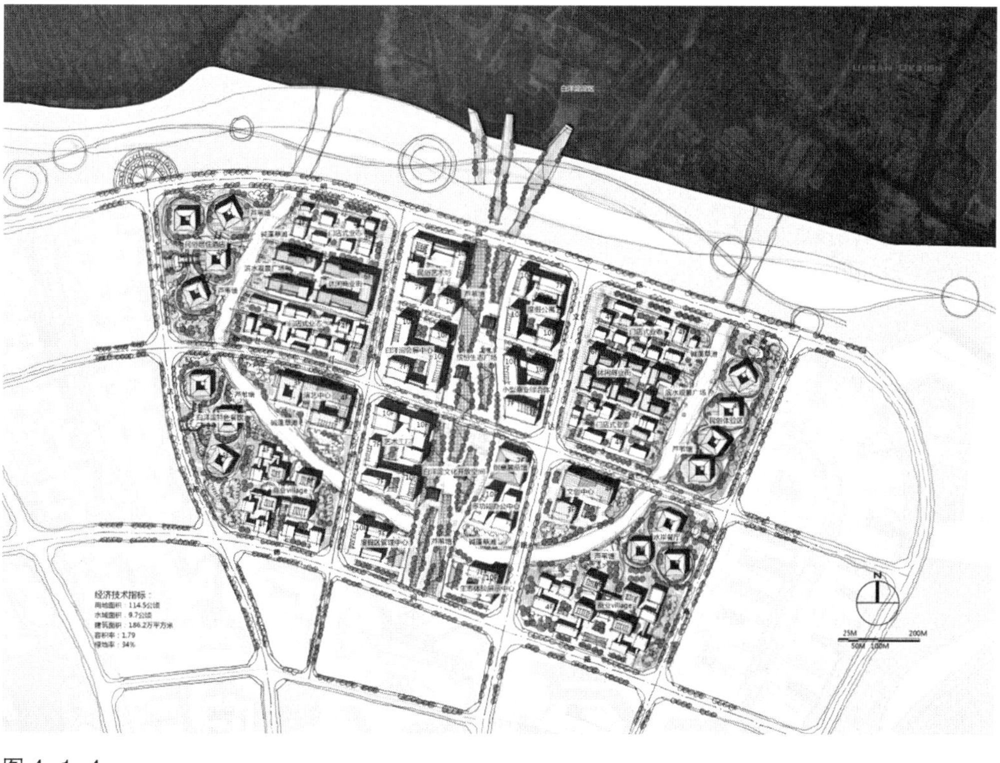

图 4-1-4

作业 2：基于空间叙事的历史文化街区设计策略——以福建德化程田老街地段城市更新与设计为例

作者：李琦

指导教师：李婧

1. 设计任务书

1.1 时代背景

由于城市现代化的发展，有很多承载历史文化价值的街区正在消失，随之消失的是以前的老街区生活场景。这些将导致城市逐渐走向“千城一面”，每个城市独有的文化内涵和底蕴将不复存在。同时，对当地文化遗产的传承也将造成阻断，割裂了和城市发展带来的有利条件。人们对文化氛围的感知仅停留在网络的碎片化信息中，很难真正感知历史文化和记忆。

1.2 设计选址

基地位于德化老城区区块，其中二瓷厂区域定位为陶瓷历史文化街区。用地的西侧紧邻城市南北干道、西南紧邻程田寺、东北紧邻第二瓷厂、内老街有多家陶瓷手工作坊、老街具有山城小巷特色。老街被称为程田寺古街。程田寺古街坐落在德化县城东苹萝峰下、浐溪南端，位于宝美村的东南隅，始建于唐末宋初，原名“陶瓷街”。

1.3 规划重点及内容

目前，德化县遇到的现实问题是：城市整体缺乏辨识度对人们所置身其中的空间形态不够重视，忽视人的行为调查。无论是对陶瓷文化的衍生利用，还是城中的公共建筑本身从城市设计上看或是从开放空间在城市生活中所承担的作用看，都存在着不少遗憾和缺点，影响了城市品质。城市肌理和地域性的文化都造成很大威胁，特别是面临着传统文化被割裂且缺乏叙事性的表达等问题。德化的陶瓷文化遗产承载着城市的记忆，并且见证了城市各个阶段的发展情况。使得城市历史肌理碎片化，文化被割裂。要彰显城市的特色需要叙事性的历史街区作为展示城市文化的媒介，只有让群众自发地选择游览路线，感受街区氛围，才能进一步激发社会活力。通过对历史街区的空间进行叙事性的表达，能够形成一种兼具历史性、趣味性、体验性、连续性的体系，对德化陶瓷历史文脉的传承和街区的提升有着重要的意义。

1.4 成果要求

规划文本表达要求：文本内容主要包括前期研究、功能定位、设计构思、功能分区、空间组织、总体布局、交通组织、环境设计、建筑意向、经济技术指标控制等内容。

图纸表达应包括但不限于：区位图及相关规划图、现状分析图、方案构思相关分析图、城市设计总平面图、整体设计鸟瞰图、结构分析图、功能分区图、建筑高度控制图、交通系统规划图、绿地景观系统规划图、重要节点意向设计图、相关经济技术指标和设计说明。

2. 设计说明

2.1 设计思路

结合德化的客观条件，如经济发展、地理位置和人文资源，考虑地域性文化的影响，充分了解当前所面临的问题，并针对风貌更新的问题，如传统山地空间衰退。随着德化县经济的发展，独特的山地特色建筑群在城市化过程中消失，参差不齐的现代建筑形式打破街市的传统连续界面和原有的传统空间的亲和尺度感，从而就会割裂自然演化的文化历史脉络。首先梳理时空的脉络，确定叙事主题。所选基地特点在于山地自然生态环境优美，悠久的陶瓷历史文化底蕴。

2.2 技术路线

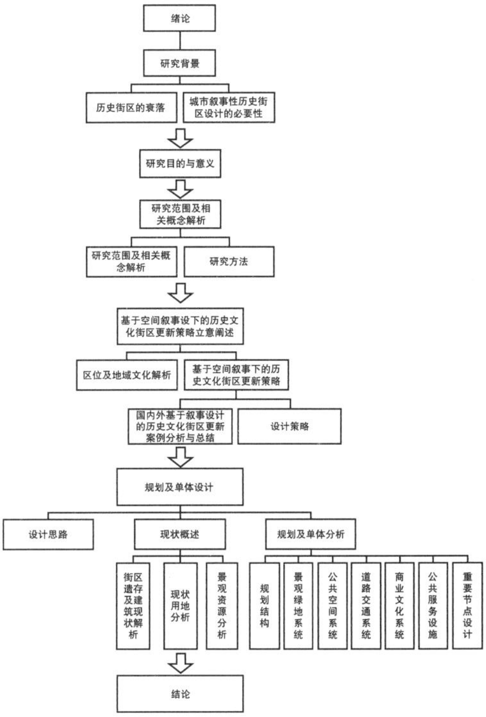

2.3 设计方案构思

首先需要实体化的空间载体呈现一组完整的空间序列，空间载体会将所需要的不同的叙事传达给参观者。所以，需要建构以叙事主题为核心，叙事要素、叙事路径和叙事氛围为关键的结构体系。首先是叙事主题确定，其一是将场所中的环境、气候、地形、水文体现在空间中，将文化特征以不同形式赋予在建筑上，同时将各种精神文化等能借助实体空间进行表达。其二是去挖掘承载人们历史记忆和能够引起人们情感共鸣的历史事件，塑造街区的认同感与归属感，从而生成独特的叙事空间。一个合理的叙事主题的构建需要这两者的相互作用，从而可以指引整体的空间设计。

历史街区空间叙事具体还需要对众多的要素和信息进行提取和整合，并对城市中的各种空间进行拼接和转译，让参观者能边体验边感受街区的故事性，并体会故事的内涵。以环境要素、空间要素、场景要素为代表的叙事性要素，构成了整条历史街区的基础性素材，其中的空间要素是历史街区中最能感染参观者，也最能反映和表达空间特点的要素类型。“建筑、广场、道路”是历史街区中的三种实体要素，能够很好地表达故事的主题。建筑对整个叙事起着组织的作用，不同功能、性质、体量的建筑对历史街区空间会产生不同的影响。广场在历史街区中不同的位置有不同的作用，入口处的广场空间，传达叙事主题；节点处的过渡性广场，可以聚集人流形成主要的交流空间。路是联系建筑、广场等空间场所的重要纽带，也是历史街区空间的主体骨架，将各个分散的空间节点串联起来，形成完整的叙事流线，并决定着参观者游览的叙事进程。

历史街区中的叙事场景有很大的作用，不仅反映历史街区的空间风貌，同时也表达叙事的内容，更能体现人的参与性。以“场景式还原、再现式事件、动态式的民俗”为主：（1）场景式还原：场景式还原的手法不仅可以很好地表达叙事主题，还可以烘托出一定的场景氛围。引入制作瓷器的场景，以此来勾起参观者对德化传统瓷器文化的回忆，更加直观地传递了德化县的陶瓷文化艺术，呼应老街的叙事主题。（2）再现式事件：再现式事件一般是指发生在过去的事件再次出现，历史街区中存在很多的重要事件，可以让参观者体验和参与其中。通过设计相关的雕塑、题有字画的墙壁或是具有文化氛围的空间等，既表达了叙事主题，也作为回忆历史的载体。（3）动态式民俗：通过展示德化当地的陶瓷技艺等传统生活技艺和习俗，既丰富了街区的业态类别，也为参观者提供了解优秀文化的媒介。

3. 设计方案图纸

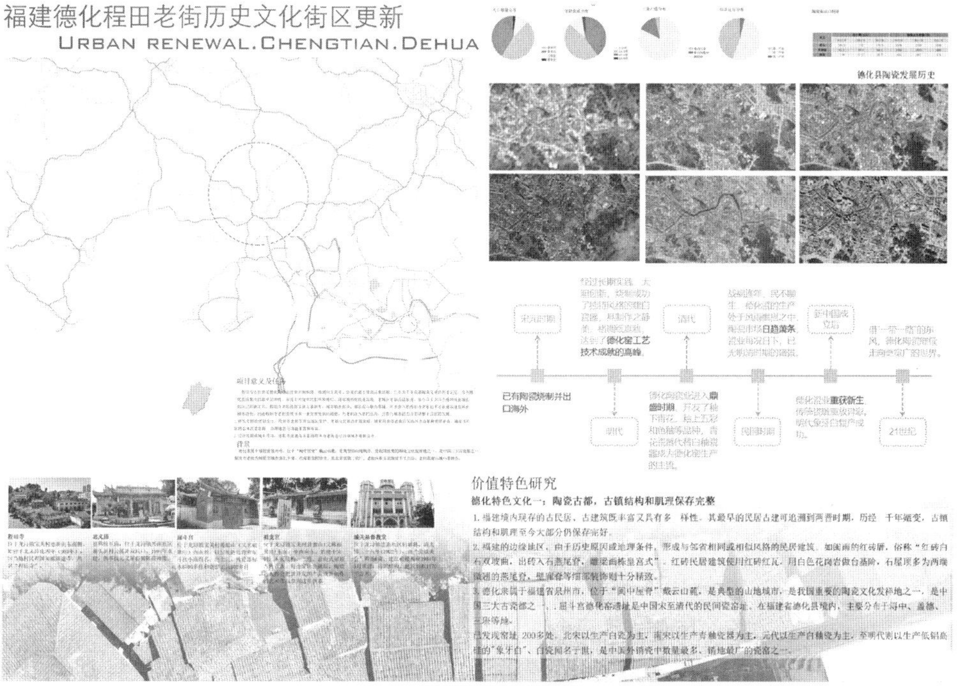

图 4-2-1

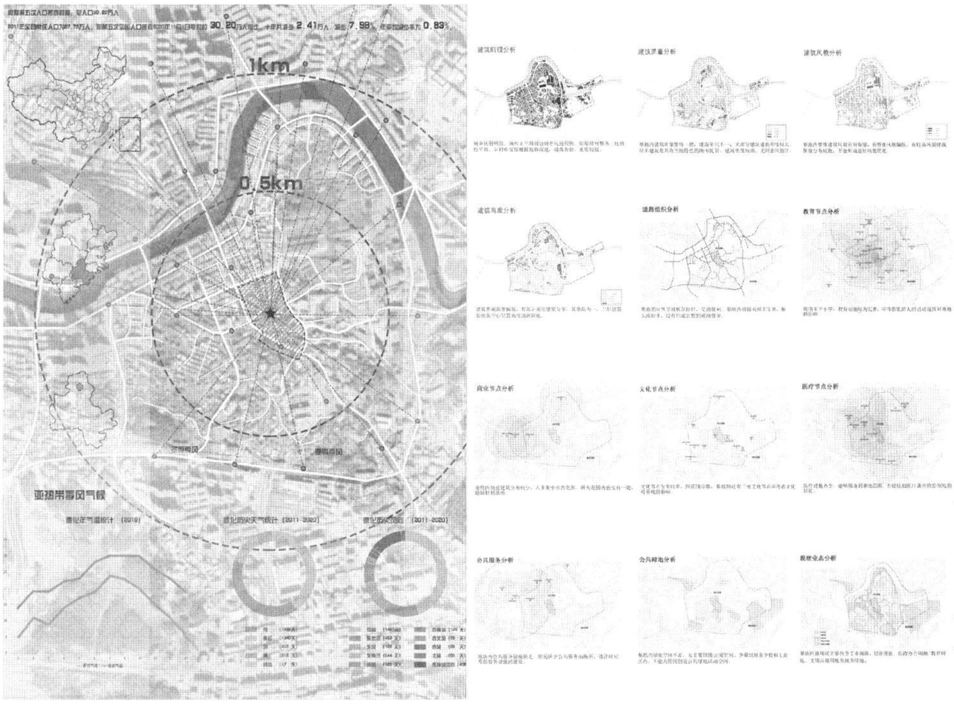

图 4-2-2

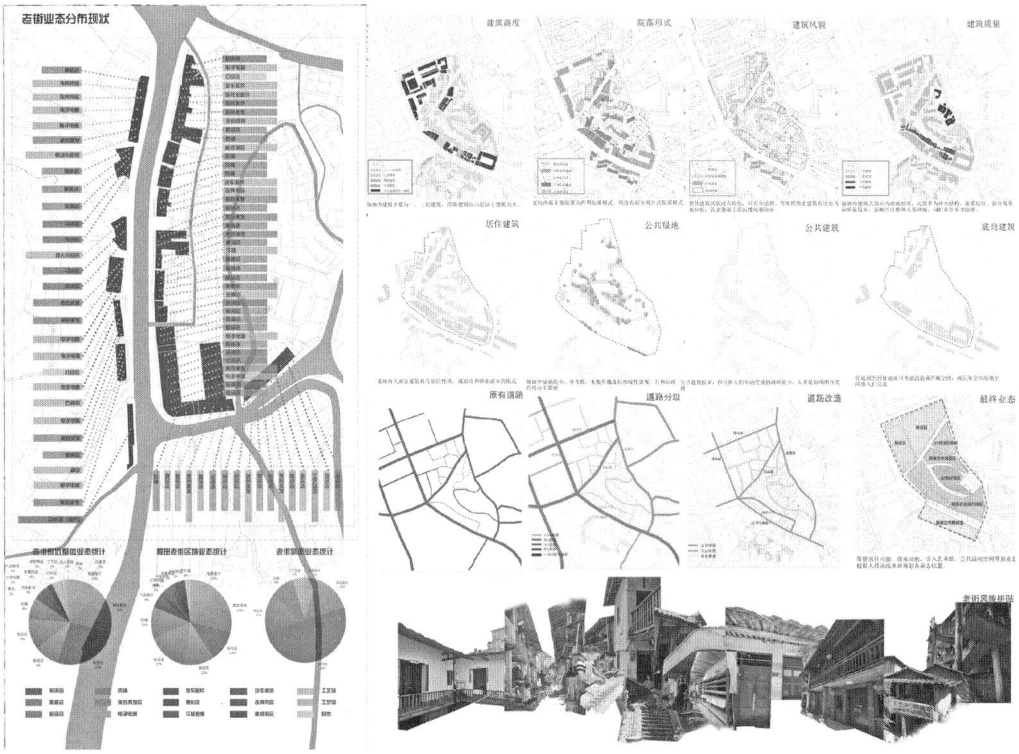
老街业态分布现状
建筑高度
院落形式
建筑风貌
建筑质量
居住建筑
公共绿地
公共建筑
底商建筑
原有道路
道路分级
道路改造
最终业态
老街风貌拼贴

图 4-2-3

建筑拆改
拆改鸟瞰图
拆除重建
保护更新
改建维护
更新完好
改进形式
特色屋顶形式
拆除没有历史价值且风貌较差的建筑，保留具有文化价值的老建并从德化的特色建筑中延续其风貌，继承其屋顶形式使新旧建筑融合，体现当地的文化氛围。

图 4-2-4

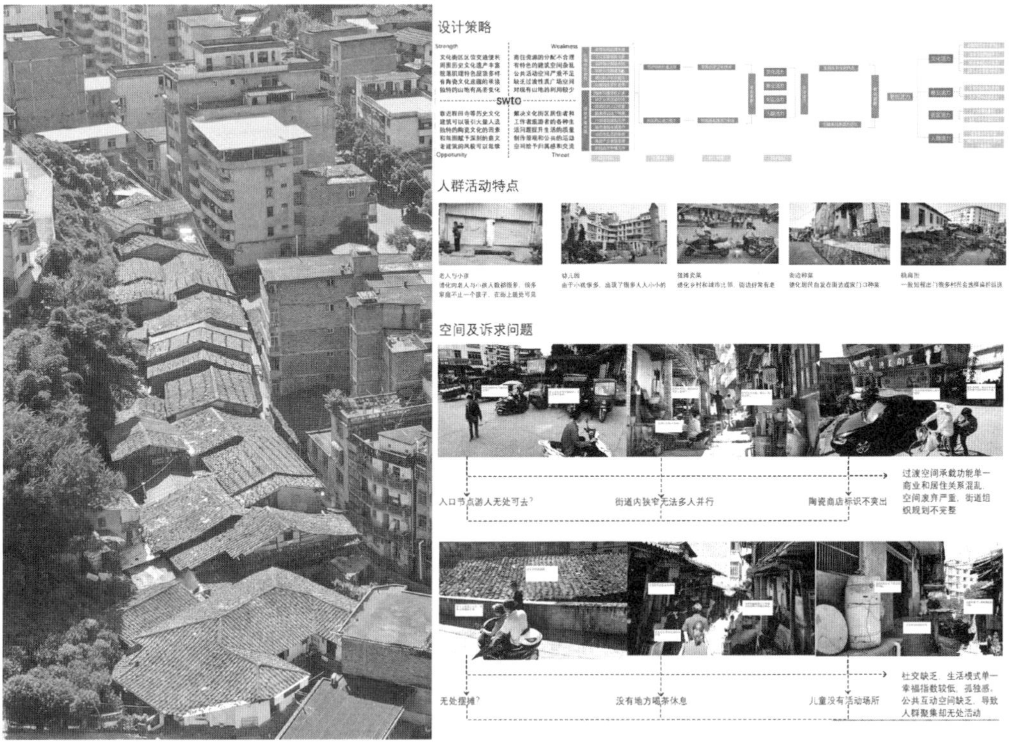
设计策略
Strength
Weakness
SWTO
Opportunity
Threat
人群活动特点
空间及诉求问题
入口节点游人无处可去?
街道内狭窄无法多人并行
陶瓷商店标识不突出
过渡空间承载功能单一
商业和居住关系混乱，
空间废弃严重，街道组
织规划不完整
无处摆摊?
没有地方喝茶休息
儿童没有活动场所
社交缺乏，生活模式单一
幸福指数较低，孤独感，
公共互动空间缺乏，导致
人群聚集却无处活动

图 4-2-5

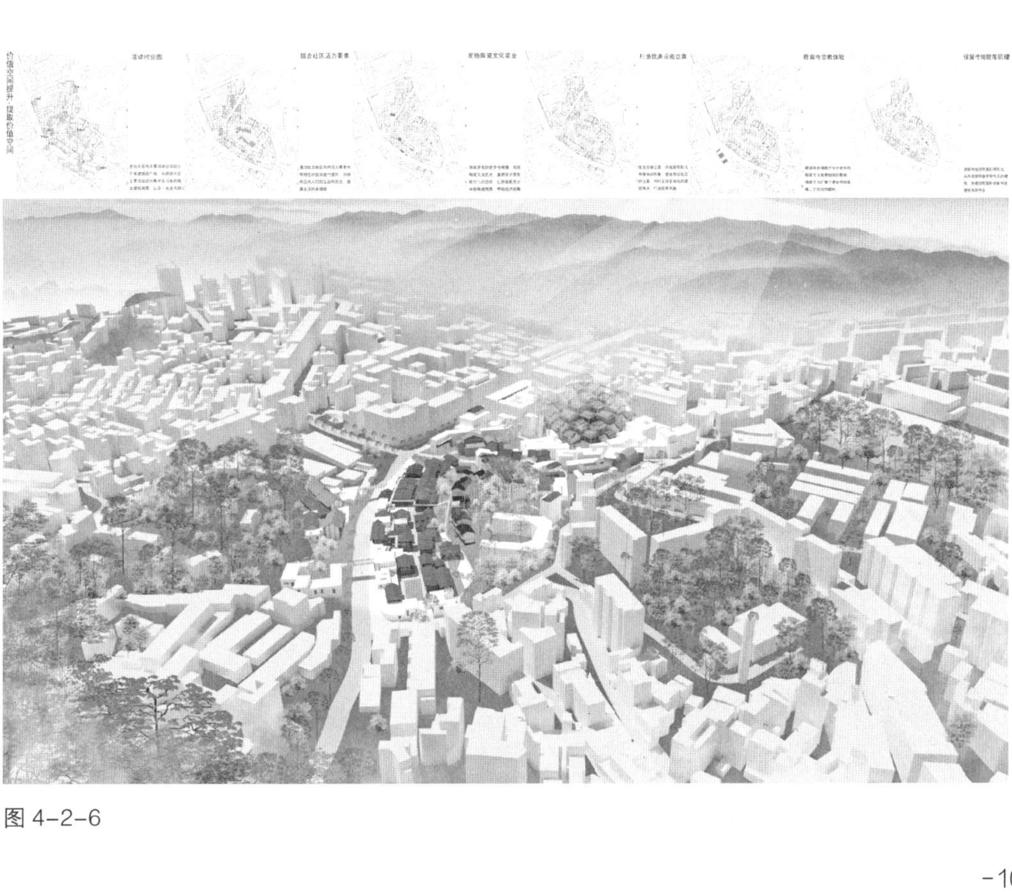

图 4-2-6

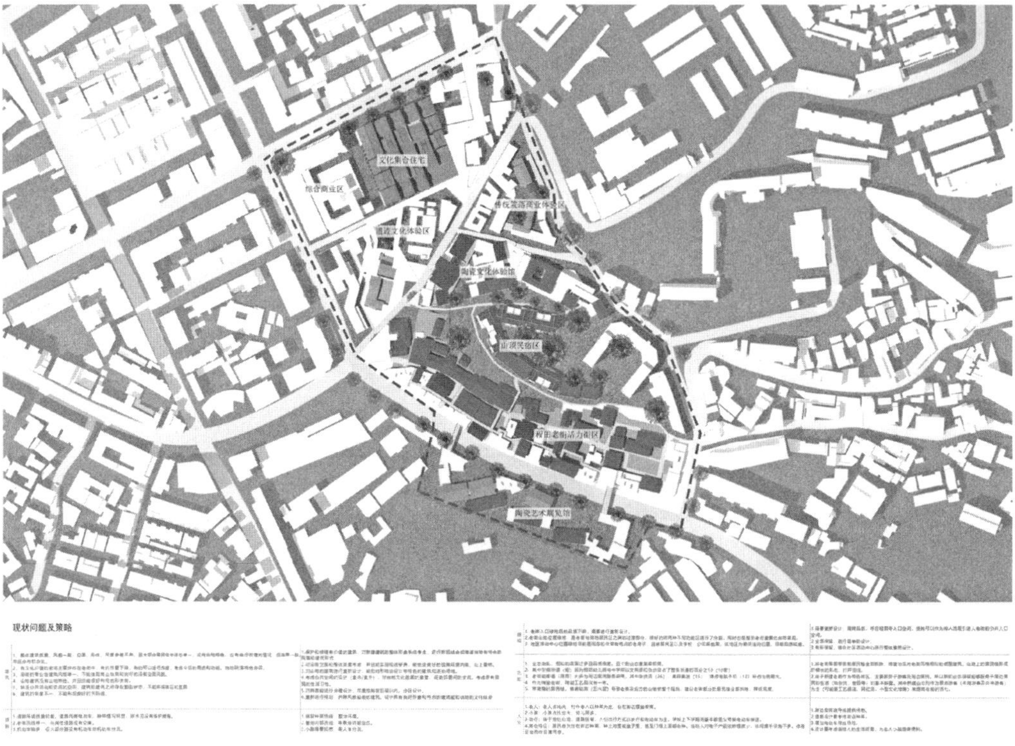

文化集合住宅
综合商业区
传统瓷器商业体验区
瓷器文化体验区
陶瓷文化体验馆
山顶民宿区
程田老街活力街区
陶瓷艺术展览馆
现状问题及策略

图 4-2-7

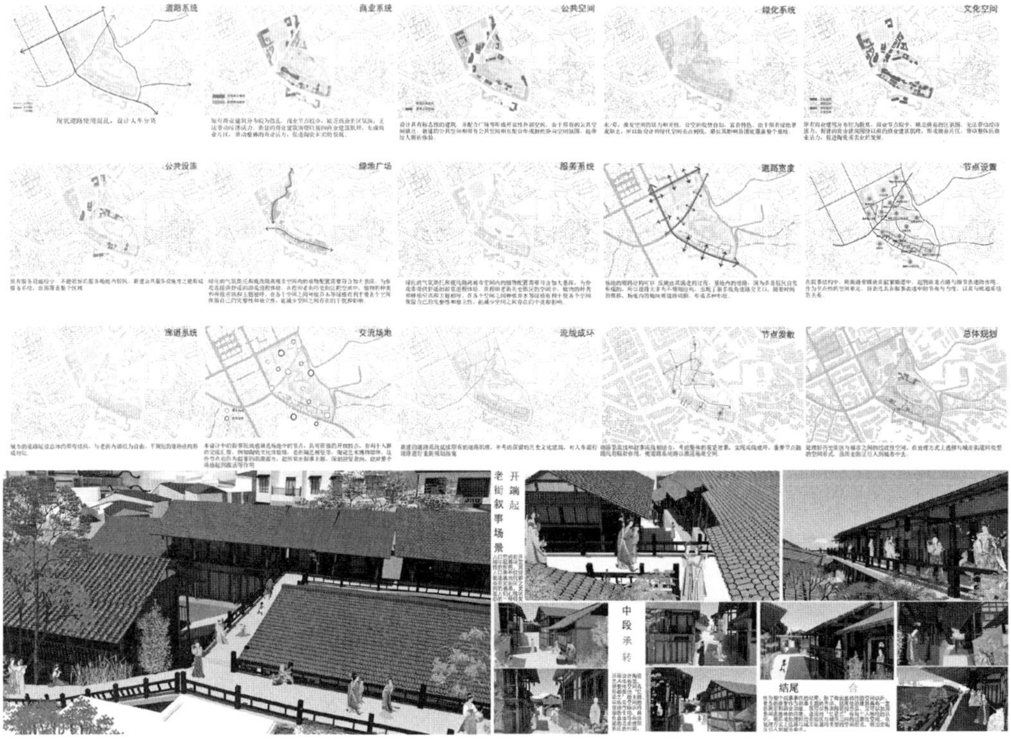

道路系统
商业系统
公共空间
绿化系统
文化空间
公共设施
绿地广场
服务系统
道路宽度
节点设置
廊道系统
交流场地
流线成环
节点发散
总体规划
老街叙事场景
开端
起
中段
承
转
结尾
合

图 4-2-8

图 4-2-9

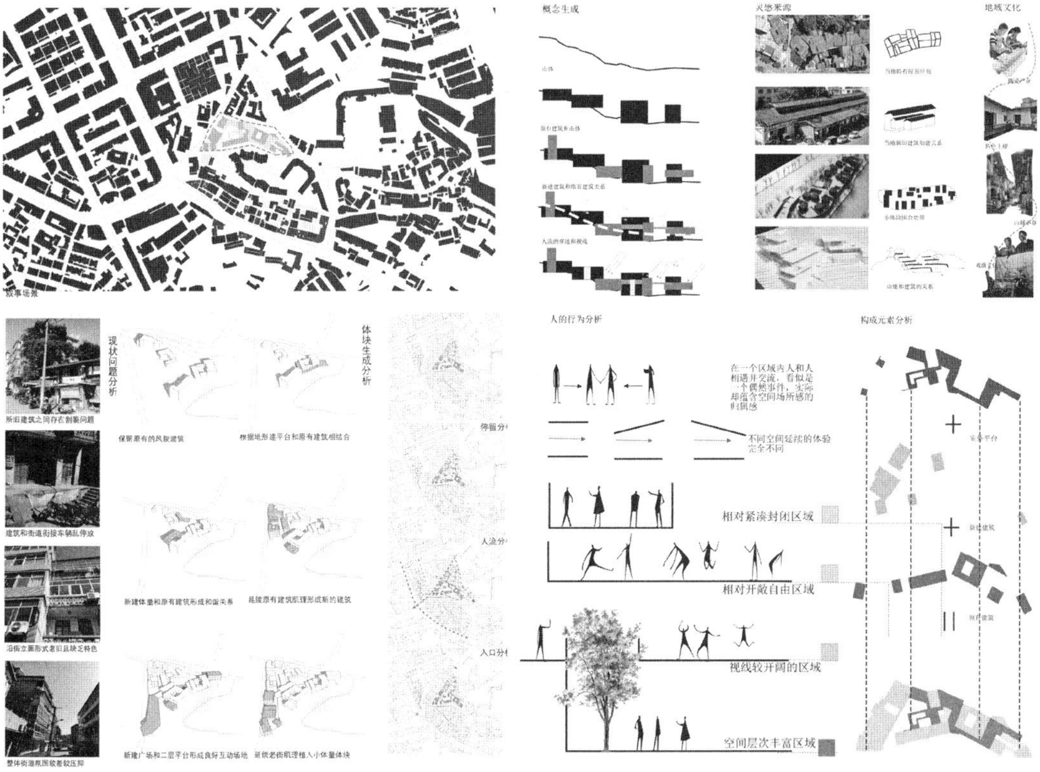
概念生成
灵感来源
地域文化
现状问题分析
新旧建筑之间存在割裂问题
建筑和街道衔接车辆乱停放
沿街立面形式老旧且缺乏特色
整体街道氛围较差压抑
保留原有的风貌建筑
根据地形建平台和原有建筑相结合
新建体量和原有建筑形成和谐关系
延续原有建筑肌理形成新的建筑
新建广场和二层平台形成良好互动场地
延续老街肌理植入小体量体块
体块生成分析
人的行为分析
在一个区域内人和人相遇并交流，看似是一个偶然事件，实际却蕴含空间场所感的归属感
不同空间延续的体验完全不同
相对紧凑封闭区域
相对开敞自由区域
视线较开阔的区域
空间层次丰富区域
构成元素分析

图 4-2-10

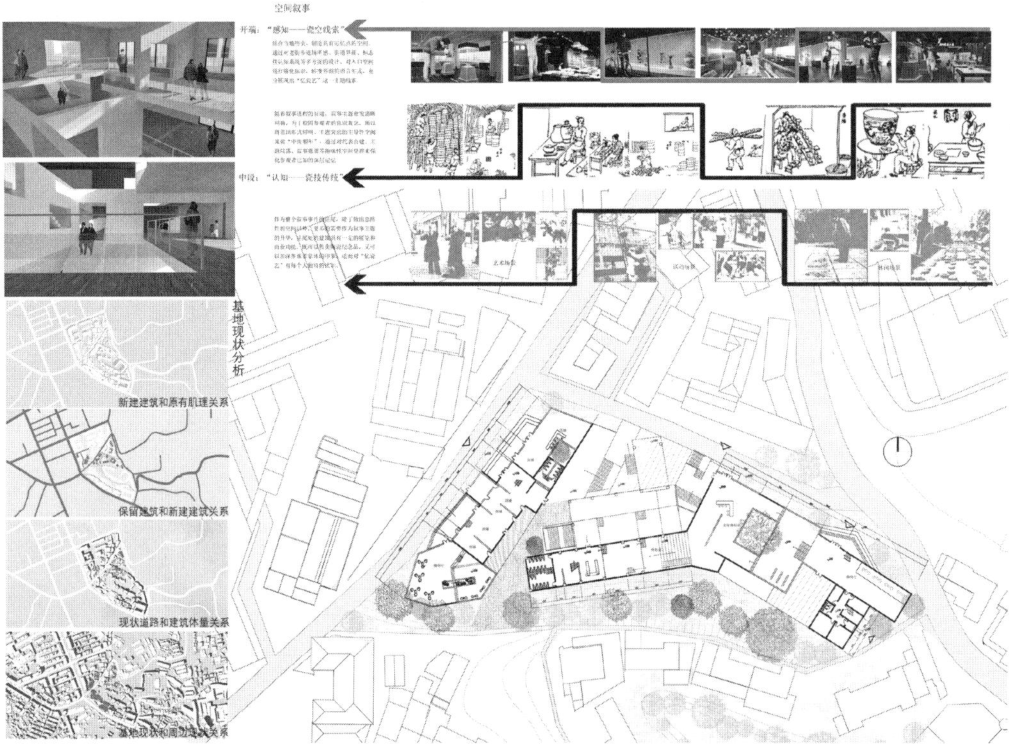
空间叙事
开端："感知——瓷空线索"
中段："认知——瓷技传统"
基地现状分析
新建建筑和原有肌理关系
保留建筑和新建建筑关系
现状道路和建筑体量关系
基地现状和周边建筑关系

图 4-2-11

首层
二层
三层
辅助功能区
老建筑展区
体育健身中心
室外展区/景观
办公辅助区
陶瓷展销
展廊/灰空间
咖啡休闲馆
陶艺展品主展区
通高空间/屋顶
陶瓷手工体验制作

图 4-2-12

总平面图1：1000
经济技术指标
占地面积:2560.4
总建筑面积：4865.2
容积率：1.90
绿化率：33%
建筑密度：46%

图 4-2-13

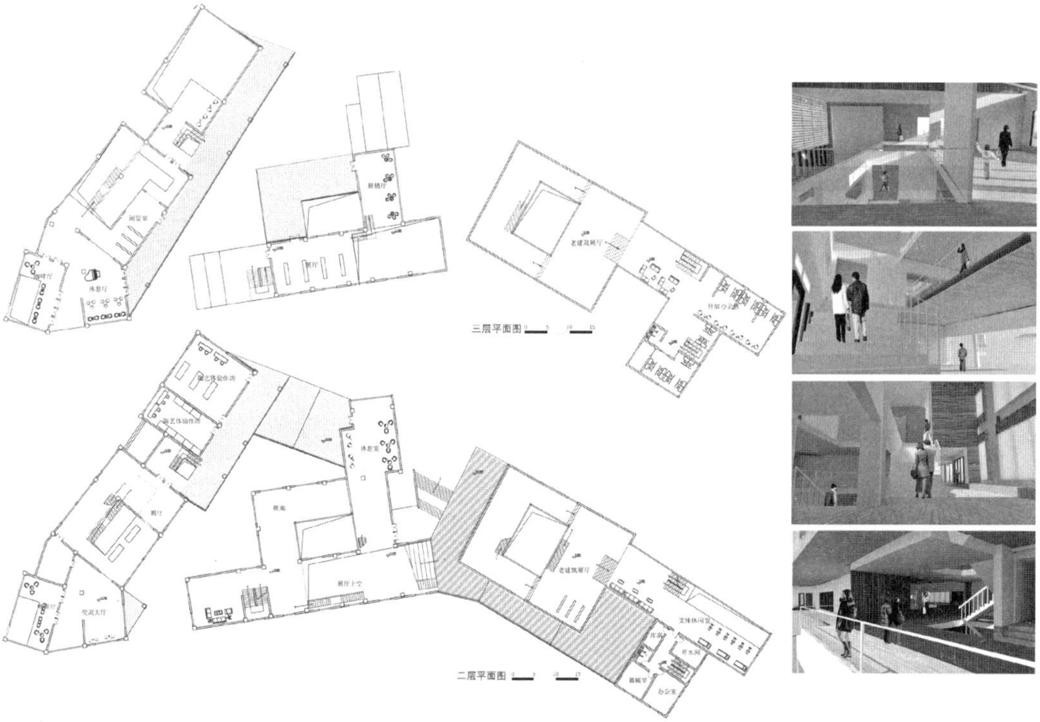
三层平面图
二层平面图

图 4-2-14

图 4-2-15

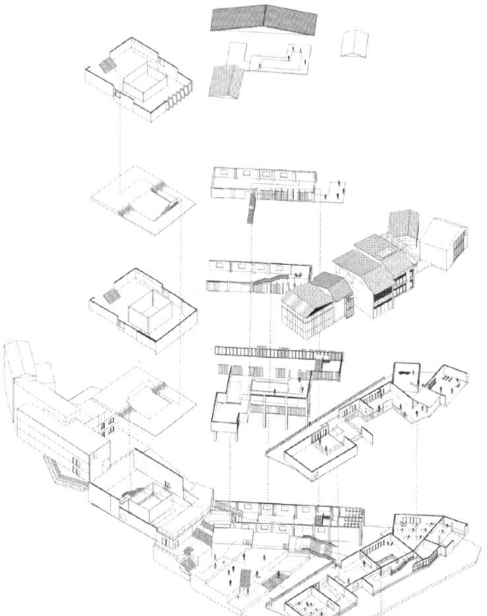

图 4-2-16

作业 3：老车城的新活力——十堰市生态滨江新区核心区北部文化片区城市设计

作者：张赓

指导教师：李婧

设计方案图纸

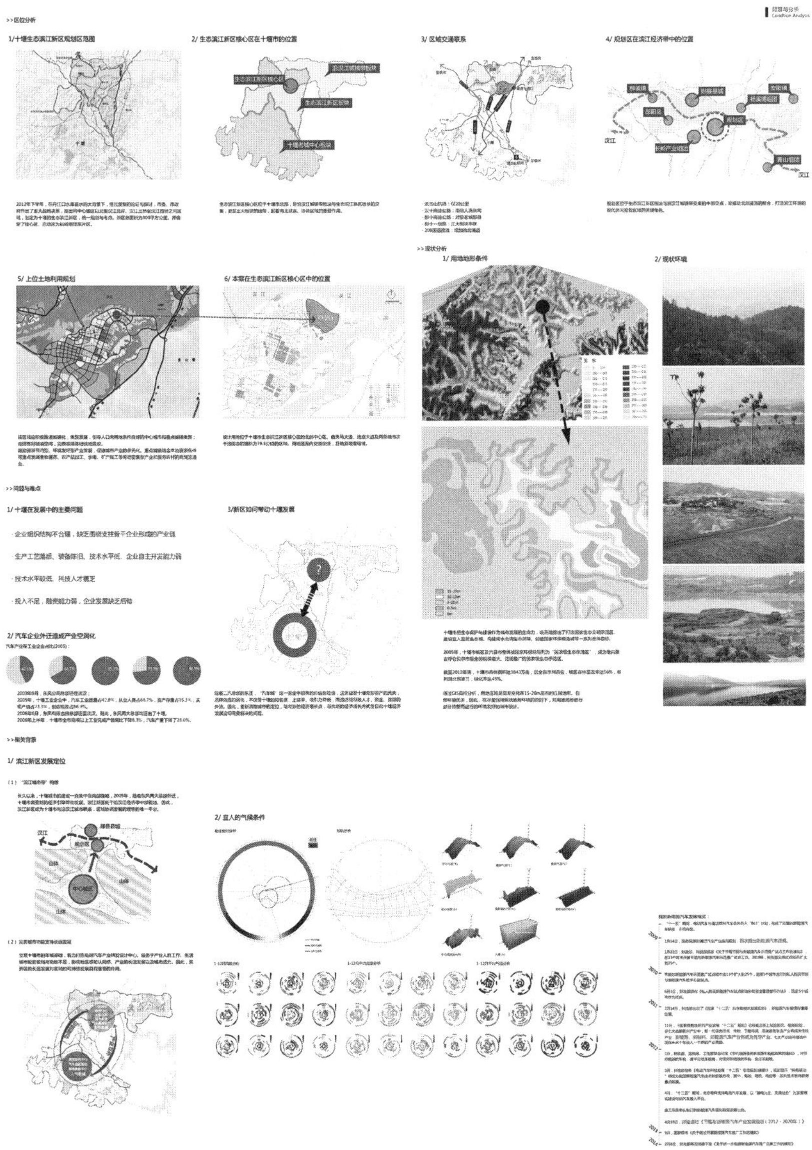

图 4-3-1

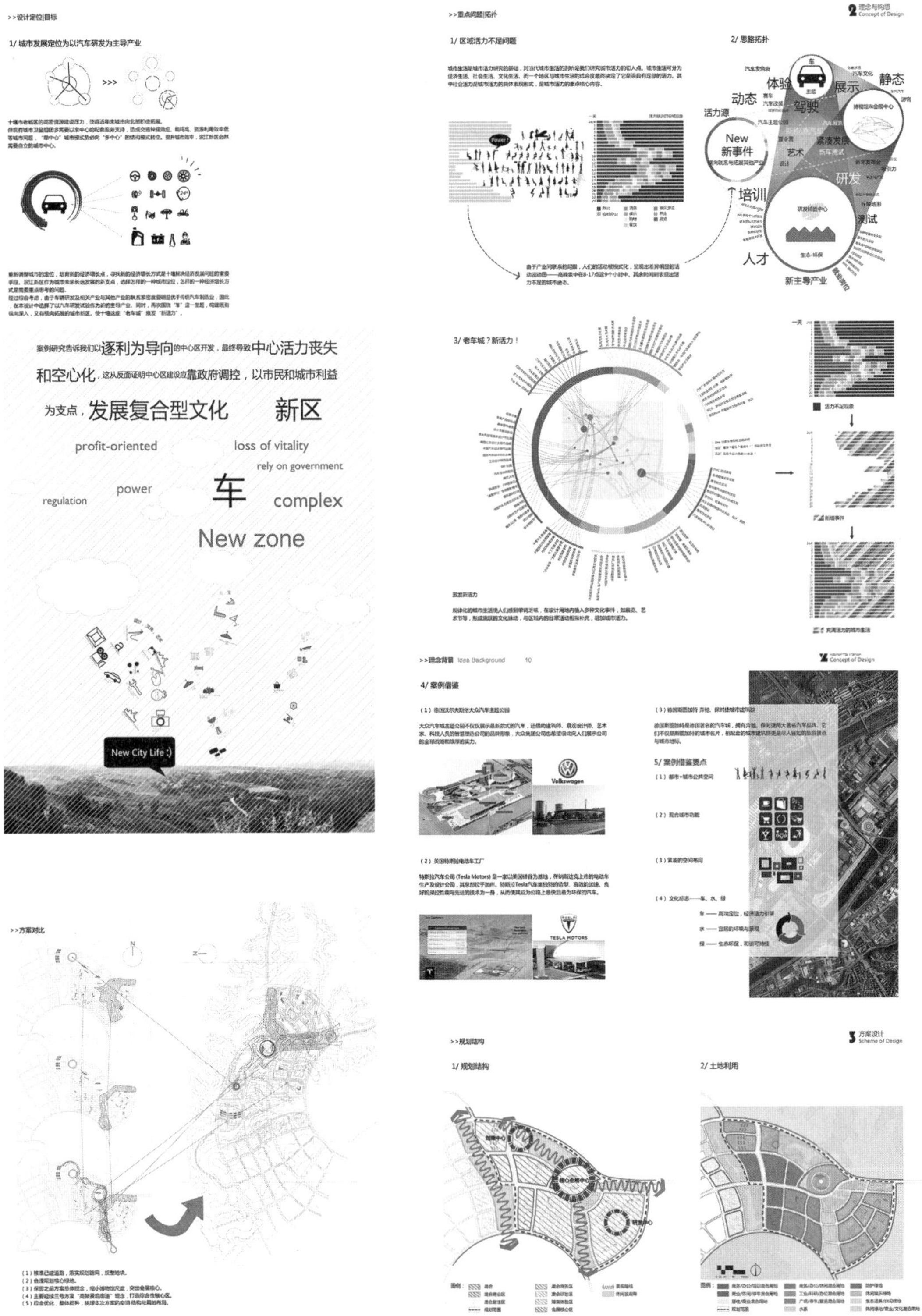
>>设计定位|目标
1/ 城市发展定位为以汽车研发为主导产业
案例研究告诉我们以逐利为导向的中心区开发，最终导致中心活力丧失
和空心化，这从反面证明中心区建设应靠政府调控，以市民和城市利益
为支点，发展复合型文化 新区
profit-oriented
loss of vitality
rely on government
power
regulation
车
complex
New zone
New City Life :)
>>方案对比
>>重点问题|拓扑
理念与构思
Concept of Design
1/ 区域活力不足问题
2/ 思路拓扑
车
体验
驾驶
展示
静态
动态
活力源
New
新事件
艺术
紧凑发展
研发
培训
测试
人才
新主导产业
3/ 老车城？新活力！
>>理念背景 Idea Background
4/ 案例借鉴
Volkswagen
TESLA MOTORS
5/ 案例借鉴要点
>>规划结构
方案设计
Scheme of Design
1/ 规划结构
2/ 土地利用

图 4-3-2

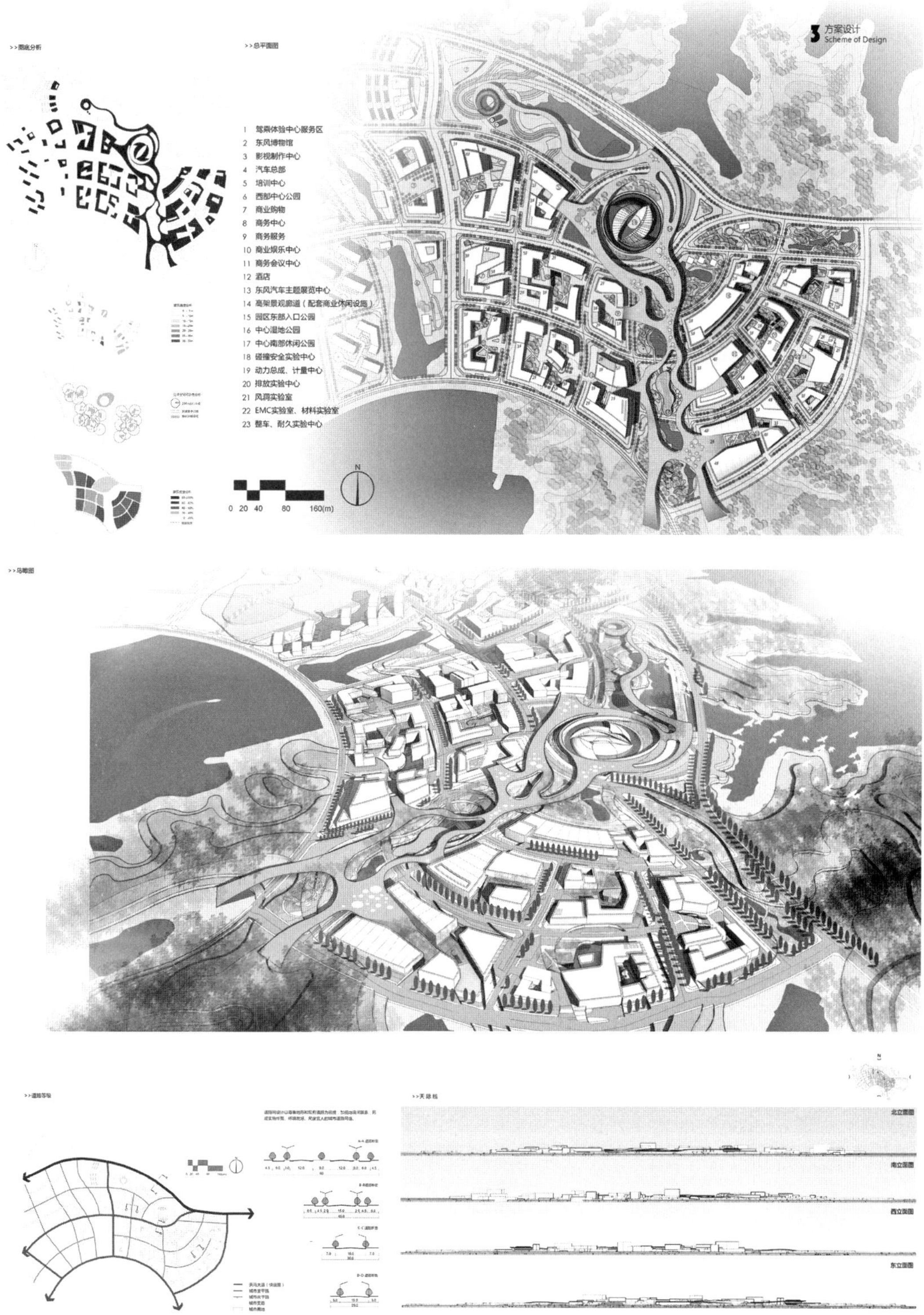

>>图底分析
>>总平面图
3 方案设计
Scheme of Design
1 驾乘体验中心服务区
2 东风博物馆
3 影视制作中心
4 汽车总部
5 培训中心
6 西部中心公园
7 商业购物
8 商务中心
9 商务服务
10 商业娱乐中心
11 商务会议中心
12 酒店
13 东风汽车主题展览中心
14 高架景观廊道（配套商业休闲设施）
15 园区东部入口公园
16 中心湿地公园
17 中心南部休闲公园
18 碰撞安全实验中心
19 动力总成、计量中心
20 排放实验中心
21 风洞实验室
22 EMC实验室、材料实验室
23 整车、耐久实验中心
0 20 40 80 160(m)
N
>>鸟瞰图
>>道路等级
>>天际线
北立面图
南立面图
西立面图
东立面图

图 4-3-3

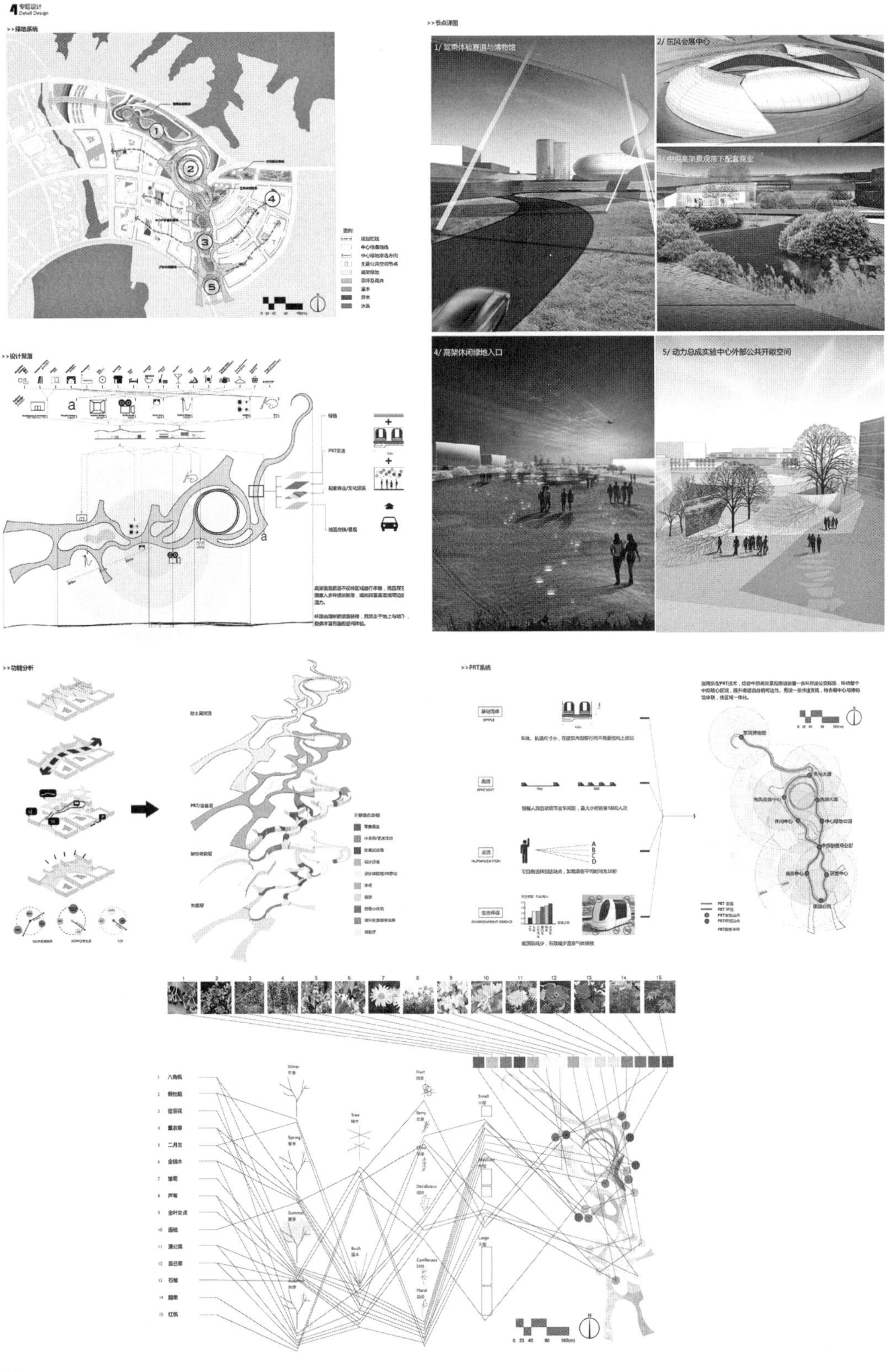

4 专题设计
Detail Design
>>绿地系统
>>节点详图
1/ 驾乘体验赛道与博物馆
2/ 东风会展中心
3/ 中央高架景观带下配套商业
4/ 高架休闲绿地入口
5/ 动力总成实验中心外部公共开敞空间
>>设计策略
>>功能分析
>>PRT系统
SIMPLE
EFFICIENT
HUMANIZATION
A
B
C
D
PRT 支线
PRT 环线

图 4-3-4

第 5 章 | 社区更新

社区更新是近年来我国城市更新的热点问题。我国在改革开放40余年中，城市快速发展，有一批早期建设的住宅小区由于建设年代早，从基础设施到环境空间、室内布局等都无法满足今天的使用需求，迫切需要改造和更新。很多地方均推出了老旧小区的定义和改造标准，老旧小区名词本身涵盖了历史和现实双重的意义，比如基础设施，建设标准等存在很多低于现行标准的。随着社会的发展，当时的标准已经不足以满足现在的社会生活和发展。近期，党中央、国务院决策部署，加大城镇老旧小区改造力度，推动惠民生扩内需，要求指导各地保质保量地完成2020年改造城镇老旧小区3.9万个，涉及近700万户居民的目标。

越来越多的学者开始关注到老旧小区的改造和更新，在老旧小区更新之初，由于存在棚户区的改造、公共服务设施的整体提升等问题，需要更多地从物质空间重建的角度来考虑更新问题。像在北京、上海等这样经济发展速度较快的城市，旧城老旧小区中的社会问题和矛盾也日益突出，社区更新的议题成了城市规划中一项重要的课题。随着老旧小区面积的不断增加以及拆迁成本的上升，单纯的拆除改造已很难在大城市中心区推广，城市更新迫切需要一种新的方式来进行组织和进行，人们开始更多地关注建成环境的提升。与此同时，传统的自上而下由领导者和规划师来决策城市的规划方式也逐渐开始发生转变，逐步转变为多元协作，人人参与，共同营造的自下而上的“以人为本”的规划开展及实施路径。

社区空间是城市整体空间品质的一个缩影，构建良好的社区空间，营造健康的社区治理体制，是提升城市品质的核心目标，也是“十九大”期间我国社会矛盾转移后城市建设与更新的重要内容。社区更新是微视角的一个更新层面，所以在更新过程中，需要考虑社区原住民的社会结构，采取微介入的手段，减少对社区现存人口的社会冲突和破坏。社区更新从每个人的生活出发，让学生可以真正建立“以人为本”“人民城市为人民”的规划价值观。

同时，在社区更新的过程中，由于涉及多方的利益主体，社区居民的需求也非常多元，所以“精细化设计”是社区更新的重要手段和途径，国家领导人倡导规划师用绣花针来做规划，更加精细、更加持久地关注社区生活，用全新的规划设计方法和理念进行社区的更新和设计。

在这样的时代背景下，社区规划师应运而生，当前我国已经掀起蓬勃的社区更新活动，从北京到上海，从成都到长沙，各地政府都在积极探索和组织，通过一些政策和制度来指导社区更新的规划和实施，以此保障社区的营造活动顺利进行。社区规划师通过组织居民参与，提升居民自发营造和更新社区的能力。居民作为社区更新的直接受益人，根据自身生活所需提出诉求，提出自己对于社区改造和更新的设想和意见，积极参与到社区更新组织的活动中去。社区更新除了居民以外，还涉及社区的管理部门，即社区居民委员会。社区居委会在当前承担了政府行政管理和社区公共治理的双重职能，未来是我国城市治理中最重要的基层部门。如何积极探索社区治理的新模式是未来社区规划的重要内容。社区规划师和社区基层组织搭建起居民和政府的沟通桥梁，保证信息传递的上通下达，积极促进由“自上而下”向“自下而上”的转变，激发自治意识，倡导鼓励居民积极参与到社区治理的工作中。社区的规划师作为社区更新重要的桥梁和纽带，需要联系各方，分别听取各方建议，协调各方利益，才能最终给出一个社区空间整治的方案。

社区规划师倡导的是一种陪伴式的规划，空间方案本身在这里的重要性已经减弱，更重要的是通过具体的空间方案，提升居民的生活幸福感和满意度。社区规划师需要关注社区规划的每一次变化，并且及时根据现实情况来调整方案，让社区营造成为社区更新中的重要一环，搭建一种动态的、健康的社区更新模式。

北京市在最新版的《北京城市总体规划（2016—2035 年）》中明确对社区规划师提出要求，要求建立责任规划师制度，并要求责任规划师深入社区、扎根基层，了解社情民意，加强顶层设计，发挥规划引领的作用。通过专业指导充分发挥统筹分析能力，分析属地现状问题、居民需求，研究属地城市更新的政策指导建议和更新策略，为属地街道和社区提出专业化的指导意见和全过程的专业技术服务。搭建沟通桥梁，深入属地，建立长效合作机关系，夯实群众基础，获得广泛认同。提升基层群众规划意识，引领公众参与及社区培育。打通规划落地的最后一公里，推动规划实施，全过程的伴随式参与规划编制、审批、实施、实施反馈等各个流程环节。

综合来看，社区更新不是一个人或者一个组织就可以完成的事情，社区更新和治理需要多方协同配合才能完成。社区是城市的基本单元，是城市这一复杂生态系统中的细胞，是城市非生产性活动的重要支撑，也是大部分居民提高生活品质和幸福感的物质基础。社区更新和社区治理已经成为城市规划工作的重点，近几年越来越多的规划师深入社区、扎根社区，作为片区的责任规划师承担社会责任，我们也看到越来越多成功的社区更新案例以及正在进行的做得很好的社区。社区更新的工作不是一日之功，需要将更新的思想合理地运用在社区更新的实践之中，要剖析社区的历史运行状态。同时，也需要了解到社区同城市各部分要素之间的联系，能够帮助社区更好地“对症下药”，制定精准的策略来改善环境品质和生活质量。因此，社区更新作为教学中的一个重要环节，也成为我们选题并实践的重要内容。

作业 1：一种可生长的社区微更新模式——北京市八角社区改造

作者：谭辰雯、毕可心、谢恩枫、龙莹

指导教师：杨绪波、梁玮男、李婧

1. 设计任务书

1.1 时代背景

随着中国的城镇化进程不断推进，城市的发展和建设已经逐步转变为存量提升发展的模式，而十年前甚至数十年前的既有社区和现在的新社区相比，尽管在设施、空间、环境及风貌方面都存在逐渐老化的问题，但是老旧小区中活跃的人群活动、丰富的历史数据以及明确的发展诉求为规划和发展提供了良好的基础。因此，社区更新逐步出现在大众视野，通过各种更新理论的指导以及更新模式策略的导向，我们能够把城市的建设质量不断地提高和升级。

1.2 设计选址

社区更新范围位于北京石景山区八角街道中部，东至八角西街，西至古城东街，北至八角北路，南至八角路。总面积约 20 公顷，主要包括的社区就是八角北路社区。

1.3 规划重点及内容

当前社区环境品质一般都比较低，而随着社会的发展，居民的需求越来越多样化，而多样化的需求如果不能在空间上全面落实就会影响社会的稳定发展。八角社区建成时间较久，整体已经非常陈旧，而且街道以及社区公共空间的设施已经不足以满足居民的生活要求，经过对八角社区的问卷调研，我们发现八角社区的居民提出的问题包括停车场、公共空间、步行环境、老年人活动以及违章建筑等。居民最关心的点就是社区更新工作的规划重点。

1.4 成果要求

图纸表达应包括但不限于：区位图及相关规划图、现状分析图、方案构思相关分析图、城市设计总平面图、整体设计鸟瞰图、结构分析图、功能分区图、建筑高度控制图、交通系统规划图、绿地景观系统规划图、重要节点意向设计图、相关经济技术指标和设计说明。

2. 设计说明

2.1 设计思路

通过提出可生长的社区微更新模式，来引领整个社区更新的过程，首先通过对于现状的调研和了解，发现社区中存在的主要问题，对问题进行分类整理，并进行初步的修复；其次通过设计可拆卸的灵活的城市家具，来激活社区的公共空间，并且在整个过程中，不断地组织居民参与进来，社区居民自治内发式的主动更新，并且形成自我更新式的成长型社区。

2.2 设计方案构思

第一，对社区进行“问诊”，提出目前现存的问题，并且对问题的严重程度进行分类，并且深入挖掘出现某种问题的根本原因。通过对社区的物质空间环境的调研，整理社区内的绿化景观、流线和交通的组织、公共空间的现状、建筑的现状等；并且，通过问卷、访谈等方式对社区内的居民进行走访调研，了解社区的社会结构和人口构成。八角社区建成年代久远，同大部分的老旧小区一样，也面临着人口老龄化的问题，那社区的更新就要提升社区居民的幸福感和满足感，所以需要针对老年人做一些针对性的设计，来解决他们生活中的问题。

第二，从生活设施、交通系统、景观系统入手，对八角社区的更新改造提出相关的策略。生活设施方面，需要提升社区的基础物质环境，同时也需要对社区内存在的一些老旧设施进行改造提升，通过微更新介入的手段，对公共空间进行再设计的提升；交通系统方面要考虑到老年社区的特殊性，不仅要考虑居住区内部流线的通而不畅，同时还需要针对老年人的特点以及他们这个群体对于交通的需求来探索新的社区内部的流线和交通的组织形式；景观系统方面，需要考虑社区居民的实际需求，不仅是从自然景观的角度进行改造，也要考虑到老旧小区本身的历史和文化，通过构建系统的人文景观来提升社区的整体内涵。

第三，前面所说的其实都是针对物质空间层面的提升和改造，而社区更新的根本是形成良性健康的社区生态，所以我们需要构建居民自治和公众参与的社区更新模式。通过对组织体制，具体内容以及运行机制的探讨，提出公众参与的具体实施方案和操作手段。我们也根据调研的情况，对公众参与提出了一些具体实施的方案，例如城市家具的分时管理、社区绿植的居民认养管护、宠物粪便的及时清扫监督以及各类通知海报的统一粘贴等。

3. 设计方案图纸

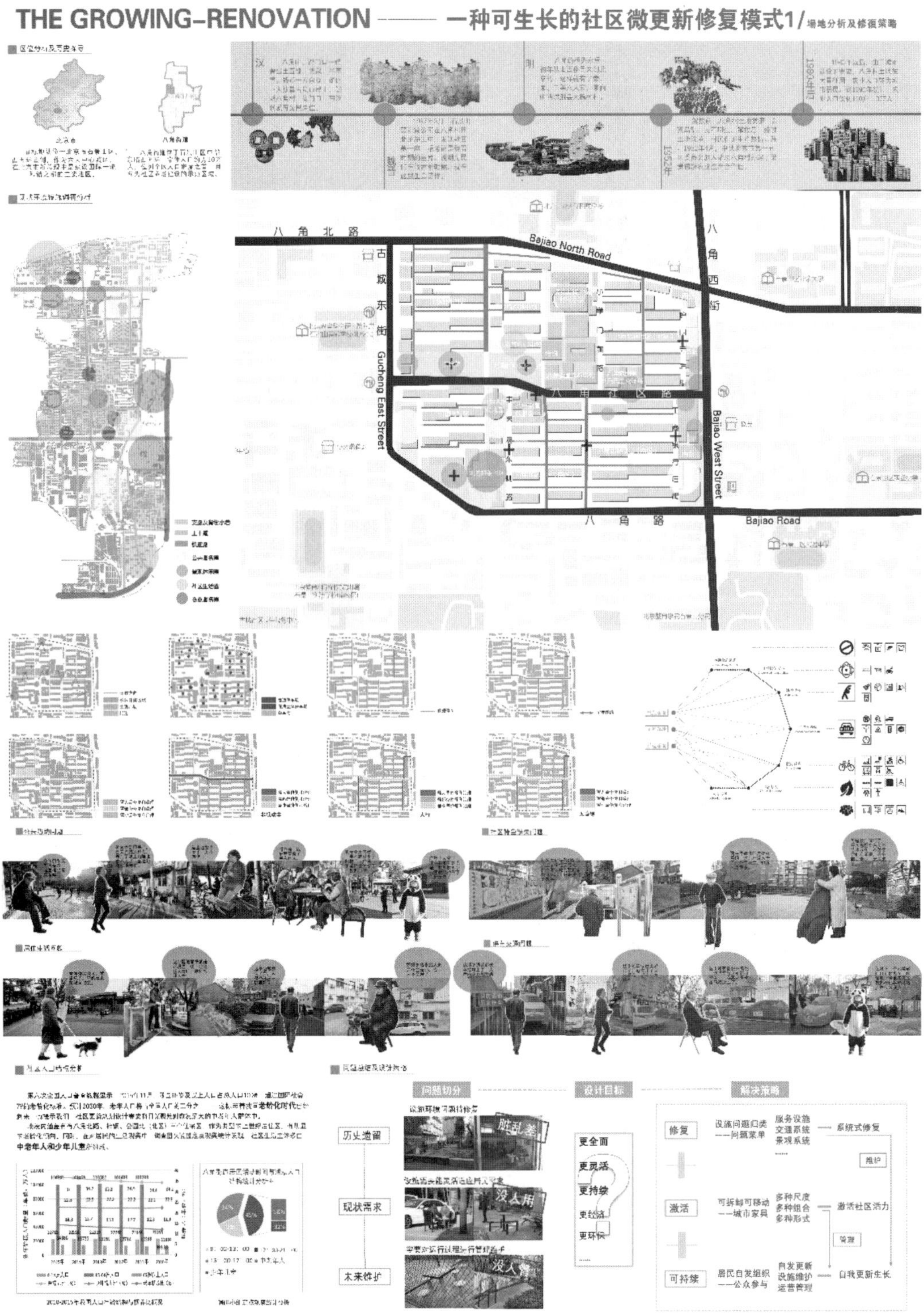

图 5-1-1

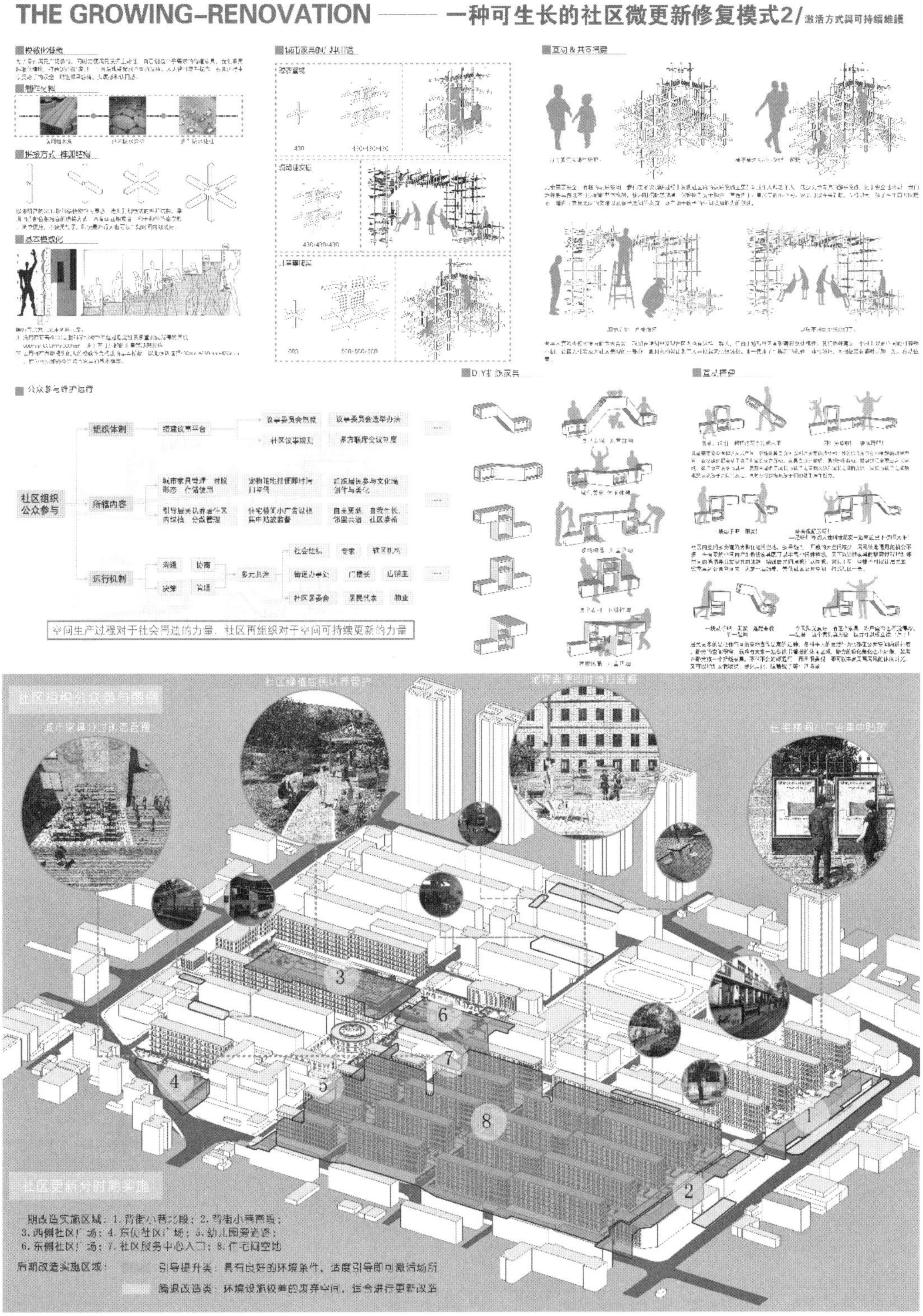
THE GROWING-RENOVATION —— 一种可生长的社区微更新修复模式2/激活方式與可持續維護
社区组织
公众参与
组织体制
搭建议事平台
议事委员会制度
议事委员会选举办法
社区议事规则
多方联席会议制度
所辖内容
城市家具管护 街巷形态 行道绿化
宠物饲养自律
社区服务参与文化活动与美化
引导居民认养盆栽及内绿植 公益管理
住宅楼下小广告清理集中贴放监督
自主更新 自我生长 邻里共治 社区参与
执行机制
沟通
协商
决策
管理
多方共治
社会组织
专家
政府机构
街道办事处
门楼长
业委会
社区居委会
居民代表
物业
空间生产过程对于社会再造的力量，社区再组织对于空间可持续更新的力量
社区组织公众参与图例
社区更新分时期实施
一期改造实施区域：1.背街小巷北段；2.背街小巷西段；
3.西侧社区广场；4.东侧社区广场；5.幼儿园旁通道；
6.东侧社区广场；7.社区服务中心入口；8.住宅间空地
后期改造实施区域：
引导提升类：具有良好的环境条件，适度引导即可激活场所
腾退改造类：环境设施较差的废弃空间，适合进行更新改造

图 5-1-2

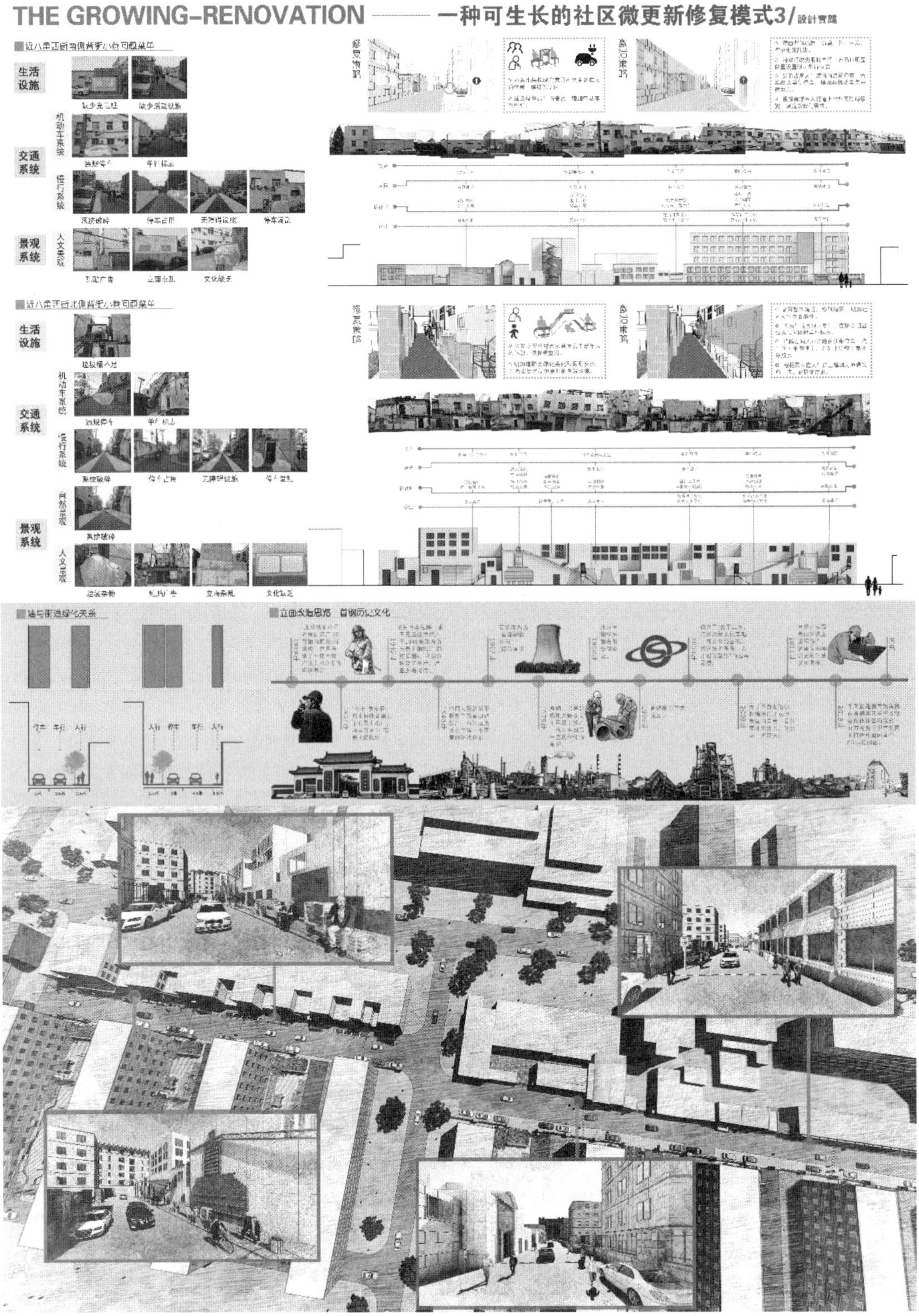
THE GROWING-RENOVATION —— 一种可生长的社区微更新修复模式3/
生活设施
交通系统
机动车系统
慢行系统
景观系统
人文景观
生活设施
交通系统
机动车系统
慢行系统
景观系统
自然景观
人文景观
立面改造思路 首钢历史文化

图 5-1-3

THE GROWING-RENOVATION——一种可生长的社区微更新修复模式4/设计实践

图 5-1-4

THE GROWING-RENOVATION——一种可生长的社区微更新修复模式5/设计实践及总结推广
东侧广场问题菜单
东侧广场修复与激活策略
生活设施
交通系统
景观系统
东侧广场文脉保护措施
平面图 1：300
N
服务中心入口问题菜单
服务中心入口修复与激活策略
住宅间空地问题菜单
住宅间空地修复与激活策略
模式推广与总结

图 5-1-5

作业 2：城市共生之家——北京琉璃厂西街社区更新

作者：祝艳丽　廖桂萍

指导教师：许方　于海漪

1. 设计任务书

1.1　时代背景

北京作为中国的首都，不仅是全国的整治、经济、文化中心，同时也是一座拥有 3000 多年建城史的历史名城。改革开放以来，城市迅速扩张，北京作为现代国际城市的吸引力，加剧了城市住房紧张、环境恶化、历史风貌破坏严重等问题。城市的更新和修复已经迫在眉睫，而且随着历史文化保护观念逐步深入人心，人们开始不再认同“推倒重建”式的改造，以渐进式的微更新改造为代表的新理念开始进入大众的视野[3]。

1.2　设计选址

社区位于北京市西城区，位于北京中轴线西侧，社区北至琉璃厂西街，南至骡马市大街，东至南新华街，西至东椿树胡同，占地面积约 70 公顷，在目标社区内存在三处文物保护单位，以及多处历史遗存。

1.3　规划重点及内容

（1）对于老城区文化遗存的保护和再利用。老城区内的历史遗存和文物保护单位是城市历史文化的集中体现，通过对历史遗存的保护和提升来活化历史，能够让人们更好地了解历史。

（2）对于居民生活环境的提升。老旧城区虽然历史文化底蕴深厚，却也因为历史久远，很多的基础设施短缺，不够完善，加之很多居民的私搭乱建，严重影响了居民的生活环境和生活品质。

1.4　成果要求

图纸表达应包括但不限于：区位图及相关规划图、现状分析图、方案构思相关分析图、城市设计总平面图、整体设计鸟瞰图、结构分析图、功能分区图、建筑高度控制图、交通系统规划图、绿地景观系统规划图、重要节点意向设计图、相关经济技术指标和设计说明。

2. 设计说明

2.1　设计思路

对于老城区最重要的便是保护，要保护它的历史风貌肌理，保护四合院的院落布局，保护当地的文物保护单位和历史建筑。其次，在保护的同时要对整个环境进行更新改造，让老城区在新时代焕发活力，提升人们的生活品质和生活环境。在进行保护和更新的同时不能忽略的是人，所以要进行社区营造的研究。通过设计让生活在这里的人们参与到整个城市的营造和成长之中，在社区中形成共享和可持续发展的理念。

2.2　设计方案构思

改造中，需要对社区进行分区、分片，根据建筑物目前的质量和状况，分批、分类、分阶段地进行改造，对于历史意义重大，现存质量良好，有历史价值的四合院我们进行保留和改造，而对于建筑质量较差的一些建筑危房进行了拆除。我们提出采用微更新的改造模式，这种改造模式，一方面最大限度地保留了胡同的氛围和四合院的历史风貌，体现街区的整体性；另一方面居民在其中发挥了改造的自主性，并且有效改善了居民的生活环境。通过社区更新和改造来实现中心城区的人口疏解，让北京老城区重新焕发活力。

3. 设计方案图纸

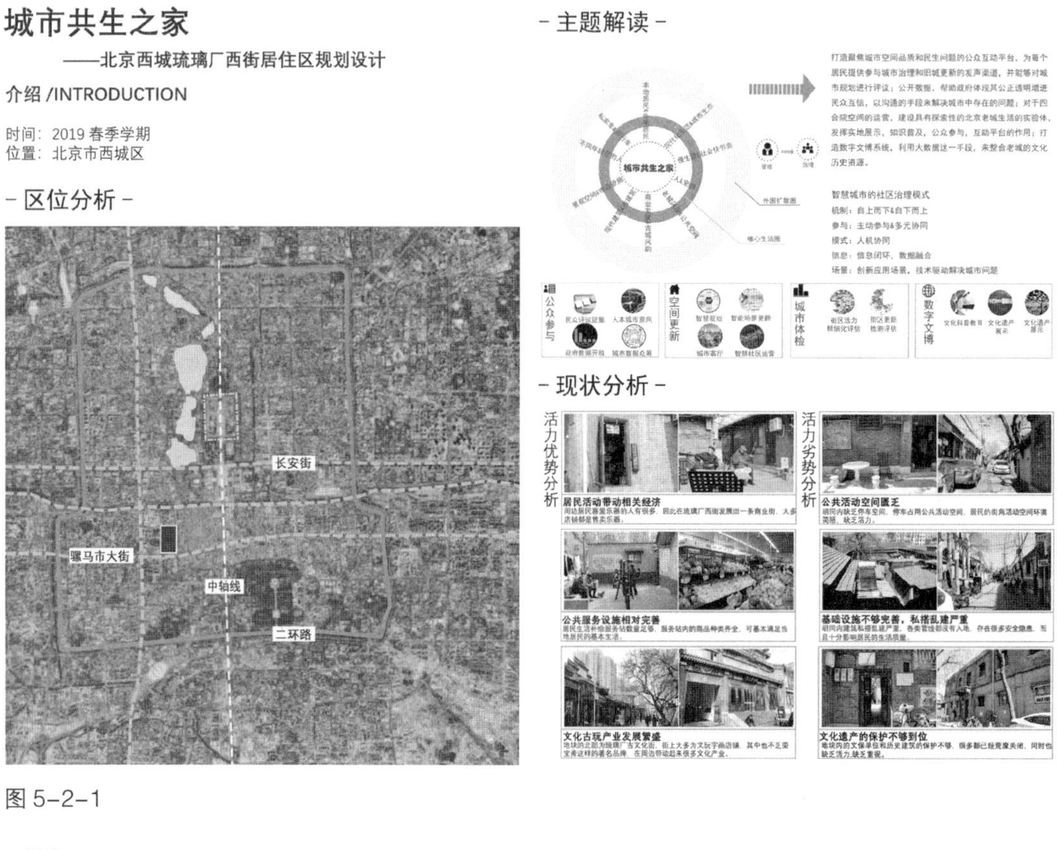

图 5-2-1

- 思路框架 -

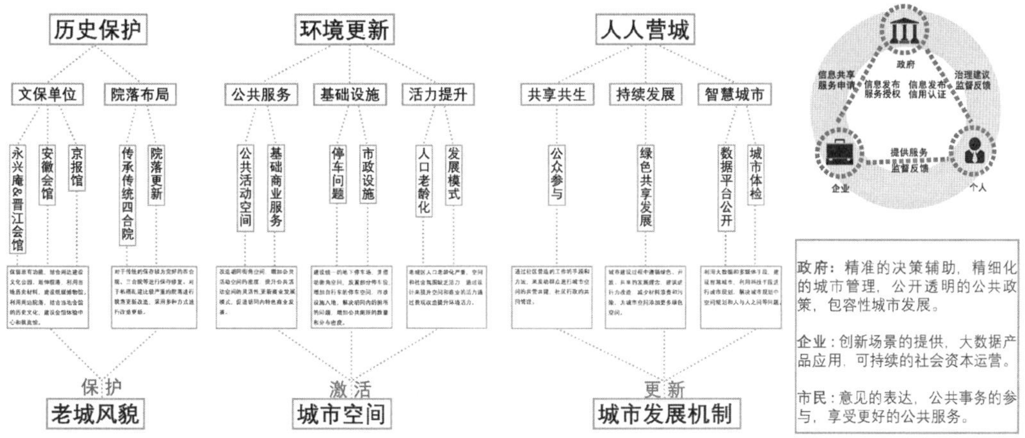

- 人群需求 -

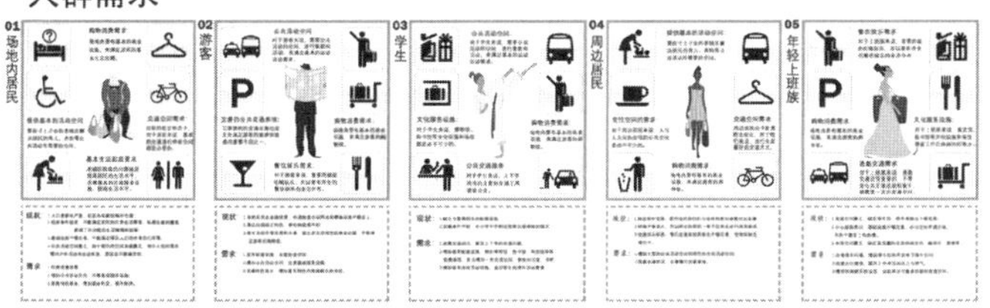

- 业态分析 -

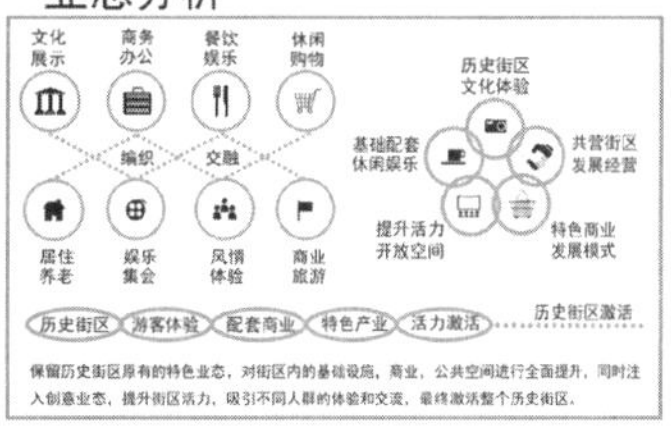

图 5-2-2

- 总平面图 -

-- 我们对于琉璃厂西街这块处于北京老城 区内的地块的设计主要从三个方面入手。

— 对于老城区最重要的便是保护，要保护她的历史风貌肌理，保护四合院的院落布局，保护当地的文保单位和历史建筑。
— 其次在保护的同时要对整个环境进行更新改造，让老城区在新时代焕发活力，提升人们的生活品质和生活环境。
— 在进行保护和更新的同时不能忽略的是人，所以要进行社区营造的研究，通过设计让生活在这里的人们参与到整个城市的营造和成长之中，在社区中形成共享和可持续发展的理念。

- 鸟瞰图 & 透视图 -

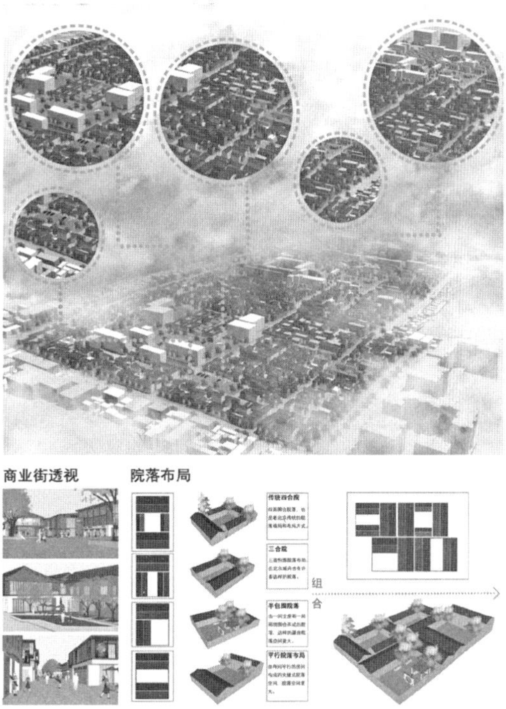

图 5-2-3

作业 3：焕活传统社区——北京市幸福村街坊周边地区社区更新

作者：刘璐

指导教师：许方　于海漪

设计方案图纸

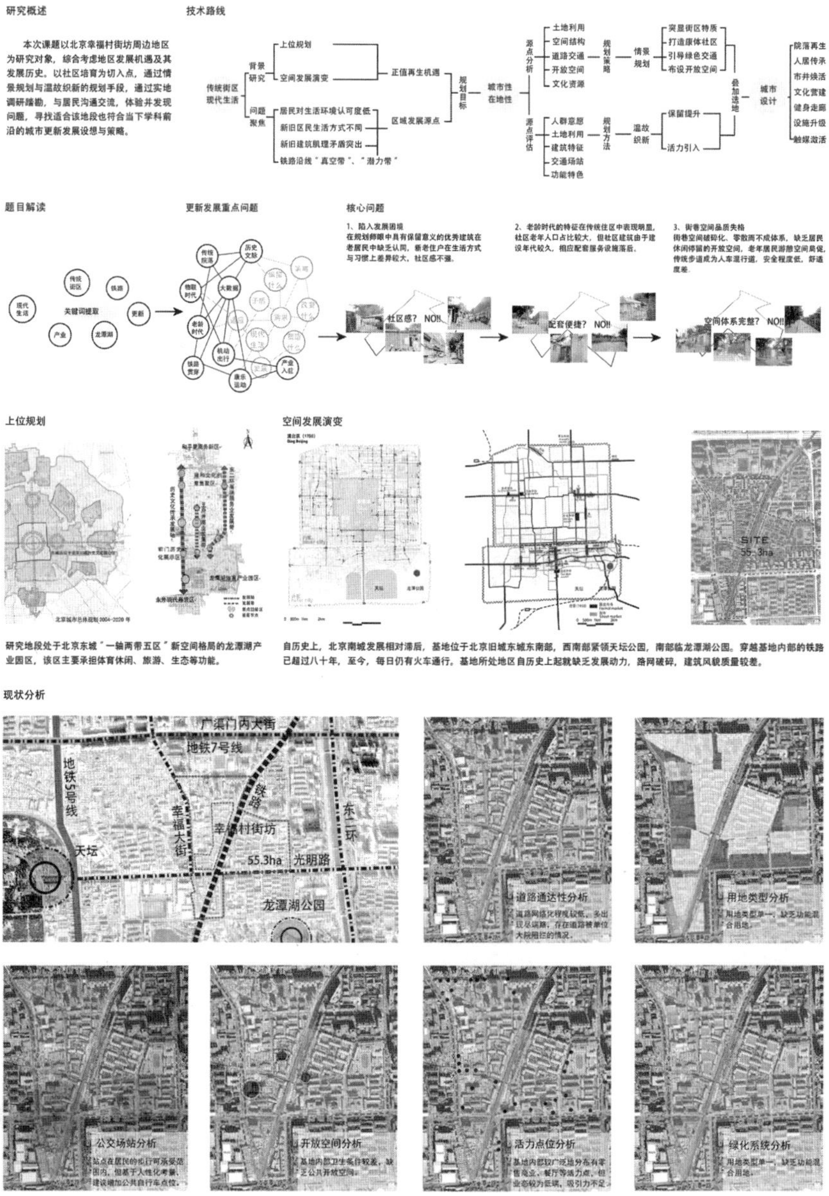

图 5-3-1

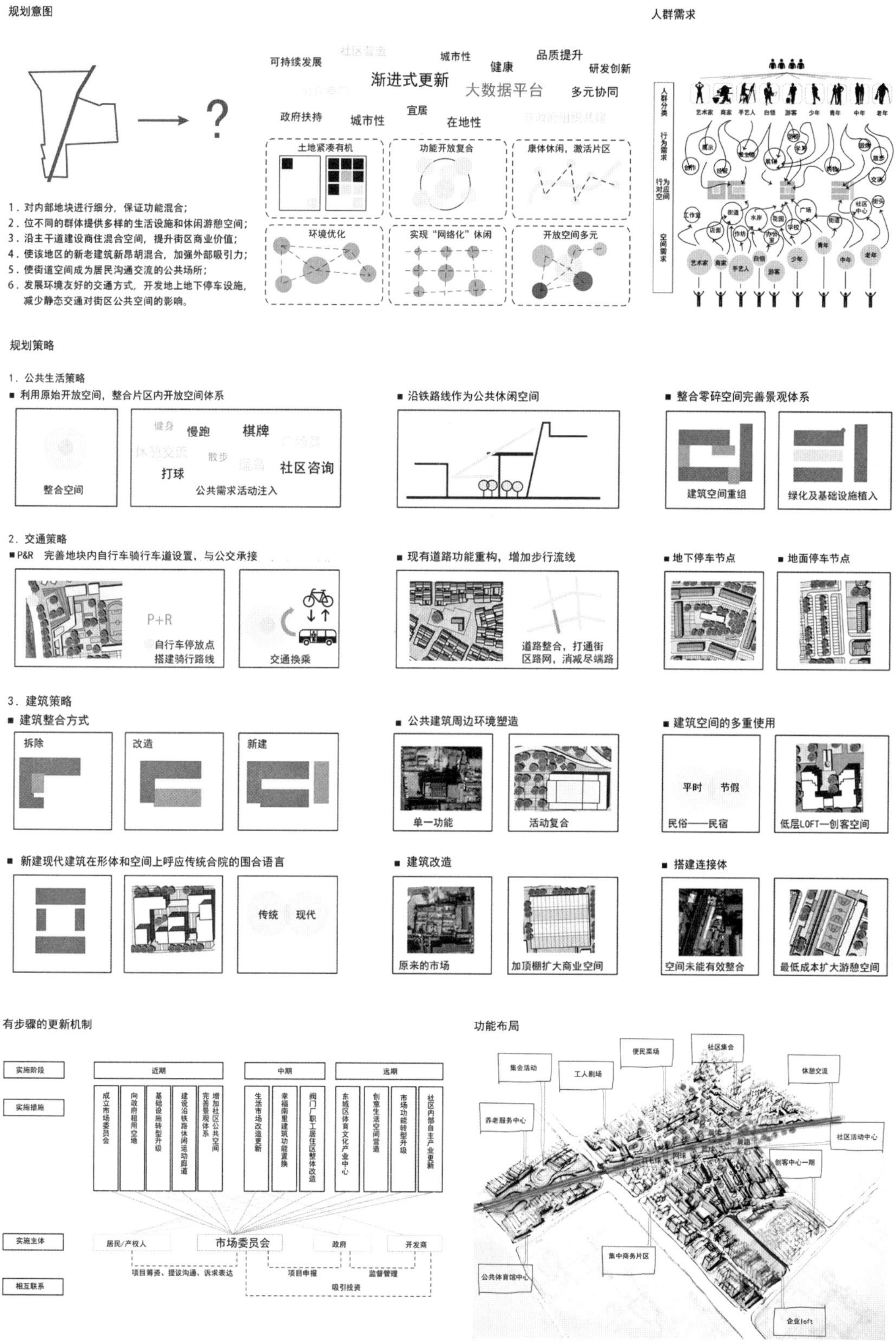
规划意图
人群需求
可持续发展
城市性
健康
品质提升
研发创新
渐进式更新
大数据平台
多元协同
政府扶持
城市性
宜居
在地性
土地紧凑有机
功能开放复合
康体休闲，激活片区
环境优化
实现“网络化”休闲
开放空间多元
1．对内部地块进行细分，保证功能混合；
2．位不同的群体提供多样的生活设施和休闲游憩空间；
3．沿主干道建设商住混合空间，提升街区商业价值；
4．使该地区的新老建筑新昂胡混合，加强外部吸引力；
5．使街道空间成为居民沟通交流的公共场所；
6．发展环境友好的交通方式，开发地上地下停车设施，减少静态交通对街区公共空间的影响。
人群分类
行为需求
行为对应空间
空间需求
艺术家
商家
手艺人
白领
游客
少年
青年
中年
老年
规划策略
1．公共生活策略
利用原始开放空间，整合片区内开放空间体系
整合空间
健身
慢跑
棋牌
休憩交流
散步
打球
社区咨询
公共需求活动注入
沿铁路线作为公共休闲空间
整合零碎空间完善景观体系
建筑空间重组
绿化及基础设施植入
2．交通策略
P&R 完善地块内自行车骑行车道设置，与公交承接
P+R
自行车停放点
搭建骑行路线
交通换乘
现有道路功能重构，增加步行流线
道路整合，打通街区路网，消减尽端路
地下停车节点
地面停车节点
3．建筑策略
建筑整合方式
拆除
改造
新建
公共建筑周边环境塑造
单一功能
活动复合
建筑空间的多重使用
平时
节假
民俗——民宿
低层LOFT—创客空间
新建现代建筑在形体和空间上呼应传统合院的围合语言
传统
现代
建筑改造
原来的市场
加顶棚扩大商业空间
搭建连接体
空间未能有效整合
最低成本扩大游憩空间
有步骤的更新机制
实施阶段
近期
中期
远期
实施措施
成立市场委员会
向政府租用空地
基础设施转型升级
建设沿铁路休闲运动廊道
完善景观体系
增加社区公共空间
生活市场改造更新
幸福南里建筑功能置换
阀门厂职工厂住区整体改造
东城区体育文化产业中心
创意生活空间营造
市场功能转型升级
社区内部自主产业更新
实施主体
居民/产权人
市场委员会
政府
开发商
相互联系
项目筹资、提议沟通、诉求表达
项目申报
监督管理
吸引投资
功能布局
便民菜场
社区集合
集合活动
工人剧场
休憩交流
养老服务中心
社区活动中心
创客中心一期
集中商务片区
公共体育馆中心
企业loft

图 5-3-2

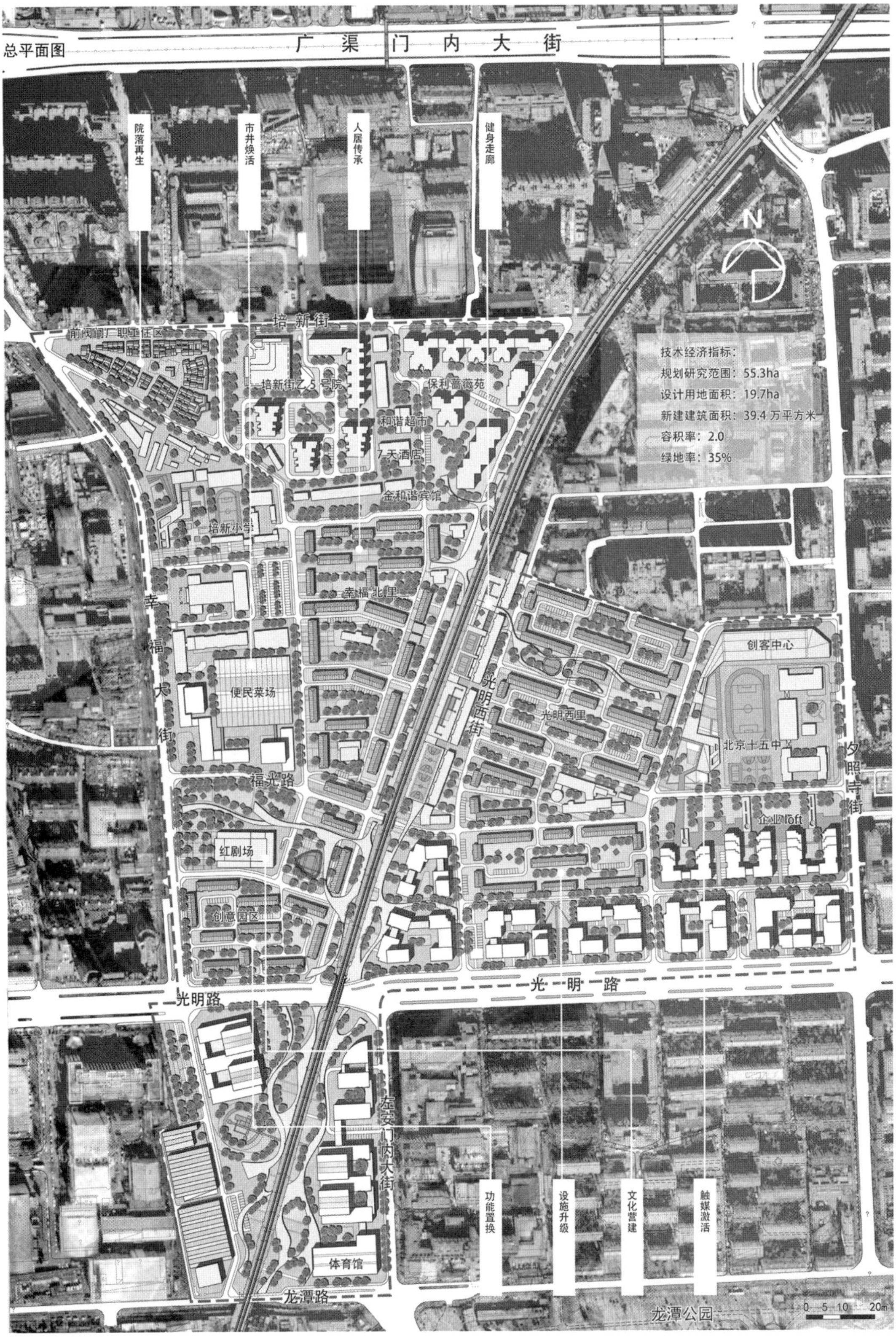

总平面图
广 渠 门 内 大 街
院落再生
市井焕活
人居传承
健身走廊
N
培 新 街
前阀门厂职工住区
培新街乙5号院
保利蔷薇苑
和谐超市
7天酒店
金和谐宾馆
培新小学
技术经济指标：
规划研究范围：55.3ha
设计用地面积：19.7ha
新建建筑面积：39.4 万平方米
容积率：2.0
绿地率：35%
幸福北里
幸福大街
便民菜场
光明西街
光明西里
创客中心
北京十五中
夕照寺街
福光路
企业loft
红剧场
创意园区
光明路
光 明 路
左安门内大街
体育馆
龙潭路
功能置换
设施升级
文化营建
触媒激活
龙潭公园
0 5 10 20m

图 5-3-3

方案分析

整合基地内部交通网络，打通尽端路，增加地面以及地下停车设施。

增加混合用地面积，整合基地内部活力点位发展商业，升级低端零售商业空间，增加新用地属性。

扩大并连接基地内的绿化空间，增加绿化节点，重点考虑铁路沿线的景观打造并以此为主干。

打造开放空间体系，为居民提供便捷舒适的交往空间及场所，引导居民各色休闲康体活动。

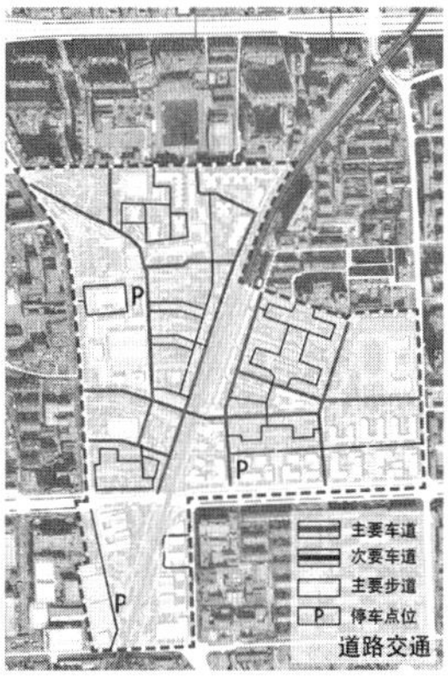

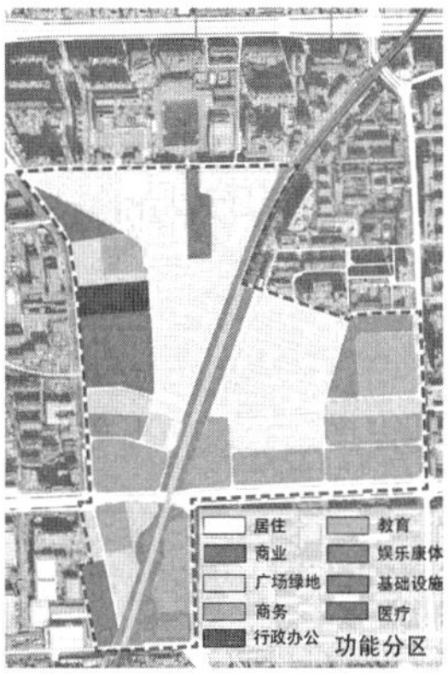

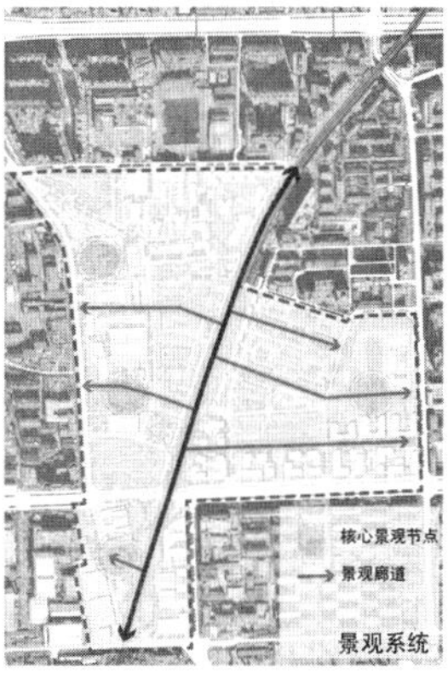

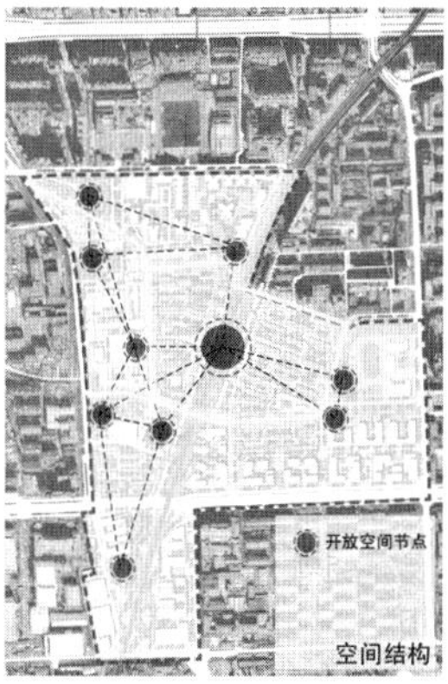

鸟瞰图

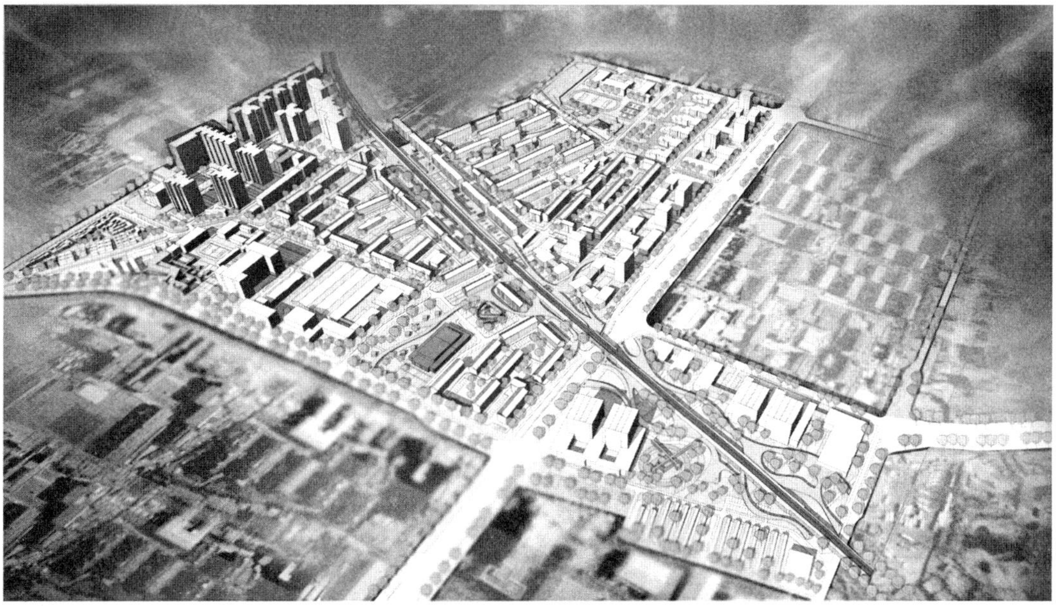

节点分析

· 触媒激活

· 文化营建

· 设施升级

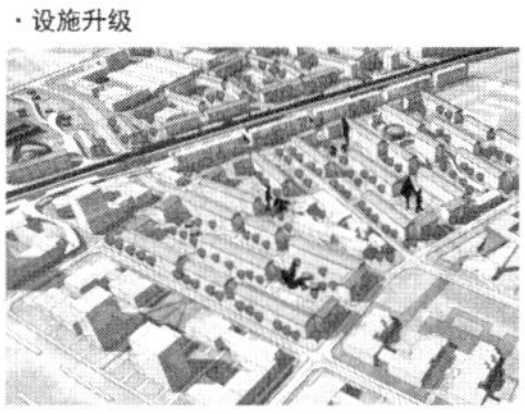

· 功能置换

· 健身走廊

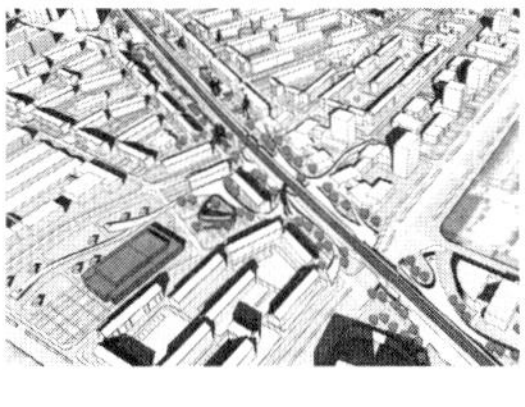

· 人居传承

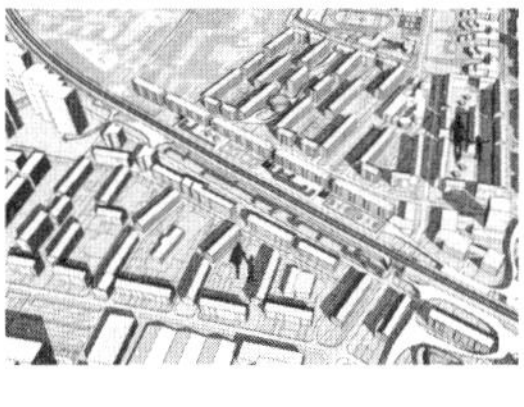

· 市井焕活

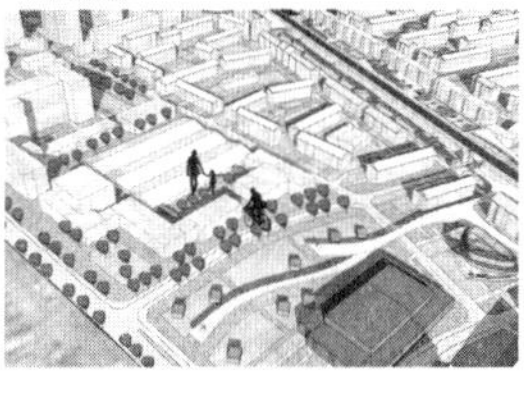

· 院落再生

图 5-3-4

第 6 章 | 结语

现阶段，中国仍然是处在转变增长方式、调整产业结构的新常态时期，而城市更新作为城市经济新的增长点，在更新模式、参与机制、融资渠道等方面仍然有很大的创新、改革空间。在未来城市更新的探索中，一方面应当给予社会和城市居民更大的参与空间，协调好社会、政府、市场三方的利益分配机制，在保证社会力量的主动参与以及居民改造更新的自主性的同时，确保更新改造的方针策略符合国家的政策法规要求。

在城市更新过程中，应当积极承担社会责任，通过增加公共空间以及提供就业岗位和机会等方式来保障城市居民的社会权益。此外，在城市更新过程中，要注意每个项目的基地条件都有自己的特点，不能生搬硬套，必须保证城市的特色和独特性，避免改造过程中出现千篇一律、产业结构过于单一的问题。应当根据改造地块的区位条件、产业状况、发展现状、规划定位等各方面来确定合理的更新改造方针，以此来实现社会和城市发展的可持续性，也能够保证更新效果的长久。

然而，城市更新不是一蹴而就的，也不是一劳永逸的，城市更新是一个不断思考、不断改进、不断创新的发展，是动态的规划过程。通过展示分析北方工业大学的部分课程作业，站在城乡规划专业教育的角度，来思考未来城市更新要走的方向，希望可以通过每个学生不同的角度和切入点，激发出大家更多的创意和火花，能够让大家对城市的更新和发展拓展新的思路。

教学实录，记录了曾经教学上闪亮的学生和闪亮的火花，优秀的作业记录了学生的青春和专业的变化发展。在城乡规划面临转型的同时，教学也需要进行深入的思考和转型。未来的社会需要什么样的城乡规划师？又如何在本科阶段帮助学生树立正确的城乡发展价值观？城乡规划的发展包罗万象，学生的培养是应该关注某些方面深入细致，还是应该更重视通识教育？都是摆在城乡规划专业未来发展道路上的问题，需要更多的实践和探索，也将是我们下一阶段需要重点思考的问题。

参考文献

[1] 叶锺楠，韦寒雪．城市诊断方法在社区更新规划中的应用——以北京石景山区八角社区为例 [J]. 规划师，2020，36（12）：51-57.

[2] 易成栋，韩丹，杨春志．北京城市更新 70 年：历史与模式 [J]. 中国房地产，2020（12）：38-45.

[3] 张若曦，王勤，殷彪．公众参与视角下旧城社区更新规划的转型与应对——以厦门沙坡尾社区为例 [J]. 西部人居环境学刊，2019，34（05）：18-26.

[4] 王媛，杨弘．约翰逊政府“社区行动计划”的历史考察——兼论美国联邦政府资助公民参与的政策 [J]. 东北师大学报（哲学社会科学版），2017（02）：51-57.

[5] 朱亚鹏．美国“进步时代”的住房问题及其启示 [J]. 公共行政评论，2009，2（05）：76-91，203-204.

[6] 汤晋，罗海明，孔莉．西方城市更新运动及其法制建设过程对我国的启示 [J]. 国际城市规划，2007（04）：33-36.

[7] Public Law 88-452[EB/OL]. 2015-12-12. Heinon line Citation:78 Stat. 1964: 508.

[8] ALYOSHA G. Poverty in Common: The Politics of Community Action during the American Century [M].Durham, NC and London: Duke University Press, 2012.

后　记

本书记录了本人从教以来的一些优秀作业，从城市更新的角度进行了初步的梳理，内容浅尝辄止，重在记录、思考和分析不足。城乡规划是一个复杂的专业，这些年也经历了许多价值观的转向。作为目睹时代变革的一代，我们经历了时代的变化和城乡的大发展，感受到了城乡巨变。这个变化是过去百年都难以经历和目睹的变化，我们幸而生在这个时代，幸而参与其中。

在本书的结尾，再次对本书最重要的倡议者和组织者贾东教授致以深深的谢意。在贾老师的督促和倡导下，我们停下脚步，将既往的工作进行整理和回顾。贾东教授的支持是本书最重要的动力源泉。

对一起教学的各位同事表示深深的谢意，携手走来十余载共同的探索和思考，也许还不够，但也是我们工作的结晶。对本书的重要参与者祝艳丽同学表示深深的谢意，共同的整理、思考和撰写让本书得以完成；还需要对为本书作出贡献的谭辰雯同学表示深深的谢意。

感谢北方工业大学建筑与艺术学院的各位同事在本人教学以及本书写作中给予的支持和帮助。

最后的感谢留给曾经在北方工业大学度过青春，完成这些作业的各位同学，本书是对你们过去的记载，更书写了你们美好的未来。

特别感谢中国建筑工业出版社的编辑们为本书出版做出的辛勤工作。